U0586919

园林植物栽培与养护

YUANLIN ZHIWU
ZAIPEI YU YANGHU

主　编◎何家涛　赵劲松　龙耀辉
副主编◎徐　娟　胡予军　万丽娟

重庆大学出版社

内容提要

本书以园林苗木产业化生产、园林绿化工程与养护管理等职业岗位能力为主线,在"校企合作、工学结合、课岗融通"理念的指导下,采用以工作过程为导向的"典型工作任务分析法",从园林植物栽培与养护管理的实际过程出发,构建一个内容精简、实用的教学体系,将新技术、新材料、新工艺、新规范与创新创业元素等融入课程中,帮助学生在毕业时同时获得学历证书和职业资格证书,为学生就(创)业,特别是对口就(创)业提供必备的知识和技能,为其适应职业要求打下良好基础。本书分为 4 个典型工作任务、21 个任务,充分体现了工学结合的特点,突出了对学生可持续发展能力的培养。

本书可用作高职建筑类园林工程技术、园林景观施工与维护、园林技术、园艺技术等专业的教材,也可用作园林苗木生产、绿化工程施工与园林景观维护等行业的培训材料。

图书在版编目(CIP)数据

园林植物栽培与养护 / 何家涛,赵劲松,龙耀辉主编. -- 重庆:重庆大学出版社,2024.7. -- ISBN 978-7-5689-4587-5

Ⅰ. S688

中国国家版本馆 CIP 数据核字第 2024EV3951 号

园林植物栽培与养护

主 编 何家涛 赵劲松 龙耀辉
副主编 徐 娟 胡予军 万丽娟
策划编辑 范 琪

责任编辑:张红梅　 版式设计:范 琪
责任校对:关德强　 责任印制:张 策

*

重庆大学出版社出版发行
出版人:陈晓阳
社址:重庆市沙坪坝区大学城西路 21 号
邮编:401331
电话:(023) 88617190　 88617185(中小学)
传真:(023) 88617186　 88617166
网址:http://www.cqup.com.cn
邮箱:fxk@ cqup.com.cn(营销中心)
全国新华书店经销
重庆市国丰印务有限责任公司印刷

*

开本:787mm×1092mm　 1/16　 印张:17.5　 字数:416 千
2024 年 7 月第 1 版　 2024 年 7 月第 1 次印刷
印数:1—1 000
ISBN 978-7-5689-4587-5　 定价:49.80 元

本书如有印刷、装订等质量问题,本社负责调换

版权所有,请勿擅自翻印和用本书
制作各类出版物及配套用书,违者必究

前言

"园林植物栽培与养护"是园林工程技术、园林景观施工与维护、园林技术、园艺技术等专业的核心课程,主要介绍园林苗木生产管理、园林绿化工程与园林植物养护管理等方面的理论知识与综合技能,对接园林苗木产业化生产、园林绿化施工与园林景观维护等职业岗位群。

本书在内容设计上融入了思政元素,通过充分发掘其涵盖的思政要素,培养学生家国情怀、正确的"三观"、良好的职业道德、精益求精的工匠精神、团队合作精神,以及严谨的科学作风与创新创业精神等。

为顺应我国园林业在产业结构、生产方式、组织方式上的发展变革,本书紧紧围绕培养适应园林产业新发展需要的高层次复合型技术技能人才目标,在"校企合作、工学结合、课岗融通"理念的指导下,以岗位职业能力为依据,采用以工作过程为导向的"典型工作任务分析法",构建全新的课程教学内容体系。本书共4个典型工作任务、21个任务,内容充分体现了工学结合的特点,突出了对学生可持续发展能力的培养。同时,本书还以园林行业职业资格技能标准为依据,以园林苗木产业化生产、园林绿化工程与养护管理等职业岗位能力为主线,以学生可持续发展为宗旨,将"四新"(新技术、新材料、新工艺、新规范)产业元素、创新创业元素与《城市园林苗圃育苗技术规程》(CJ/T 23—1999)、《园林绿化木本苗》(CJ/T 24—2018)、《园林绿化工程项目规范》(GB 55014—2021)、《园林绿化工程施工及验收规范》(CJJ 82—2012)、《园林绿化养护标准》(CJJ/T 287—2018)、《城市古树名木养护和复壮工程技术规范》(GB/T 51168—2016)等国家标准、行业标准融入课程内容体系,帮助学生毕业时能同时获得学历证书和职业资格证书,提高学生的就(创)业竞争力。

本书由何家涛、赵劲松、龙耀辉任主编，徐娟、胡予军、万丽娟任副主编。其中，课程导论、任务十、任务十一、任务十五至任务二十由何家涛负责编写；任务四至任务六由赵劲松负责编写；任务七至任务九由龙耀辉负责编写；任务一至任务三由徐娟负责编写；任务十二、任务二十一由胡予军负责编写；任务十三、任务十四由万丽娟负责编写。书中图、表由万丽娟负责处理，何家涛负责全书统稿。本书的编者均长期致力于园林专业教育、科研与生产一线，具有坚实的理论基础与丰富的实践经验。本书在编写过程中参考引用了大量教材、专著等资料，部分图片资料因无法查找原出处而不能一一注明，在此对其编者和出版者表示诚挚的谢意！

本书可用作高职建筑类园林工程技术、园林景观施工与维护等专业，农林牧渔类园林技术、园艺技术等专业的教材，也可作为园林苗木生产、园林绿化施工与园林景观维护等相关专业的培训材料。

由于编者水平有限，书中难免存在不足，恳请读者批评指正，以便我们不断改进与完善。

编　者
2024 年 3 月

目　录

课程导论

中国园林历史悠久,独树一帜,是我国灿烂文化的重要组成部分,是凝固的诗、立体的画。园林以其独特的生态、景观、文化传承、科普教育等综合功能造福于城市居民,维护城市的生态平衡。园林植物是园林绿化的主体材料,园林植物的栽培与养护是园林绿化事业发展的基础和重点工作。

随着我国园林产业的快速发展,社会急需一批热爱园林绿化事业、具有一定理论基础与专业技能的高素质复合型技能人才。本课程致力于培养该类人才。

【知识目标】

1. 熟知"园林植物栽培与养护"课程在园林类专业理论技能构成中的重要地位。
2. 熟知园林植物栽培与养护产业及技术发展概况等。

【技能目标】

1. 能采用查阅文献等方法,了解园林植物栽培与养护的历史、现状与发展趋势等。
2. 能采用询问、现场调查、查阅文献等方法,调研所在地的自然地理、气候、社会与经济发展情况、园林植物资源情况、园林苗木产业发展概况等。

【思政目标】

1. 融入中华优秀传统文化中的人文元素,增强文化自信,激发爱国热情,培育家国情怀。
2. 培养学生正确的世界观、人生观、价值观,以及良好的品德。
3. 培养爱岗敬业、精益求精、严谨认真的职业精神,增强服务国家园林建设的责任感和使命感。

一、课程的含义、定位与目标

(一)课程的含义

园林是在一定的地域运用工程技术和艺术手段,通过改造地形(筑山、叠石、理水)、种植树木花草、营造园林建筑和布置园路等途径,创作而成的美的自然环境和游憩境域。现代园林的含义进一步拓展为城市绿地系统或人居环境。

园林植物是构成园林最基本的要素,园林植物栽培与养护是一门研究园林植物生长发育规律、生态习性、繁育、栽培与养护管理等理论与技能的实用型技术。

(二)课程的定位

"园林植物栽培与养护"旨在培养、提升学生在园林苗木生产管理、园林栽植工程与园林植物养护管理等方面的理论与技能。对接园林苗木产业化生产、园林绿化施工与园林景观维护等职业岗位群(图0.1)。

图0.1 园林绿化行业产业链示意图

(三)课程的目标

"园林植物栽培与养护"的目标如图0.2所示。

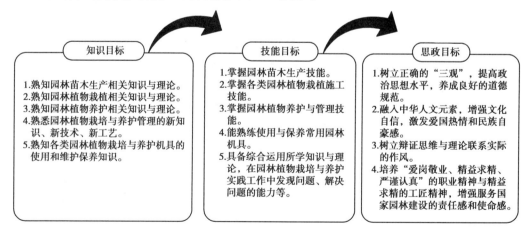

图0.2 课程目标

二、本书内容与学习方法

（一）本书内容

本书内容和结构体系如表0.1所示。

表0.1　本书内容与结构体系

序号	典型工作任务	任务
1	园林植物栽培与养护基础	学习任务一　园林植物生长发育规律
		学习任务二　园林植物生长与环境
2	园林苗木培育	学习任务三　园林苗圃选址与规划
		学习任务四　园林植物种实生产
		学习任务五　园林植物播种育苗
		学习任务六　园林植物扦插育苗
		学习任务七　园林植物嫁接育苗
		学习任务八　园林植物分生与压条育苗
		学习任务九　现代育苗技术
		学习任务十　园林植物大苗培育
		学习任务十一　园林苗木质量评价与出圃
3	园林栽植工程	学习任务十二　园林常规栽植工程
		学习任务十三　大树移植工程
		学习任务十四　特殊立地环境园林栽植工程
4	园林植物养护管理	学习任务十五　园林绿地土壤、水分与营养管理
		学习任务十六　园林植物整形修剪
		学习任务十七　园林植物病虫害绿色防控
		学习任务十八　园林植物自然灾害防护
		学习任务十九　园林树木的安全性管理
		学习任务二十　古树名木养护管理与复壮
		学习任务二十一　常用园林机械使用与保养

（二）学习方法

1. 培养兴趣　学好一门课程，首先要培养对该课程浓厚的学习兴趣，如此才有钻研的动力，才能真正发挥自主学习的潜能。

2. 多听、多观察　本课程学习过程中应主动与从业人员、行业专家等进行交流，平时多观察园林植物的物候、生长发育特点、生长习性等，注重园林苗木生产、园林栽植施工、园林植物养护管理技术关键点和工艺流程观摩等。

3. 深度思考、积极实践　本课程是一门实践应用性非常强的课程,需要更多的实践,才能掌握技术要领与技术规范。在理论知识学习时要思考实践中怎样做的问题,在实践操作过程中要多思考理论的指导作用。

4. 善于利用学习资源　当今科学技术发展迅猛,新技术、新材料、新工艺、新规范不断涌现。认真阅读园林植物栽培与养护方面的专著、教材;会通过互联网与查阅图书、科技报告、论文、会议资料、报刊、专利文献等,了解园林植物栽培与养护新动向、新发展、新业态、新成就;密切关注有关政府机构、科研院所、教育机构网站新动态,尤其要常浏览中国知网、维普资讯、万方数据等数据库资源,这对本课程的学习至关重要。同时还应多参与教学实训、苗圃生产、绿化栽植施工与园林绿地养护管理等实践活动,提升实践操作能力与综合素质。

三、我国园林植物栽培与养护的发展概况[1]

(一)我国园林植物栽培与养护的发展史

我国园林植物的栽培与养护历史源远流长,可追溯到数千年前(图 0.3)。

图 0.3　陶片上的盆栽图案[1]

历代王朝在宫廷、内苑、寺庙、陵墓大量种植树木和花草,至今尚留有千年以上的古树名木。

1. 关于园林植物的栽培技术

西汉《氾胜之书》记载:"种树以正月为上时,二月为中时,三月为下时。"北魏《齐民要术》记载:"凡栽一切树木,欲记其阴阳,不令转易……大树髡之,不髡,风摇则死。小者不髡。先为深坑,内树讫,以水沃之,著土令如薄泥;东西南北摇之良久,摇则泥入根间,无不活者;不摇,根虚,多死……时时灌溉,常令润泽……埋之欲深,勿令挠动……"以上均指出阴历正月树木正处于休眠期,移植成活率高,并论述了园林树木的栽植方法。

晋代嵇含的《南方草木状》记载,"柘树宜山石,柞树宜山阜,楮树宜涧谷,柳树宜下田,竹宜高平之地",指出了不同习性的树木种植时要适地适树。

唐代文学家柳宗元的《种树郭橐驼传》记载,"能顺木之天,以致其性焉尔……其本欲舒,其培欲平,其土欲故,其筑欲密,既然已,勿动勿滤",指出了种树要根据树木的习性,并满足其生长要求,栽时要使树根舒展,尽量多用故土,并踏平踏实,种好后,不能再乱动。

元代《王祯农书》记载,"冬至以后之腊尽,凡松、杉、桧、柏、杞、柳、榆、槐、棠、杜等树,虽本大土小,移植亦活,交春以后则不及也",指出了栽树最适宜的时间界限。

明代俞贞木《种树书》记载,"种树无时,唯勿使树知……凡种树,不要伤根须,阔掘勿去土,恐伤根,仍多以木扶之,恐风摇动其巅,则根摇,虽尺许之木,亦不活,根不

1　1973 年发掘的浙江余姚河姆渡遗址中,一陶片上绘有盆栽万年青的图案,距今约 7000 年(图片源自网络)。

摇,虽大可活,更茎上无使枝叶繁,则不招风……栽小树时埋土后,轻轻提起树根,使与地平,则其根舒畅易活",阐述了树木栽植时期的选择、挖掘要求和栽后支撑的重要性等。明代《农政全书》记载,"移松、杉、柏、桧,冬至及年尽,虽不带土根亦活,二月九分活,清明后半活",用成活率来说明了休眠期移植的优越性。清代《知本提纲》记载,"春栽切忌生叶,秋栽务令叶落。春栽宜早,迟则叶生,秋栽宜迟,须候叶落,生气始敛",指出了休眠期移植的优越性。

2. 关于园林植物养护管理技术

西汉《氾胜之书》记载了桑苗截干法:"于叶零落时,其树之冗繁及散逸,大者斧铲,小者刀剪尽去"。北魏《齐民要术》记载,"剶桑,十二月为上时,正月次之,二月为下(白汁出则损叶)",指出了桑树修剪的最佳时令和其科学依据。唐代白居易《养竹记》记述其对东亭居室的一丛"枝叶殄瘁,无声无色"的竹子,视其"本性犹存","乃芟蘙荟,除粪壤,疏其间,封其下,不终日而毕",即采取了清除残败竹头,除去杂草,疏松旧土,再培上一些泥土的"养竹法"。

3. 关于园林植物引种方面

唐代的园林植物引种技术已达到较高的水平。如唐代白居易多次进行引种,如把洛阳李树引种至四川万县(今重庆市万州区):"东都绿李万州栽";将江西庐山杜鹃花引种至四川忠县(今重庆市忠县):"忠州州里今日花,庐山山头去时树";将苏州白莲引种至洛阳:"吴中白藕洛中栽"。

4. 关于园林植物栽培与养护的其他方面

行道树栽培始于殷周;观赏树木在园林中的栽植始于春秋战国;专类花园或植物造景起源于汉朝,成熟于元朝。

尽管我国古代有关树木栽培与养护的知识和经验丰富,对推动园林产业的进步起到了很大的作用,但没能形成一门系统的科学。

(二)我国园林植物栽培与养护的发展现状

中华人民共和国成立以来,党和国家十分重视园林绿化规划、建设、保护与管理:1952 年提出"绿化祖国"的号召;1979 年颁布《关于加强城市园林绿化工作的意见》;1992 年颁布《城市绿化条例》;2012 年全面推进美丽中国建设;2017 年提出"必须树立和践行绿水青山就是金山银山的理念";2018 年将生态文明写入宪法,用法治为美丽中国建设护航。

随着科技的进步与经济的发展,新技术、新材料、新工艺、新规范不断应用于园林植物栽培与养护实践。

(1)引种驯化与新品种培育 园林植物野生资源调查、研究与发掘,引种驯化与新品种培育工作广泛开展。彩叶、芳香、观果、蜜源、抗水湿、耐盐碱等"珍、稀、新、特"品种不断涌现,极大地丰富了园林绿化植物种类,园林景观更加多彩。每一种重要园林栽培植物的成功引种和驯化,都会对园林景观多元化进程产生不可估量的影响(图 0.4)。

(2)园林苗木产业化生产 园林植物容器育苗、工厂化育苗与设施生产技术广泛应用,专业化、规模化、现代化产业格局日渐形成。容器育苗尤其是大苗容器化(图0.5),对提高园林植物大规格栽植成活率及在较短时间内达到绿化景观效果起到了十分重要的作用。

图 0.4　引种美国红枫(*Acer rubrum* L.)

图 0.5　容器育苗生产实景

（3）大树移植新技术　大树起挖、断根、吊装、转运、栽植全程机械化及植物抗蒸腾剂、伤口愈合剂、土壤保水剂、输液促活技术广泛应用，提高了大树栽植成活率。

（4）施肥技术优化　测土配方施肥、微孔释放袋施肥、施肥枪施肥、打孔施肥及水肥一体化等技术在园林植物栽培与养护中推广应用（图 0.6）。

（5）化控与化学修剪　在园林植物养护管理方面，人工、机械的高成本促进了化控技术与化学修剪技术的发展。

常用于控长促花的生长调节剂有 B9、矮壮素、多效唑等。常用于摘心和除萌的生长调节剂有 6-苄氨基嘌呤、萘乙酸（NAA）等。常用于促进腋芽萌发的生长调节剂有发枝素等。常用于开张枝角的生长调节剂有三碘苯甲酸、赤霉素、萘乙酸、吲哚丁酸等。

由于园林植物种类与品种、处理时期、处理浓度等不同，植物体反应差别较大，应

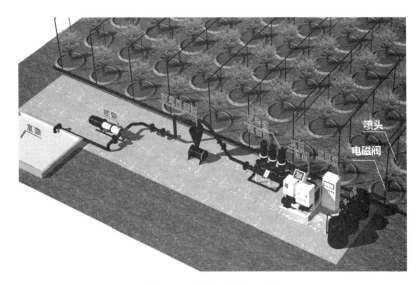

图0.6　水肥一体化示意图

用时应慎重,注意选择最佳浓度和使用时机。

（6）病虫害绿色防控　病虫害绿色防控是以减少化学农药使用量为目标的资源节约型和环境友好型防控有害生物的行为。推广应用生物防治、物理防治等绿色防控技术,不仅能有效替代高毒、高残留农药的使用,还能降低园林植物栽培与养护过程中的病虫害防控作业风险,避免人畜中毒事故。同时,还能显著减少农药及其废弃物造成的面源污染,有助于保护人居生态环境。目前主推的病虫害绿色防控技术有光波、色板、性信息素、食源等理化诱导技术及以农业防治为主的生态防控技术。

（7）树体保护　在树洞处理上,近年来,已有许多新型材料用于填充,其中聚氨酯泡沫是一种最新的材料。这种材料强韧,稍具弹性,与园林树木的边材和心材有良好的黏着力,容易灌注、膨化和迅速固化,并可与多种杀菌剂混合使用。

（8）园林机械研发与应用　园林苗木生产从采种、选种、种子处理、整地、做床、播种、施肥、切根、灌溉到起苗、苗木分级、包装、贮藏、运输等已逐步实现机械化自动化操作,并向智慧化发展。

【巩固训练】

一、课中测试

（一）不定项选择题

1.园林植物栽培养护的功能包括(　　　)。

A.延长寿命　　　　　B.植物正常生长　　　C.改善环境　　　　　D.经济生产

2.大树移植新技术包括(　　　)。

A.植物抗蒸腾剂使用　　　　　　　B.伤口愈合剂使用

C.土壤保水剂使用　　　　　　　　D.输液促活技术

3. 下列属于园林植物栽培与养护课程学习内容的有(　　　)。

A. 土肥水管理　　　　　　　　　　　B. 树型管理

C. 病虫害防治　　　　　　　　　　　D. 古树名木的养护与复壮

4. 园林植物施肥技术优化包括(　　　)。

A. 水肥一体化技术　　　　　　　　　B. 微孔释放袋施肥

C. 施肥枪施肥　　　　　　　　　　　D. 打孔施肥

5. 病虫害绿色防控技术包括(　　　)。

A. 生态调控　　　　B. 生物防治　　　　C. 理化诱控　　　　D. 科学用药

(二)判断题(正确的画"√",错误的画"×")

1. 园林植物栽培与养护是根据园林植物的生理特性和生长规律,为达到特定的景观效果与生态功能而采取的一系列技术处理措施和人为控制行为。　　(　　)

2. 园林植物栽培与养护是园林绿化事业发展的基础和重点工作。　　(　　)

3. 园林植物是园林绿化的主要材料。　　(　　)

4. 园林以其独特的生态、景观、文化传承、科普教育等综合功能造福于城市居民,维护城市的生态平衡。　　(　　)

5. 1979 年颁布的《关于加强城市园林绿化工作的意见》确定每年 3 月 12 日为植树节。　　(　　)

二、课后拓展

1. 思考本课程与园林工程技术等专业的关系,以及本课程在专业知识构成中占有什么地位;同时思考为什么学习本课程,需要学什么,如何学,以及要达到什么学习目标等。

2. 通过询问、现场调查、查阅文献等方法了解您所在地区自然地理、气候、社会与经济发展情况、园林植物资源情况、园林苗木产业发展情况、园林植物配植与应用情况,以及园林植物养护管理现状,分析存在的问题,并通过进一步学习提出解决问题的路径。

3. 解读《城市绿化条例》(2017 年修订版)。

4. 解读《风景园林基本术语标准》(CJJ/T 91—2017)。

《城市绿化条例》
(2017年修订版)

CJJ/T 91—2017

典型工作任务一
园林植物栽培与养护基础

【工作任务描述】

    园林植物栽培与养护的基础理论是分析与解决园林植物栽培与养护实践问题的出发点。

    本工作任务包括两个学习任务,即园林植物生长发育规律和园林植物生长与环境,主要介绍园林植物生命周期;年生长发育周期;园林植物物候及物候观测;园林植物各器官生长发育及规律;影响园林植物生长发育的环境因子及作用;城市环境特点及对园林植物生长发育的影响等内容。

    通过本工作任务的学习,要求掌握园林植物的生长发育规律,能根据园林植物各生育阶段的生育特性,采取相应的栽培与养护管理措施,以更好地满足园林植物的需求,促其健壮生长,实现园林功能。

【知识目标】

    1.熟知园林植物生命周期、年生长发育周期及其规律。

    2.熟知园林植物各器官的生长发育及其规律。

    3.熟知影响园林植物生长发育的环境因子及其作用。

    4.熟知城市环境特点及其对园林植物生长发育的影响。

【技能目标】

    1.能根据园林植物生长发育规律,制订合理的栽培与管理措施。

    2.能独立分析和解决园林植物栽培与管理实践中的问题。

    3.掌握园林植物物候期观测技能。

【思政目标】

    1.培养学习兴趣,激发学习潜能。

    2.弘扬理论联系实际与知行合一的学风。

    3.培养良好的职业道德与精益求精的工匠精神。

    4.培养严谨的学风与自主学习的能力。

任务一　园林植物生长发育规律

【任务描述】

本任务主要介绍园林植物生命周期、年生长发育周期;园林植物物候期及物候观测;园林植物生长发育及规律等内容。

通过本任务的学习,掌握园林植物生长发育的规律性变化,科学管理与调控其生长发育进程,充分发挥其园林功能。

【任务目标】

1.熟知各类园林植物的生命周期,能根据其生育特性,采取有针对性的栽培与管理措施。

2.熟知各类园林植物的年生长发育周期,能根据其生育特性,采取有针对性的栽培与管理措施。

3.熟知园林植物物候期变化,掌握其观测技术。

4.熟知园林植物生长发育规律及其应用。

【任务内容】

一、园林植物的生命周期

园林植物的生命周期是指从卵细胞受精产生合子发育成种胚开始,经种子萌发形成幼苗,继而营养生长、花器官分化、开花结实,最后衰老死亡的全部过程(图1.1)。生产实践中园林植物生命周期从播种开始。

在园林植物的生命周期中,始终存在着生长与发育、整体与局部、地上部分与地下部分、衰老与更新等矛盾。

园林工作者需根据园林植物不同生命周期与生育时期的生育特性,采取综合的技术措施协调这些矛盾,使其能长期健康地生长。

(一)木本植物的生命周期

木本植物的寿命可达几十年甚至上千年,按其个体的生命周期起源不同而分为种子起源的木本植物生命周期和营养繁殖起源的木本植物生命周期两类。

1.种子起源的木本植物生命周期

种子起源的木本植物生命周期从种子发芽形成幼苗开始,地上与地下部分以根颈为中心进行旺盛的营养生长(或离心生长),达到成年营养生长期(或花熟状态)进行花芽分化,开花、传粉、受精与结实。周期性大量开花结实消耗营养,致使树体生长势下降,当离心生长到达某一年龄阶段时出现离心秃裸,进而发生向心枯亡,直至树体衰老死亡,其外部形态、生育特性等呈现明显的阶段性特征。

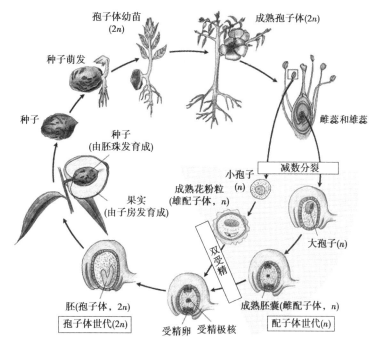

图1.1　园林植物的生活史

1)种子期(胚胎期)　从植物自卵细胞受精形成合子开始,至种子发芽为止(图1.2)。

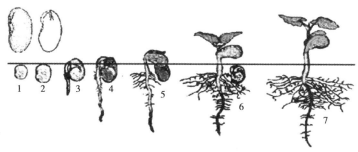

图1.2　园林植物种子萌发过程

(1)生育特性　种子的形成、脱离母体、休眠与萌发。

(2)中心任务　促进种子的形成;做好种子安全贮藏,最大限度延长种子寿命;在适宜条件下播种使其顺利萌发。

(3)栽培管理措施　为种子果实发育提供适宜条件,促进种子成熟;种子安全贮藏:为播种苗培育贮藏和准备繁殖材料;为种子萌发提供适宜温、光、水、气条件,保证种子萌发等(图1.3)。

2)幼年期　从种子萌发到树木第一次出现花芽前为止。

(1)生育特性　旺盛的营养生长以根颈为基准点,离心生长,为营养生长转向生

图 1.3　松树大田播种育苗

殖生长做形态上和物质上的准备;园林树木的遗传性尚未稳定,易受外界环境的影响,可塑性较大。

（2）中心任务　促进营养生长,快速构建合理树体结构,根据园林的需要做好定向培育工作,如养根、养干、促冠、培养树形等(苗圃阶段);园林中的引种栽培、驯化宜在该期进行。

（3）栽培管理措施　加强土肥水管理,促进营养器官健康均衡生长;合理整形修剪,轻修剪多留枝,形成良好树体结构;注意病虫害防治,减少生物危害;观花观果植物,加强促花栽培,达到缩短幼年期目的,提早发挥园林功能。

3）成熟期　从植株第一次开花结实到树木开始衰老时为止。

（1）青年期　第一次开花结实到花、果性状逐渐稳定时为止,为营养体快速拓展期。

①生育特性:树冠和根系加速扩大的时期,前期营养生长旺盛,生殖生长逐年增长,后期生殖生长与营养生长趋于平衡;花和果实尚未达到本品种固有的标准性状。

②中心任务:促进树体形成合理的结构,为壮年期打基础(营养生长为主、生殖生长为辅)。

③栽培管理措施:提供良好的环境条件,加强土肥水管理,目的是迅速扩大树冠,加速物质积累;花灌木应采取合理的整形修剪措施,调节树木长势,培养骨干枝和丰满优美的树形,为壮年期的大量开花结实打下基础;水肥管理要点为采取控水,平衡施肥,以 P、K 肥为主,N 肥为辅的措施缓和树势。

（2）壮年期　从树木大量开花结实的始盛期到生长势自然减慢、树冠外缘小枝出现干枯为止。

①生育特性:生殖生长与营养生长相对均衡,树木生长势稳定;花、果实性状与产量基本稳定,并充分反映品种的固有性状;树木遗传保守性最强,性状最为稳定,对不良环境的抗性最强;后期树冠、根系出现枯梢现象。

②中心任务:延长壮年期。

③栽培管理措施:加强土肥水管理,增强树势;合理修剪,均衡树势,使其继续旺盛生长,防早衰;切断部分骨干根,促进根系更新。

壮年期是栽培的黄金时期,也是最具观赏价值的时期。

4）衰老期　从骨干枝、骨干根逐步衰亡,生长减弱到植株死亡为止。

（1）生育特性　树木生长势衰退,出现明显的"离心秃裸"现象。树冠内部枝条大量枯死,丧失顶端优势,树冠"截顶",光合能力下降;根系以离心方式出现"自疏",吸收功能明显下降;树木开花、结果量小;花、果实性状差;病虫害发生严重;对不良环境的抵抗能力下降。

（2）中心任务　更新，延长其生命周期。

（3）栽培管理措施　精心养护管理，以维持树木的长势，包括加强土肥水管理、合理修剪和病虫害防治等措施；观花观果植物重截萌芽更新复壮或重新建植。

2.营养繁殖起源的木本植物生命周期

用植物的营养器官如枝、芽、根等繁殖而成的独立植株，经过生长、开花、结实直至衰老死亡，为营养繁殖起源的木本植物生命周期。

营养繁殖起源的木本植物，其生命力较实生苗弱，没有胚胎期和幼年期，或幼年期很短。但繁殖材料若取自实生树，其生命周期仍然包含幼年期。其幼年期、成熟期、衰老期的生育特性及栽培管理措施与实生树基本相同。

（二）草本植物的生命周期

1.一、二年生草本植物生命周期

（1）胚胎期　从卵细胞受精形成合子，合子发育成胚，至种子发芽为止。

（2）幼苗期　种子发芽至第一个花芽出现为止。幼苗期应精心管理，使植株尽快达到一定株高与株形，为开花打基础。

（3）成熟期（开花期）　从植株大量开花到花大量减少为止。花色、花形最有代表性，是观赏最佳期。主要栽培管理任务包括：加强水肥管理，采用摘心等技术使其多分枝多开花，并延长花期。

（4）衰老期　种子逐渐成熟至植株枯死为止。此期是种子成熟期，种子成熟后应及时采收、储藏。

2.多年生草本植物生命周期

多年生草本植物生命周期经历幼年期、青年期、壮年期和衰老期，寿命10年左右，各生长发育阶段与木本植物相比较短。

二、园林植物的年生长发育周期

园林植物的年生长发育周期是指园林植物在一年中随季节周期性变化而出现的形态和生理机能的规律性变化，如萌芽、抽枝、展叶、开花、结实、落叶、休眠等。

园林植物年生长发育周期变化规律是区域规划以及制订科学的年栽培与管理措施的重要依据。其呈现的季相变化规律也是园林植物科学配置的重要依据。

（一）木本植物的年周期

1.落叶树的年周期

1）生长初期（或休眠转入生长期）　树木将要萌芽前，到芽膨大待萌发时止。常以芽的萌动、芽鳞片的开绽为树木解除休眠的形态标志，实质树液流动开始即真正解除休眠。

（1）生育特性　树木解除休眠后，抗冻能力显著降低；主要利用贮藏营养生长；光合效率不高，生长量小等。

（2）栽培管理措施　早春遇突然降温，易发生寒害或冻害，注意防倒春寒；春季浇解冻水，促进根系生长，为萌芽做准备；萌芽前后要追肥（薄施追肥），补充树体上年营养积累的不足；继续做好冬季修剪、病虫防治工作；加强松土除草与清园工作；于植树黄金时期栽培等。

2）生长期　从树木萌芽生长到其生长量大幅下降为止。萌芽为树木生长开始的标志，秋季大量落叶为生长结束的标志。

（1）生育特性　树木同化能力强，营养需求旺盛；生长最为迅速，如萌芽、抽枝展叶或开花、结实等；易遭受高温、干旱危害；发挥其绿化美化功能的重要时期。

（2）栽培管理措施　生长期是养护管理工作的重点时期：加强水肥管理，创造良好的环境，满足肥水的需求，以促进树体的良好生长；夏季修剪；中耕除草；防旱、涝、热害；做好病虫害防治等。

3）生长末期（生长转入休眠期）　从树木生长量大幅度下降到停止生长为止。

（1）生育特性　营养物质向贮藏状态转化，枝梢木质化程度逐步增强；树体内细胞液浓度提高，树体内水分逐渐减少，树木的抗寒能力增强等，为休眠和来年生长创造条件。秋季日照变短是导致树木落叶，进入休眠的主要因素，气温的降低加速了这一过程的进展。

（2）栽培管理措施　控制水肥供应，促进树木休眠，增施P、K肥，增强树木抗寒性；秋季栽植工作；灌防冻水；修剪、病虫防治与清园工作；采取防寒措施等。

4）休眠期　从树木停止生长，至翌年萌芽前。具明显的季节变化和外观形态变化。

（1）生育特性　生理活性弱：休眠是树木生命活动的一种暂时停滞状态，但树体仍进行着各种生命活动，如呼吸、蒸腾、物质合成和转化等；抗性强；物候无明显变化。

（2）栽培管理措施　基肥施入；树木移植重要时期；休眠期整形修剪；清园与病虫防治；采取防寒措施等。

2.常绿树的年周期

常绿树种的年生长周期在外观上没有明显的生长和休眠现象，但会因高温、低温或干旱而被迫休眠；无明显的季节变化和外观形态变化；落叶期多数在新叶萌发期；生长发育表现出多次性，如多次开花、多次抽梢、果实发育期长等年周期特点。

（二）草本植物的年周期

草本植物的年周期一般分生长期与休眠期两阶段。

（1）一年生植物　春播后萌芽、营养生长、花分化、当年开花结实后衰亡，无休眠期（种子休眠）。

（2）二年生植物　秋播后萌芽，幼苗状态休眠或半休眠越冬，第二年开花结实后衰亡。

（3）宿根和球根植物　开花结实后，地上部分衰亡，地下贮藏器官进入休眠状态越冬或越夏，春或秋萌发生长。

（4）其他常绿草本植物　在适宜环境下，周年保持生长状态而无休眠期，如麦冬等。

三、园林植物的物候及物候观测

（一）园林植物物候及物候观测的意义

1.园林植物物候的含义

（1）物候 园林植物在一年中,各器官随着气候的季节性变化而发生的形态变化,称为物候或物候现象。如园林植物在一年中,随着气候的季节变化而发生的规律性萌芽、展叶、抽枝、开花结实和落叶休眠等现象。

（2）园林物候期 园林植物在一年中随着气候的变化,各生长发育阶段的开始和结束的具体动态时期,称为物候期。器官表现出来的外部特征则为物候相(图1.4)。

图1.4 山核桃物候相

2.园林植物物候观测的意义

（1）为园林植物区域规划与配置提供依据 通过物候的观察,掌握园林植物季相变化,为园林设计提供依据。通过合理配置园林植物,使花期相互衔接,做到四季有花,提高园林景观的质量。

（2）为科学地制订工作年历和有计划地安排生产提供依据 掌握物候变动的周期,为合理安排周年栽培养护管理(种子采收、播种、移栽、嫁接、整形、修剪、施肥、防寒等)计划提供依据。

（3）为育种原始材料的选择提供科学依据。

（4）物候预测预报。

（二）园林植物物候期观测的方法

国外已建立多个功能强大的物候资料共享平台,国内的工作仍是零星和有限的。物候观测方法包括人工观测法、图像采集与分析法和遥感技术等。

（1）准备工作 确定观测的目的及内容,制订表格和记载要求,准备观测用具等。

（2）确定观测地点 观测地点的环境条件应有代表性,观测地点应多年不变。

（3）选定观测植物的种类 选定植株,做好标记,绘制平面图并注明位置,存档。木本植物要定株观测,一般选3～5株作为观测树木,所选植株要求生长健壮,发育正常,开花3年以上。草本植物应多选植物样本,并挂牌标记观测。

（4）确定观测人员,统一标准和要求。

（5）观测时间与方法　观测应常年进行,根据物候期的进程速度和记载的繁简确定观察间隔时间。萌芽至开花物候期每隔2~3 d观察一次,生长季的其他时间则可5~7 d或更长时间观察一次;有的植物开花期短,需几小时或一天观察一次;休眠期间隔的时间较长。

（6）观测资料要及时进行整理和分析。

（三）乔、灌木各物候期的特征

1. 叶芽的观察

（1）萌芽期　芽开始膨大,芽鳞开始分离（放大镜观察）。

（2）开绽期　露出幼叶,鳞片开始脱落。

栽培管理措施:适时移栽、采集接穗适时嫁接、推迟萌芽期避免冻害。萌芽期是确定树木合理栽植的重要依据,许多树木适宜在萌芽前1~2周栽植。

2. 叶的观察

（1）展叶初期　30%的枝条新叶展开,春色叶树种最佳观赏期。

（2）展叶盛期　大于50%的枝条新叶展开。

（3）完全叶期　全部叶平展开放,新老叶色无大差异。

（4）叶片生长期　从展叶后到停止生长期间。

（5）叶片变色期　秋季正常生长的植株叶片变红或变黄等（开始变色期5%）。

（6）落叶期　全株5%的叶片脱落,为落叶开始期;30%~50%叶片脱落为落叶盛期;90%~95%的叶片脱落为落叶末期。

栽培管理措施:防止园林植物过早落叶,促使新梢及时停止生长,充分成熟,增加营养积累,加强秋季抗寒锻炼,为安全越冬做准备。园林植物防寒的两个关键时期为休眠前（落叶期）和解除休眠后。

3. 枝的观察

定期定枝观察,分清春梢、夏梢与秋梢生长期。

（1）新梢开始生长期　从叶芽开放长出1 cm新梢时算起。

（2）新梢停止生长期　新梢缓慢停止生长,顶端形成顶芽。

新梢生长规律为先伸长生长,再加粗生长,然后停止生长,组织充实。

（3）二次生长开始期　新梢停止生长后又开始生长时。

（4）二次生长停止期　二次生长的新梢停止生长时。

（5）枝条成熟期　枝条自下而上开始变色。

栽培管理措施:园林植物生长后期控水肥,避免组织停长晚,枝条不充实,抗性降低,影响安全越冬。

4. 花芽的观察

（1）花蕾、花序露出期　花芽裂开后出现花蕾。

（2）初花期　开始开花。

（3）盛花期　25%~75%花开为盛花期,其中25%花开为盛花期初期,75%花开为盛花期末期。

（4）末花期　植株上留有 5% 的花时,为开花末期。

栽培管理措施:采取相应措施促进花芽分化,增强观赏效果,如采取增施 P、K 肥,控新梢生长,控水,促花修剪等措施。

5. 果实和种子的观察

（1）幼果出现期　受精后形成幼果。

（2）果实膨大期　果实快速生长膨大期。

（3）果实着色期　果实变色。

（4）果实成熟期　植株上有一半的果实或种子变为成熟时的颜色时,为果实或种子成熟期。

（5）果实种子脱落期　有些树种的果实和种子,当年留在树上不落的称为"宿存"。

栽培管理措施:在果实膨大期加强肥水管理、保证通风透光等。

6. 根系的观察

利用根窖、根箱、观测走廊、观测窗口等,定期观察根的生长数量、长度与新根木栓化时期等。植物种类不同,观察物候期的项目与对象也不同,要因树制宜、分别制订。乔、灌木物候期观测记录表见表 1.1。

表 1.1　乔、灌木物候期观测记录表

植物名称		编　　号			观测人			天气状况		
学　　名		栽植地点			土　　壤			地　　形		
树液开始流动期	芽膨大开始期	芽开放期	展叶期	春梢开始生长期	春梢停止生长期	夏梢开始生长期	夏梢停止生长期	秋梢生长期	花蕾或花序出现期	初花期	盛花期	末花期	幼果出现期	果实成熟期	果实脱落期	叶片变色期	落叶期	落叶末期	休眠期	备注

（四）草本园林植物物候期特征

（1）萌动期　地下芽出土或地面芽变绿。

（2）展叶期　植株上开始展开小叶时为展叶始期,一半的叶子展开为展叶盛期。

（3）花蕾或花序出现期　当花蕾或花序出现时。

（4）开花期　少量花的花瓣完全展开为开花始期,25% ~75% 花开为开花盛期,花完全凋萎,为开花末期。

（5）果实或种子成熟期　植株上的果实或种子开始变成成熟初期的颜色,为开始成熟期,有一半成熟为全熟期。

（6）果实脱落期　果实开始脱落时。

（7）种子散布期　种子开始散布时。

（8）黄枯期　以植株下部基生叶开始黄枯时为准。

草木物候期观测记录表见表1.2。

表1.2　草木物候期观测记录表

种类		编　号			观测人			天气状况	
学　名		栽植地点			土　壤			地　形	

物候期	萌动期		展叶期		开花期					果熟期				黄枯期			备注
	地下芽出土期	地面芽变绿色期	展叶始期	展叶盛期	花蕾或花序出现	开花始期	开花盛期	开花末期	二次开花期	果实始熟期	果实全熟期	果实脱落期	果实全落期	开始黄枯期	普遍黄枯期	全部黄枯期	

四、园林植物各器官的生长发育

（一）园林植物根系的生长

根系是园林植物生长发育的基础,具有固定、吸收、分泌、合成、贮藏等功能。根系与土壤菌类共生,能增强根系吸水、吸肥、固氮的能力。

1. 根系的分布

浅根性园林植物主根不发达,侧根水平方向生长旺盛,大部分根系分布于上层土壤内。深根性园林植物根系垂直向下生长特别旺盛,根系分布较深。

园林树木根系一般密集分布在40～60 cm的土层内,根系下扎深度为树高的1/5～1/3。根的水平分布范围多为冠幅的2～5倍,在正常情况下,密集分布树冠垂直投影外缘的内外侧,为施肥的最佳范围。

2. 影响根系生长的土壤因素

（1）土壤温度　受三基点温度影响,春季30 cm内土层、夏季30 cm以下土层根条生长活跃,90 cm土层中根系常年生长。

（2）土壤湿度　土壤含水量为饱和持水量的60%～80%时最适宜。

（3）土壤通气　通气良好条件下的根系密度大、分枝多、须根多,否则发根少。

（4）土壤营养　根系具趋肥性,土壤肥沃根系发达,反之则根系稀少。N、P、B等对根系生长有促进作用。

3. 根系的年生长周期

根系的年生长有较明显的周期性,生长与休眠交替进行。最适土温为20～28 ℃,低于8 ℃或高于38 ℃,根系的吸收功能基本停止。根系开始生长和停止生长的温度均低于地上部分的生长温度和休眠温度,通常春末与夏初之间及夏末和秋初之间分别出现根系的生长高峰期。

(二)园林植物枝芽的生长特性

1. 芽的类型

(1)定芽与不定芽　园林植物顶芽、腋芽或潜伏芽的发生均有一定的位置,称为定芽。在根插、重剪或老龄枝、干上常出现一些位置不确定的芽,称为不定芽。

其他分类:顶芽与侧芽;花芽、叶芽与混合芽;活动芽与休眠芽;鳞芽与裸芽等。

(2)芽序　定芽在枝上按一定规律排列的顺序称为芽序,分互生、对生、轮生等。

(3)萌芽力与成枝力　一年生枝条上芽的萌发能力,称为萌芽力,通常以萌发芽数占总芽数的百分率表示。枝条上的叶芽一半以上能萌发的为萌芽力强或萌芽率高,如悬铃木、黄杨等;否则为萌芽力弱或萌芽率低,如梧桐、广玉兰等。

枝条上的芽萌后能抽成长枝的能力称为成枝力。萌芽力、成枝力也强的树种树冠密集,幼树成形快,树冠郁闭早,影响通风透光,若整形不当,易使内部短枝早衰,如悬铃木等。反之成枝力弱、树冠稀、成形慢、遮阴效果差,但通风透光好,如梧桐等。萌芽力和成枝力因树种、品种不同而有差异,也和树龄、栽培条件的变化密切相关。整形修剪时,对萌芽力和成枝力强的品种,要适当多疏枝,少短截,防止树冠郁闭;对成枝力弱的品种则应适当短截,以促发分枝。

(4)芽的早熟性与晚熟性　当年形成的芽,当年萌发成枝,称为早熟性芽,如紫薇等。当年形成的芽,到第二年才能萌发成枝,称为晚熟性芽,如银杏、广玉兰等。有些树种二者特性兼有,如葡萄,其副芽是早熟性芽,而主芽是晚熟性芽。在特殊情况下有些晚熟性芽也会第二次萌芽或开花,如海棠等,这种情况对园林树木生长不利,应尽量防止。

(5)芽的异质性　同一枝条上不同部位的芽存在着大小、饱满程度等差异,这种现象称为芽的异质性。一般长枝条基部和顶端部的芽或秋梢上的芽质量较差,中部的最好,中短枝中、上部的芽较为充实饱满;冠内部或下部的枝条,因光照不足,其上的芽质量欠佳。了解芽的异质性及产生原因,有利于插穗的选择和整形修剪时对芽的选留。

(6)芽的潜伏力　园林树木枝条基部的芽或上部的某些芽,在一般情况下不萌发而呈潜伏状态。当枝条受到某种刺激(修剪或折断)或树冠外围枝衰弱时,这些芽能由潜伏芽萌发抽生成新梢,称为芽的潜伏力。潜伏芽也称"隐芽",在整形修剪中用于更新复壮。

2. 茎枝的生长习性

1)茎枝的生长形式

(1)直立生长　有明显的主干,具背地性,垂直地面向上生长,如乔、灌木等。

(2)攀缘生长　茎细长柔软,不能直立,攀附他物向上生长,如紫藤等。

(3)匍匐生长　茎蔓细长不能直立,无攀附器官,匍匐地面生长,如偃柏等。

2)分枝方式

(1)单轴分枝　主茎顶芽的生长活动始终占优势,形成直立而明显的主干,各级分枝依次较小,如水杉等。

(2)合轴分枝　主茎顶芽生长活动形成一段主轴后即停止生长或形成花芽,由下侧的一个腋芽代替主芽继续生长,又形成一段主轴,之后又停止生长或形成花芽,再由其下侧的腋芽接替生长,如此继续发育,如合欢等。

(3)假二叉分枝　常见于具有对生叶序的园林植物中,主茎顶芽活动到一定时间就停止生长或死亡,由顶芽下面的一对腋芽同时生长形成两个分枝。每个分枝的顶芽活动到一定时候又停止生长,再由其下面的一对腋芽同时生长,如此继续发育,如丁香等。

3)顶端优势与垂直优势

园林植物的顶芽优先生长,对侧芽萌发、侧枝生长具有抑制作用,称为顶端优势。园林植物枝条着生方位背地程度越强、生长势越旺的现象,称垂直优势。

4)干性与层性

园林树木中心干的强弱和维持时间的长短,称为树木的干性,简称干性。顶端优势明显的树种干性强,如雪松、水杉、广玉兰等。树木的层性是指中心干上主枝分层排列的明显程度。由于顶端优势和芽的异质性,强壮的一年生枝产生部位比较集中,使主枝在中心干上的分布或二级枝在主枝上的分布形成明显的层次,如马尾松、广玉兰等层性强。

(三)园林植物叶和叶幕的形成

1.叶的发育

茎的顶端分生组织的一定部位产生的许多侧生突起,称为叶原基。叶原基首先进行顶端生长,伸长呈锥形,然后进行边缘生长,形成叶的雏形,分化出叶片、叶柄和托叶几部分,而后继续分裂和长大(居间生长),直到叶片成熟。

2.叶幕的形成

叶幕是叶在树冠内的集中分布区。随树龄、整形形式、栽培目的与方式不同,园林树木的叶幕形状和体积也不相同。常见的整形形式有树冠盘龙抱柱、塔形、球形、圆柱形等。

(四)园林植物花芽分化与开花习性

1.花芽分化的概念

园林植物转入生殖生长时,茎尖分生组织逐渐形成花原基或花序原基,再分化形成花或花序,这一过程称花芽分化。

2.花芽分化的类型

(1)夏秋分化型　早春和春夏之间开花,于前一年夏秋间开始分化花芽,如海棠、玉兰、牡丹等。

(2)冬春分化型　秋梢停止生长后春季萌芽前,11月—翌年4月进行花芽分化,如橘、龙眼等。

(3)当年分化型　秋季开花,在当年新梢上形成花芽,如木槿、紫薇等。

(4)多次分化型　一年中多次抽梢,每抽一次梢就分化一次花芽并开花的树木,如月季、茉莉等。

(5)不定期分化型　一年中只要达到一定叶面积即可分化花芽而开花,如芭蕉科植物等。

3．开花习性

（1）先花后叶类　此类园林树木在春季萌动前已完成花芽分化。花芽萌动不久即开花，先开花后长叶，如梅、连翘、紫荆等。

（2）花叶同放类　花芽也是在萌动前完成分化。开花和展叶几乎同时，如榆叶梅、桃与紫藤中的某些品种与类型。

（3）先叶后花类　一般在新梢上形成花芽于夏秋开花，如桂花、木槿、枣、紫薇等。

（五）园林植物果实的生长发育

从花凋谢后至果实达到生理成熟时止，果实生长发育需要经过细胞分裂、组织分化、种胚发育、细胞膨大和细胞内营养物质积累转化等过程。

1．果实的生长

（1）果实生长的时期　园林植物传粉受精后，由子房或连同花的其他部分发育为果实。果实由种子和果皮两部分组成。果实生长的本质是果实细胞的分裂、细胞的膨大及物质的积累与转化。果实细胞的分裂与膨大除受遗传因素制约外，还受激素类物质和营养物质，以及光照、温度、水分、矿质元素等环境因素的影响。果实生长还可通过栽培措施及植物生长物质加以调控。按其生长期体积、质量的增加，以及物质的积累与转化特点等将果实生长分为3个时期。①果实迅速生长期，是指从受精到生理落果这一时期。此期果实细胞迅速分裂，果实体积不断增加。②果实缓慢生长期（或生长停滞期），是指生理落果后，果实细胞基本不再分裂，细胞体积增大缓慢，种胚开始发育，种子充实，种皮硬化的时期。③果实熟前生长期，是指种子发育完善后，果实细胞体积迅速增大的时期，当果实充分长成后，其呼吸强度骤然升高，并伴随一系列生理生化变化与物质积累。果实经历由硬变软、由酸变甜、涩味消失、香味出现、果色变化等后，进入成熟期。充分成熟的果实，呼吸下降，酶系统发生变化，随即进入衰老期。

（2）激素与果实生长发育的关系　果实发育前期，赤霉素、细胞分裂素含量高。果实增长后期，抑制剂乙烯、脱落酸含量增高。在果实发育过程中可以通过人工合成激素来促进果实发育，达到栽培目的。

（3）果实着色　果实着色是成熟的标志之一，着色程度决定观赏价值，关键是光照条件。

（4）促进果实发育的栽培措施　合理整形修剪，协调营养和生殖生长关系，保障水肥供应、通风透光与防病虫害等。

2．果实成熟过程

（1）形态成熟　园林植物各类果实成熟时在外观上表现出成熟颜色的特征。

（2）生理成熟　园林植物各类果实的胚发育完全，具有发芽能力。

（3）生理后熟　园林植物果实外观表现成熟颜色的特征而种胚没有发育完全，经一段时间后才具有发芽能力，如银杏等属生理后熟。

3．果实成熟时间

果实成熟时间因园林树种不同或生长地点不同而不同。同一园林树种不同品种的树木，种子的成熟期不一致。杨、柳、榆等的种子经过1～2个月即成熟，松树第一年开花授粉结果，第二年秋季才能成熟，需要两年时间。

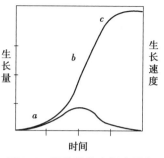

图 1.5　园林植物生长大周期

五、园林植物生长的规律性

（一）园林植物生长周期性

1. 园林植物生长大周期

将生长速率与时间作图，生长曲线是一个抛物线；将干物质积累量、株高或体积与时间作图，生长曲线是一个 S 形曲线，S 形曲线可明显地分为三个阶段：*a* 为缓慢生长期、*b* 为快速生长期、*c* 为衰老期（图 1.5）。这三个阶段的总和称为园林植物生长大周期。园林植物的整个生长过程表现出慢—快—慢的规律。

栽培管理措施：园林植物生长大周期是一个不可逆的过程，在缓慢生长期，要以促为主，满足园林植物对水肥的需求；在快速生长期，应适当控制，防止徒长，但在快速生长末期，要延迟衰老。

2. 园林植物生长的季节周期

园林植物一年中的生长随季节发生规律性变化。园林植物生长的季节周期性变化是不同季节的温度、光照、水分等环境条件周期性变化所致，亦是受园林植物内部生长节律影响的结果。

栽培管理措施：遵循园林植物生长的季节周期性规律。

3. 园林植物生长的昼夜周期

园林植物的生长速率随昼夜变化发生规律性变化。园林植物生长的昼夜周期性变化是影响植株生长的因素，如温度、光照以及植株体内的水分与营养供应等在一天中发生有规律的变化所致。在夏季，园林植物的生长速率一般白天较慢，夜晚较快。在冬季，园林植物的生长速率一般白天较快，夜晚较慢。

栽培管理措施：遵循园林植物生长的昼夜周期性规律，在温室及大棚实行变温管理，从而起到增产、节能作用。

（二）园林植物生长发育的相关性

园林植物体是由多器官构成的统一体，各器官之间的生长存在着相互依存、相互制约的关系。

1. 根系与地上部分的相关性

（1）促进关系　根系是地上部分水分和无机盐的主要来源，也是一些激素和维生素的重要来源。地上部分是根系生长的有机营养来源。因此，在水分和养分充足的条件下，地上部分和地下部分的生长相互促进，即实践中所说的"壮苗先壮根""根深叶茂""本固枝荣"。

（2）制约关系　当水分和养分供应不足时，由于竞争有限的水分或养分，根系与地上部分会相互抑制。

园林植物的生长发育需要根系与地上部分保持一定的比例，通常用根冠比表示。根冠比是指根系与地上部分干重的比例，影响根冠比的环境因素主要有水分、矿质营养、光照和温度等。

2. 主茎与侧枝生长的相关性——顶端优势

植物主茎或顶芽生长抑制侧枝或侧芽生长的现象,称为顶端优势。关于顶端优势产生的原因有营养学说、生长素学说、生长素与细胞分裂素共同作用学说(图1.6)。

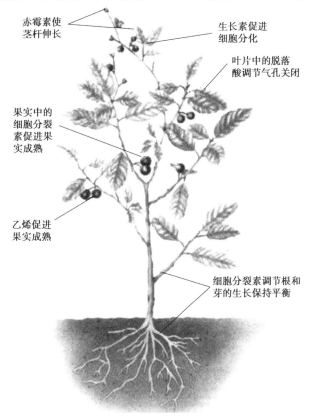

赤霉素使
茎杆伸长

生长素促进
细胞分化

叶片中的脱落
酸调节气孔关闭

果实中的
细胞分裂
素促进果
实成熟

乙烯促进
果实成熟

细胞分裂素调节根和
芽的生长保持平衡

图1.6　园林植物生长与激素的关系

多数植物都有顶端优势现象,但表现的形式和程度因植物种类而异。部分木本园林植物由于顶端优势和芽的异质性的共同作用,表现出树冠成层分布的特性,称为层性现象。

在园林植物养护管理上,常采用修剪消除或维持顶端优势的方法控制园林植物生长或对其进行艺术造型。

主根和侧根之间的生长也有相互影响,存在着主根生长抑制侧根生长现象。

3. 营养生长与生殖生长的相关性

(1)促进关系　营养生长是生殖生长的物质基础,生殖生长所需的养分全部来自营养器官,因此,良好的营养生长会促进生殖生长。

(2)制约关系　当营养生长过旺时,对生殖器官的同化物供应会减少,抑制生殖生长。生殖生长对营养生长主要产生抑制作用,甚至加快营养体的衰老和死亡。

①营养生长不良,生殖器官少而小。

②营养生长过旺,生殖器官的生长受阻,如观花、观果园林植物的枝叶徒长,发生落花落果等。

③生殖器官过多,营养器官的生长受抑甚至早衰,如山茶开花早、少年结果,易导致树势早衰。

栽培管理措施：协调处理营养生长与生殖生长的关系。

【综合实训】

园林植物物候期观测

- 实训目标

1. 根据授课季节等具体情况，以实训小组（5～6 人）为单位，依托园林苗圃或绿地开展园林植物物候期观测工作，制订物候期观测的技术方案。

2. 能依据制订的技术方案和物候期观测的技术规范，进行物候期观测操作。

3. 能对物候期观测资料进行科学整理与分析，并撰写物候期观测报告。

4. 能熟练并安全使用各类物候期观测用具、设备等。

- 实训要求

1. 组内同学要分工合作，相互配合，要依据园林植物物候期观测的技术流程制订技术方案，要保证设备的完整及人员的安全。

2. 提交实训报告。实训报告的内容包括实训任务、实训目标、实训材料与用具、实训方法与步骤、实训结果等，分析比较乔灌木和草本植物的物候期特征等。

3. 提交实训总结。实训总结的内容包括对知识的掌握与运用、实训方案的设计、实训过程、实训结果等进行自我评价，分析失误原因，并提出改进措施。

- 考核标准

1. 采用过程考核与结果评价相结合的方式，注重实践操作、工作质量、汇报交流等环节的评价。

2. 注重职业素养，尤其是团队协作能力的考核。

表 1.3　园林植物物候期观测项目考核与评价标准

实训项目	园林植物物候期观测				学时	
评价类别	评价项目	评价子项目		自我评价（20%）	小组评价（20%）	教师评价（60%）
过程性考核（60%）	专业能力（45%）	方案制订能力（10%）				
		方案实施能力	准备工作（5%）			
			物候观测与记载（20%）			
			观测资料整理（10%）			
	综合素质（15%）	主动参与（5%）				
		工作态度（5%）				
		团队协作（5%）				
结果考核（40%）	技术方案的科学性、可行性（10%）					
	观测结果的准确性、真实性（20%）					
	实训报告、总结与分析（10%）					
评分合计						

【巩固训练】

一、课中测试

(一)不定项选择题

1.植物的物候特性表现为(　　　)。

A.顺序性　　　　　B.重叠性　　　　　C.重演性　　　　　D.随机性

2.种子起源的木本植物的生命周期包括(　　　)。

A.种子期　　　　　B.幼年期　　　　　C.成熟期　　　　　D.衰老期

3.下列现象属于树木衰老期表现的是(　　　)。

A.出现"离心秃裸"现象　　　　　　　　B.根系以离心方式出现"自疏"现象

C.树木开花、结果量变小　　　　　　　　D.对不良环境的抵抗能力下降

4.树木顶端优势表现在(　　　)。

A.乔木上　　　　　B.灌木上　　　　　C.藤木上　　　　　D.各种树木上

5.园林树木从开始生长到死亡的生长规律是(　　　)。

A.快—慢—快　　　B.慢—快—快　　　C.慢—快—慢　　　D.快—快—慢

6.通常最晚进入休眠期的树体地上部分是(　　　),故该部位最易受冻害。

A.叶　　　　　　　B.枝　　　　　　　C.芽　　　　　　　D.根颈

(二)判断题(正确的画"√",错误的画"×")

1.园林植物的生命周期从播种与育苗开始。　　　　　　　　　　　　(　　　)

2.园林植物成熟期是栽培的黄金时期,也是最具观赏价值的时期。　　(　　　)

3.营养繁殖起源的植物,没有胚胎期和幼年期,或幼年期很短。　　　(　　　)

4.植物年生长发育周期变化规律是区域规划以及制订科学的年养护管理措施的重要依据。　　　　　　　　　　　　　　　　　　　　　　　　　　　(　　　)

5.常以芽的萌动、芽鳞片的开绽作为树木解除休眠的形态标志。　　(　　　)

6.同一种植物物候变化的顺序是固定的,不能跨越。　　　　　　　　(　　　)

7.树木解除休眠后,抗冻能力显著提高。　　　　　　　　　　　　　(　　　)

8.树木以秋季大量落叶为生长结束的标志。　　　　　　　　　　　　(　　　)

9.秋季日照变短是导致树木落叶,进入休眠的主要因素,气温降低加速了这一过程。　　　　　　　　　　　　　　　　　　　　　　　　　　　　　　(　　　)

10.休眠是树木生命活动的一种暂时停止状态,但树体仍进行着各种生命活动。

(　　　)

11.大多数园林树木是中性树。　　　　　　　　　　　　　　　　　(　　　)

12.芽潜伏力强的树种,其更新复壮力强,寿命相应也长。　　　　　　(　　　)

13落叶树落叶后进入休眠状态,其标志是树木生理活动停止。　　　(　　　)

二、课后拓展

1. 木本园林植物的生命周期分为哪几个阶段？生育特性分别是什么？中心任务分别是什么？主要栽培管理措施分别有哪些？

2. 园林植物年生长周期分为哪几个阶段？生育特性分别是什么？如何根据其一年中不同的生长发育阶段,采取相应的栽培管理措施促使其生长发育良好,以充分地发挥园林植物的功能？

任务二　园林植物生长与环境

【任务描述】

适宜的环境是园林植物生存的必要条件。本任务主要介绍影响园林植物生长发育的环境因子及其作用、城市环境因子特点及其对园林植物生长发育的影响等内容。

通过本任务的学习，能掌握环境因子对园林植物生长发育的作用规律，为植物的科学配置及栽培养护措施的制订提供依据。

【任务目标】

1. 熟知影响园林植物生长发育的环境因子及其作用。
2. 熟知城市环境因子特点及其对园林植物生长发育的影响。
3. 能因地制宜地对园林植物进行科学配置与养护管理。

【任务内容】

一、影响园林植物生长的环境因子

（一）环境因子的种类

园林植物生长发育离不开环境，环境对园林植物具有综合性的生态效应，园林植物对环境有一定的要求与适应性，并影响环境。

（1）气候因子　包括光、温度、水分、空气等。

（2）土壤因子　包括土壤结构、土壤理化性质与土壤生物等。

（3）地形地势因子　包括海拔高度、坡度坡向、地面起伏等。

（4）生物因子　包括动物、植物和微生物等。

（5）人为因子　包括人对园林植物资源的利用、保护与破坏等。

环境因子分为直接作用因子（光、温、水、空气与土壤等）与间接作用因子（地形、地势等）。直接作用因子是园林植物生长中不可缺少又不能替代的因子，称为生存因子。

（二）环境因子作用的一般特征

影响园林植物生长的环境因子的作用一般具有以下特征：

（1）综合作用　环境中各环境因子紧密联系，综合作用。

（2）有明确的主导因子　所有环境因子都是园林植物生活所必需的，但在一定条件下,其中必有 1~2 个起主导作用,这就是主导因子。在园林植物的整个生长发育过程中主导因子不是不变的。

(3)生态因子具有不可代替性和可调剂性　环境因子对园林植物的生长发育是同等重要的,缺少任何一个都会引起园林植物正常生活失调,生长受到阻碍或死亡。任何一个生态因子都不能由另一个环境因子来代替。但是在一定情况下,某一因子在量上不足时,可以通过其他因子的增加或加强而得到调剂,并仍能获得相似的生态效应。

(4)生态因子的作用具有阶段性　环境因子对园林植物不同发育阶段所起的作用是不同的,如短日照是导致园林植物秋季落叶的主导因子。

(5)具有生态幅　各种园林植物对环境因子变化强度有一定的适应范围,超过该限度就会引起生长不适或死亡。

(三)环境因子对园林植物生长发育的影响

1. 温度因子

1)园林植物对温度的要求

(1)三基点温度　园林植物在每个生长过程中的最低温度、最适温度与最高温度称为三基点温度。在最适温度下,园林植物能迅速而正常地生长发育;在最低和最高温度下,园林植物将停止生长发育,但仍可维持生命。如果温度再继续下降或上升,植物将受损甚至死亡。三基点温度与园林植物的种类、品种、发育期等相关。一般原产于低纬度地区的园林植物,三基点温度高,耐热性好,抗寒性差。原产于高纬度地区的园林植物则三基点温度低,耐热性差,抗寒性强。

(2)生物学零度　园林植物开始发育的下限温度称为生物学零度。落叶树种的生物学零度多为 6~10 ℃,常绿树多为 10~15 ℃。

(3)生长期的有效积温　园林植物在生长发育过程中,必须从环境中摄取一定的热量才能完成某一阶段的发育,而且园林植物各个发育阶段所需要的总热量是一个常数,用公式表示为:

$$K = N \cdot (T - T_0)$$

式中,K 为该园林植物所需的有效积温(常数);N 为发育历期,即生长发育所需时间;T 为发育期间的平均温度;T_0 为植物发育下限温度(生物学零度)。发育时间 N 的倒数为发育速率。在生产实践中,有效积温常用于园林植物区划、安排生产和调控生育进程等。

在年生长期内,园林植物对有效积温的要求,一般落叶树种为 2 500~3 000 ℃,而常绿树种多为 4 000 ℃以上。

(4)冬季需冷量　园林植物自然休眠需要在一定的低温条件下经过一段时间才能完成。生产上通常用植物经历 0~7.2 ℃低温的累计时数计算,称为需冷量。

不同园林植物的自然休眠需冷量从几十个小时到 2 000 多个小时不等。如葡萄、樱桃的低温需冷量较高,草莓、桃的低温需冷量较低。在休眠期需冷量不足的情况下,加温将导致植物发芽延迟、开花不整齐等。

2)温周期现象　在自然条件下,气温是呈周期性变化的,许多园林植物都能适应温度的某种节律性变化,并通过遗传成为其生物学特性,这一现象称为温周期现象。

在园林植物生长的适宜温度下,温差较大对其健壮生长有利。

3)春化现象 园林植物需要低温条件才能促进花芽形成和花器发育,这种低温诱导植物开花的效应称为春化作用。如牡丹、柑橘类、观赏桃、金鱼草、三色堇等,需 $0 \sim 10 \ ℃$ 才能进行花器官分化或完成性细胞分化。

春化是影响园林植物物候期和地理分布的重要因素。引种时需注意所引植物种或品种的春化特性。

4)极端温度对园林植物生长发育的影响

(1)低温对植物的危害 低温对园林植物的直接危害包括:

①冻害:冰点以下低温对植物的伤害。冻害是低温的主要伤害形式,我国北方地区发生普遍。

②寒害:零摄氏度以上低温对植物造成的伤害。它是喜温园林植物向北方引种和拓展分布的主要障碍,我国多发生在温度相对较高的南方地区。

③霜害:当气温降至 $0 \ ℃$ 时,空气中过饱和的水汽在物体表面凝结成霜,这时园林植物所受的伤害称为霜害。无霜期被视为园林植物生长的重要指标之一,园林植物引种不当易遭受霜害。

低温对园林植物的间接危害包括:

①冻举(冻拔):气温下降和升高引起土壤结冰及解冻,导致树木上举,根系裸露或树木倒伏。

②冻裂:昼夜温差导致热胀冷缩产生纵向拉力,使树皮纵向开裂而造成伤害。冻裂发生地为昼夜温差大的高纬度地区,易发生树种为薄皮树种。防护措施有树干包扎、缚草或涂白等。

③生理干旱(冻旱):土壤结冰或土温过低,植物根系吸水少或不吸水,而植物蒸腾失水引起植物干枯死亡。生理干旱(冻旱)多发生于土壤未解冻的早春,易发生于多风城市。防护措施有迎风面设置风障等。

(2)高温对园林植物的危害

高温对园林植物的直接危害:

①环境温度大于 $40 \ ℃$,蛋白质变性。

②环境温度大于 $50 \ ℃$,生物膜结构破坏等。

高温对园林植物的间接危害:

①环境温度超过园林植物正常生长发育所需温度的上限时,蒸腾作用加强,植物体水分平衡失调,发生萎蔫或永久萎蔫,光合作用下降而呼吸作用增强,从而使植物体呈现饥饿失水状态。

②植物体局部受损,并间接引发植物体发病。

③温带落叶树种移植至冬季温度过高的区域,植物体生长因无足够的冬季低温条件而不能及时进入休眠或按时结束休眠,难以完成正常的年生长周期,从而影响翌年的生长发育。

(3)高温对园林植物危害的常见类型

①日灼伤:温度快速升高引起植物组织局部死亡。朝南或南坡及有强烈太阳光反射的城市街道等易发生此类伤害。症状为叶组织坏死,树皮呈斑点状死亡或片状剥落。防护措施有遮阳、涂白等。

②根颈灼烧:高温表土灼伤园林植物根颈造成伤害。防护措施有遮阳或喷水降温等。

5)以温度为主导因子的园林植物生态类型

(1)耐寒园林植物　如牡丹、海棠、茶条槭、红枫、国槐等,大多原产于温带或寒带地区,能耐-5～-10 ℃的低温。

(2)半耐寒园林植物　如樟树等,大多原产于温带南端和亚热带北端地区,耐寒力介于耐寒性与不耐寒性植物之间,在北方冬季需要防寒越冬,在长江流域可安全越冬。

(3)不耐寒性园林植物　如变叶木、龙血树等,大多原产于热带、亚热带地区,一般不能忍受0 ℃以下温度,甚至在5 ℃或更高温度下即停止生长或受到伤害。

(4)耐热园林植物　如橡胶树、椰子树等,这类植物在40 ℃的高温下仍能正常生长。

6)温度因子与园林植物的应用

(1)催延花期　如通过降温处理进行抑制栽培使桂花花期延至十月;或通过升温处理促成栽培使牡丹花期提早至春节等。

(2)引种驯化　南种北移,解决越冬问题;北种南移,解决越夏问题。

2.光照因子

光是园林植物光合作用的必要条件,是植物制造有机物质的能量源泉。没有光照绿色植物就不能进行光合作用,也就不能正常生长发育。光照强度、光照时间、光质等均会影响园林植物的生长发育。

1)以光为主导因子的园林植物生态类型

植物长期生长在一定的光照条件下,在其形态结构及生理特征上表现出一定的适应性,进而形成了与光照条件相适应的不同生态类型。

(1)依光照强度分类

①阳性植物(喜光植物):只能在全光照条件下生长,其光饱和点高,不能忍受任何明显的遮阴环境,如水杉、杨树、柳树、椰子、臭椿、刺槐、泡桐等。

②阴性植物(耐阴植物):能在较弱的光照条件下良好生长,光饱和点低,能耐受遮阴,如珍珠梅、绣线菊、吉祥草、玉簪以及冷杉属、红豆杉属、铁杉属、云杉属中的一些种类等。

③中性植物:介于上述两类之间,光照过强或过弱对其生长均不利,大部分园林树种属于此类,如杉木、樟树以及槭属、鹅耳枥属、青冈属中一些种类等。

(2)依光周期分类　园林植物成花受昼夜明暗交替变化的影响。除开花外,块根、块茎的形成,以及叶的脱落和芽的休眠等也受光周期调控。

①长日照植物:光照延续时间长于一定限度(临界日长),花芽才得以分化和发育,若日照长度不足则会推迟开花甚至不开花的植物,如茉莉、石榴、唐菖蒲等。

②短日照植物:光照延续时间短于一定限度(临界日长),花芽才得以分化和发育,若日照长度过长则不开花或延迟开花的植物,如菊花、一品红等。

③中日照植物:对光照延续时间反应不甚敏感的植物,如月季、香石竹等,只要温度条件适宜,几乎一年四季都能开花。

2）光照因子与园林植物的应用

（1）配置　注意植物的耐阴性。

（2）引种　南种北移与北种南移过程中要了解植物光周期的生态类型。

（3）调节花期　如对短日照植物一品红进行短日照处理使其花期提前至十月。

3. 水分因子

水是植物的重要组成成分，也是植物进行光合作用的原料，同时也是维持植株体内物质分配、代谢和运输的重要因素。

1）植物对水分的要求

（1）土壤湿度　多数园林植物所要求的适宜土壤湿度一般为田间持水量的60%～80%。

（2）空气湿度　不同园林植物所需的空气相对湿度不同，一般以65%～80%为宜，高于90%或低于60%时对园林植物生长均不利。

2）以水分因子为主导因子的园林植物的生态类型

（1）旱生植物　能避开、忍受或适应干旱环境，以维持水分平衡和正常生活的植物。旱生植物根系通常极为发达，其叶常退化为膜质鞘状或叶面具发达的角质层、蜡质及茸毛等，如梭梭、夹竹桃、旱柳、枇杷、紫藤等。

（2）湿生植物　在潮湿环境中生长，不能忍受长时间水分不足，抗旱能力最小的一类陆生植物，干燥或中生环境常致其死亡或生长不良。这类植物的根系短而浅，在长期淹水条件下，树干基部膨大，具有呼吸根，如水杉、水松、落羽杉、池杉、红树等。

（3）中生植物　介于两者之间，绝大多数园林植物都属此类，如罗汉松、白皮松、玉兰、樱花、海棠、山茶、杜鹃、锦带等。

（4）水生植物　只有在水体中才能正常生长的一类植物，如芡实、慈姑、荷花等。

3）园林植物对水质的要求

园林植物尤其是花卉对水质要求较高，pH值以6～7为宜，灌溉用水应符合《农田灌溉水质标准》（GB 5084—2021）。

4. 土壤因子

土壤是园林植物生长的基础，不仅要不断满足园林植物生长所需的养分和水分，还要为其根系生长创造良好环境。

1）土壤的组成、结构及理化性质

（1）土壤的组成　土壤是由固体、液体和气体组成的三相系统，最适宜植物生长的土壤体积组成如图1.7所示。固体物质包括土壤矿物质、有机质和土壤微生物等。液体物质主要指土壤水分、土壤溶液。气体物质是存在于土壤孔隙中的空气。土壤中这三类物质构成了一个矛盾的统一体，它们互相联系、互相制约，为园林植物提供必需的生活条件，是土壤肥力的物质基础。

（2）土壤的结构　土壤的结构是指土壤颗粒（包括团聚体）的排列与组合形式。土壤结构是成土过程或利用过程中由物理的、化学的和生物的多种因素综合作用而形成的。土壤结构按形状可分为块状、片状和柱状三大类型；按大小、发育程度和稳定性等，可再分为微团粒、团粒、团块、块状、棱块状、棱柱状、柱状和片状等。团粒结构是土壤中的腐殖质把矿质土粒黏结成直径为0.25～10 mm的结构小团块，具有泡水不散的水稳性特点（图1.8）。

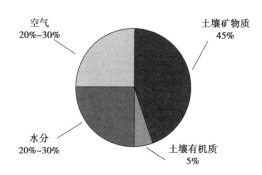

图1.7　最适宜植物生长的土壤体积组成

土壤质地是指土壤中各粒级占土壤质量的百分比组合。土壤质地是土壤最基本的物理性质之一，对土壤的通透性、保蓄性、耕性以及养分含量等都有很大的影响。土壤质地一般分为砂土、壤土和黏土三类。

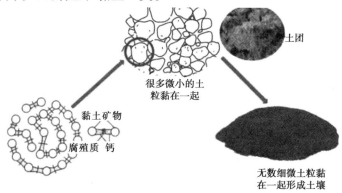

图1.8　土壤团粒结构示意图

（3）土壤的物理性质　土壤的物理性质包括土壤结构和孔隙性、土壤水分、土壤空气、土壤热量和土壤耕性等。其中，土壤水分、空气和热量作为土壤肥力的构成要素，直接影响着土壤的肥力状况，其他物理性质则通过影响土壤水分、空气和热量状况制约着土壤微生物的活动和矿质养分的转化、存在形态与供给等，对土壤肥力状况产生间接影响。

（4）土壤的化学性质　土壤的化学性质包括土壤酸碱度、土壤有机质、土壤中矿物质等。

①土壤酸碱度：主要影响土壤养分物质的转化与有效性、土壤微生物的活动和土壤的理化性质，与园林树木的生长发育密切相关。通常情况下，当土壤 pH 过低时，土壤中活性铁、铝增多，磷酸根易与它们结合形成不溶性的沉淀，造成磷素养分无效，同时，由于土壤吸附性氢离子多，黏粒矿物易被分解，盐基离子大部分遭受淋失，不利于良好土壤结构的形成；相反，当土壤 pH 过高时，则发生明显的钙对磷酸的固定，使土粒分散，结构被破坏。

我国土壤酸碱度可分为5级：pH<5.0 为强酸性，pH=5.0～6.5 为酸性，pH=6.5～7.5 为中性，pH=7.5～8.5 为碱性，pH>8.5 为强碱性。

大多数园林植物在中性或微酸及微碱性的土壤里生长良好。一般原产于北方的植物耐碱性强，原产于南方的植物耐酸性强。

②土壤有机质：土壤中动植物残体微生物体及其分解和生成的物质。土壤有机质的化学组成包括碳水化合物、含氮化合物、木质素、含硫含磷化合物等。土壤中的细菌、放线菌、真菌、藻类和原生动物等土壤微生物是土壤有机质转化的主要动力。

土壤有机质是土壤肥力、缓冲及净化功能的物质基础。土壤有机质包括非特异性土壤有机质和土壤腐殖质两大类。

土壤腐殖质是土壤特异有机质，也是土壤有机质的主要组分，占有机质总量的50%～65%。它是一种结构复杂、抗分解性强的棕色或暗棕色无定形胶体物，是土壤微生物利用植物残体及其分解产物重新合成的高分子化合物。土壤腐殖质可为胡敏酸、富里酸等。

③土壤矿物质：土壤的主要组成物质，构成土壤的"骨骼"。地壳中已知的90多种元素，土壤中都存在。土壤矿物质基本上来自成土母质、原生矿物和次生矿物。不同园林植物或同一园林植物在不同生育期对矿质营养元素需求量不同，根据各种园林植物需肥规律，做好合理的施肥，是园林植物栽培与养护成功与否的关键。

2）以土壤为主导因子的园林植物生态类型

（1）根据园林植物对酸碱度的反应分类

①喜酸性植物：如杜鹃、桂花、茉莉、含笑等。

②喜碱性植物：如文冠果、丁香、黄刺玫、柽柳等。

③中性植物：多数园林植物种类喜中性或弱酸性土壤，属于中性植物。

（2）根据园林植物对土壤中矿质盐的反应分类　园林植物可划分为喜钙植物和嫌钙植物。喜钙植物在钙质土上生长最佳，常分布于石灰岩山地，如侧柏、柏木、南天竹、臭椿、青檀等。

（3）根据植物对土壤含盐量的反应分类　园林植物可划分为盐土植物和碱土植物。耐盐碱植物如夹竹桃、旱柳、柽柳、丁香等。

（4）根据植物对土壤肥力的要求分类　园林植物可划分为肥土植物、中土植物和瘠土植物。豆科植物、鼠李、马尾松、油松等属瘠土植物。

5.大气

1）大气成分与园林植物生长

（1）氧气（O_2）　植物有氧呼吸离不开O_2。园林植物在一般的栽培条件下，不会出现氧气不足的情况。但是当土壤质地黏实、表土板结或土壤含水量过高时，土壤中CO_2大量聚积，从而导致氧气不足，造成根系呼吸困难。

（2）二氧化碳（CO_2）　CO_2是植物光合作用的主要原料。随着CO_2浓度的增加，植物的光合作用强度也相应提高，可通过增施CO_2气肥促进植物的光合作用。但土壤中CO_2含量过高，常导致植物根系无氧呼吸，发生烂根或中毒死亡现象。

（3）氮气（N_2）　N_2是构成生命物质（如蛋白质）最基本的成分。植物所需要的氮主要来自土壤中的硝态氮和铵态氮，土壤中的氮素经常不足，在一定范围内，增加土壤中的氮素能明显促进园林植物生长。

2）大气污染对园林植物的影响　大气污染物分为气态污染物与颗粒污染物两大类。空气中对园林植物影响较大的有害气体是二氧化硫、氟化氢、氮氧化物等。主要大气污染物对植物的危害如下：

（1）二氧化硫（SO_2）　SO_2是危害植物的主要气体。SO_2使叶片受害的症状通常是在叶脉间出现点状或块状的伤斑。

对 SO_2 抗性强的园林植物有大叶黄杨、夹竹桃、女贞等。对 SO_2 抗性较强的园林植物有广玉兰、香樟、棕榈、海桐、蚊母树、珊瑚树、龙柏、梧桐、石榴、泡桐等。对 SO_2 敏感的园林植物有雪松、复叶槭、梨、苹果等。

（2）氟化物　大气中的氟化物主要是氟化氢（HF）、四氟化硅（SiF_4）等。氟化物会抑制园林植物的光合作用等代谢活动。

对 HF 抗性强的园林植物有夹竹桃、龙柏、罗汉松、无花果、丁香、木芙蓉、黄连木等。对 HF 抗性较强的园林植物有大叶黄杨、珊瑚树、蚊母树、海桐、杜仲、胡颓子、石榴、柿、枣等。对 HF 敏感的园林植物有杏、葡萄、榆叶梅、雪松、复叶槭等。

（3）光化学烟雾　臭氧主要破坏栅栏组织细胞壁和表皮细胞，常常导致叶片枯死；PAN（过氧乙酰硝酸酯）通过气孔进入叶内，使叶片失水收缩。二氧化氮使植物受害的症状是叶片上出现棕色或褐色斑点，并且首先出现在叶缘处。氯使植物受害的症状主要是叶尖、叶缘或叶脉间出现不规则的黄白色或浅褐色坏死斑点。

3）风对园林植物生长的影响　风有利于风媒花的传粉及种子、果实的散播，有利于森林的更新。不利方面为生理与机械伤害，长时间的干热风会加强园林植物的蒸腾作用，导致枯萎，大风或台风吹折大枝或主干，削弱园林植物的高径生长，形成偏冠、偏材等。

二、城市环境与园林植物生长

（一）城市气候特点与园林植物生长

城市地域范围内的气候特点明显不同于周围乡村，主要表现为：平均气温升高，热岛效应明显；风速减小；相对湿度降低；云雾天气增多；太阳辐射降低，晴天减少等。

1. 城市气温特点与热岛效应

（1）热岛　从气温的水平分布状况来说，市中心区气温最高，向城郊逐渐降低，农村的气温最低（图1.9）。

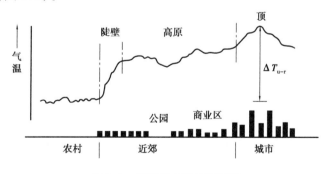

图1.9　城市热岛温度剖面图

如果用闭合等温线表示城市气温的分布，因其形状似小岛，故称为热岛，热岛效应通常使城市气温高于郊区 $0.5 \sim 2.0$ ℃。热岛效应形成原因如下：①城市的下垫面多数为水泥或沥青铺装的道路、广场或建筑群形成的屋顶和墙面，热容量大，吸热较多，反射率低；②城市大气中的二氧化碳和污染物含量高，形成覆盖层，对地面长波辐射有强烈的吸收作用,减少了热量的散失;③城市人口高度密集,人类活动产生的热量高等,使气温大幅升高。

(2)昼夜温差小　夜晚由于空气中的微尘、煤烟微粒及各种有害气体笼罩在城市上空,阻碍热量的散发,再加上高层建筑多,空气流通不畅,热量也不易散发出去,使城市内夜晚温度也明显高于城郊和乡村。昼夜温差相对减小,昼夜温差小不利于园林植物生长。

热岛效应影响无霜期和物候期。热岛效应会使春天来得早,秋季结束晚,城市无霜期延长,极端低温趋向缓和,有利于园林植物生长。

2. 城市大气湿度特点

城市平均大气相对湿度比郊区低,且在 16:00—17:00 左右达到低谷,形成"城市干岛"。

城市湿度低是因为城市下垫面多为建筑物和不透水的砖石、水泥与沥青路面,蒸散量小,以及缺乏有蒸腾作用的植被。由于城市绝对湿度比郊区低,气温又比郊区高,所以城郊之间相对湿度的差别更为明显。

3. 城市光照特点

由于城市雾障,阴天数量多,城市光照特点为太阳辐射减弱,日照时间减少。

日照持续时间减少,使长日照植物开花推迟。城市灯光延长了光照时数,打破了园林植物正常的生长和休眠,不利于树木过冬。

(二)城市土壤特点与园林植物生长

1. 城市土壤的特点

(1)土壤结构变化　铺装路面、行人踩踏、碾压、夯实等造成土壤紧实度升高,容重增加、孔隙度减少,土壤的透气性较差。影响园林植物根系生长,易造成树木早衰,甚至死亡。

(2)土壤理化性质变化　城市土壤的 pH 值一般高于郊区土壤的 pH 值。

(3)土壤表面温度升高。

(4)土壤营养循环被切断。

2. 城市土壤类型

(1)城市扰动土　城市扰动土主要指街道绿地、公共绿地和专用绿地的土壤。其土体受到大量的人为扰动,没有自然发育层次,一般含有大量侵入物;土壤表层紧实,透气性差;土壤容重偏大,土体固相偏高,孔隙度小,影响土壤的保水、保肥性。养分含量相差显著,分布极不均匀。

扰动土按侵入物的种类可分为 3 种:

①以城市建设垃圾污染物为主的扰动土。土体因有碱性物质的侵入,土壤 pH 呈碱性。

②以生活垃圾污染物为主的扰动土。土体中混有大量的炉灰、煤渣等,土壤 pH 高,呈碱性,肥效极低。

③以工业污染物为主的扰动土。因工业污染源不同,土体的理化性状变化不定,同时还常含有毒物质,情况复杂,故应调查、化验后方可种植。

(2)城市原土　城市原土指未扰动的土壤,位于城郊的公园、苗圃地、花圃地以及在城市大规模建设前预留的绿化地段，或苗圃地改建的城区大型公园。这类土壤除盐碱土等有严重障碍层的类型外，一般适合作为绿化栽植地。

(三)城市水文特点与园林植物生长

城市水文现象受人类活动的强烈影响而发生明显的变化。城市下垫面主要为建筑物和水泥地面覆盖，因而改变了水分的自然循环规律。与自然土壤相比，城市地面透水性降低，不透水的地面扩大，减少了地下水补给；改变了降水、蒸散、渗透和地表径流。城市排水管网的修建，直接改变了城市地面雨洪径流和地下径流的形成条件，缩短了汇流的时间，增大了径流的峰值。城市居民生活和生产过程中需水量增加，并伴随因污水排放量的增加而污染清洁水源。城市社会经济发展对清洁水源的需求和污水的排放已成为城市水文变化的基本特征。

上述原因致城市雨水很快流入下水道，仅有少量的雨水为绿地植物吸收；城市不透水的地面扩大，使地面蒸发和植物的蒸腾减少，空气湿度明显下降；城市地下设施阻断了地下水源补充，加之过量开采地下水，地下水位下降，加剧了缺水，而城市园林植物根系分布较浅，不利于水分的吸收。

(四)城市的环境污染与园林植物生长

1. 大气污染

大气污染物主要包括 SO_2、HF、臭氧、氮氧化物和总悬浮颗粒物等。它们常导致园林植物叶组织坏死、失绿黄化、生长减缓、发育受阻、早衰、器官脱落等。

(1)对 SO_2 抗性较强的植物 山皂角、刺槐、银杏、加杨、臭椿、白蜡、广玉兰、香樟、茶条槭、梓树、胡桃等。

(2)对 HF 抗性较强的植物 国槐、臭椿、泡桐、龙爪柳、悬铃木、胡颓子、白皮松、侧柏、丁香、山楂、紫穗槐、连翘、金银花、小檗、女贞等。

(3)对 Cl_2 及 HCl 抗性较强的植物 木槿、合欢、地锦、构树、榆、接骨木、紫荆、槐、紫藤、紫穗槐等。

(4)对光化学烟雾抗性较强的植物 柳杉、日本黑松、樟树、海桐、青冈栎、夹竹桃等。

2. 土壤污染

城市环境中对园林植物健康危害较大而又常常容易被忽视的一个重要方面是城市的土壤污染。

土壤污染主要从两个方面影响园林植物的生长。一方面，土壤中的有毒物质如铅、汞、镉等重金属离子直接使植物根系变得短粗，吸收能力变弱，根系生长受抑制或死亡，地上部分萌芽迟，生长缓慢，叶片黄化，开花不齐，果实畸形，污染严重时植株衰退或死亡。另一方面，土壤污染引起土壤酸碱度变化，进而影响植物的生长。

3. 水体污染

水是城市的血液，是不可替代的资源，并且随着城市的发展，水的需求量越来越大。工业化促进了城市化，工业化又带来了水资源的污染，恶化了发展中的城市环境。中国 90% 以上的城市水污染严重，常见的水污染有水体富营养、有毒物质污染和热污染三类。

园林植物在城市水污染控制中具有广阔的应用前景,能否发挥其最大的净化潜力,关键在于植物种类的选择和植物群落的搭配。

(五)建筑方位环境特征与园林植物生长

(1)东向　一天有数小时直射光照,约下午 3 时后即成为庇荫地,光、温等环境因子适合一般园林植物生长。

(2)南向　白天几乎全天都有直射光,反射光也多,墙面辐射热也大,加上背风,空气不甚流通,温度高,生长季延长,春季物候早,冬季楼前土壤冻结晚,早春化冻早,形成特殊小气候,适于喜光温园林植物生长。

(3)西向　上午为庇荫地,下午形成西晒,尤其夏日为甚。光照时间虽短,但强度大,变化剧烈。西晒墙面吸收累积热量大,空气湿度小,适合选择耐燥热,不怕日灼的园林植物生长。

(4)北向　背阴,以散射光为主。夏日午后傍晚有少量直射光,温度较低,相对湿度较大,风大,冬冷,土壤冻结期长,适合选择耐寒、耐阴的园林植物。

【综合实训】

园林绿地环境因子调查与监测

● 实训目标

1.根据授课季节等具体情况,以实训小组(5~6 人)为单位,依托苗圃基地或绿地开展环境因子调查与监测工作,制订环境因子调查与监测的技术方案。

2.能依据制订的技术方案和环境因子调查与监测的技术规范,进行环境因子调查与监测操作。

3.能熟练并安全使用各类环境因子调查与监测器具。

● 实训要求

1.组内同学要分工合作,相互配合,要依据园林植物物候期观测的技术流程制订技术方案,要保证设备的完整及人员的安全。

2.提交实训报告。实训报告的内容包括实训任务、实训目标、实训材料与用具、实训方法与步骤、实训结果等,分析比较乔灌木和草本植物的物候期特征等。

3.提交实训总结。实训总结的内容包括对知识的掌握与运用、实训方案的设计、实训过程、实训结果等进行自我评价,分析失误原因,并提出改进措施。

● 考核标准

1.采用过程考核与结果评价相结合的方式,注重实践操作、工作质量、汇报交流等环节的评价。

2.注重职业素养的考核,尤其强调团队协作能力的考核。

表 1.4　园林绿地环境因子调查与监测项目考核与评价标准

实训项目	园林绿地环境因子调查与监测			学时		
评价类别	评价项目	评价子项目		自我评价（20%）	小组评价（20%）	教师评价（60%）
过程性考核（60%）	专业能力（45%）	方案制订能力（10%）				
		方案实施能力	监测地点选择科学（5%）			
			监测方法正确、规范（15%）			
			资料整理与分析（15%）			
	综合素质（15%）	主动参与（5%）				
		工作态度（5%）				
		团队协作（5%）				
结果考核（40%）	技术方案的科学性、可行性（10%）					
	观测结果准确性、真实性指标（20%）					
	实训报告、总结与分析（10%）					
评分合计						

【巩固训练】

一、课中测试

（一）不定项选择题

1.影响园林植物生长发育的环境因子有（　　　）。

A.气候因子　　　　　　　　　　　B.土壤因子

C.地形地势因子　　　　　　　　　D.生物因子

2.城市气温特点表现为（　　　）。

A.热岛效应　　　　　　　　　　　B.昼夜温差小

C.极端低温趋向缓和　　　　　　　D.无霜期延长

3.城市光照特点表现为（　　　）。

A.太阳辐射降低　　　　　　　　　B.晴天减少

C.云雾天气增多　　　　　　　　　D.打破了植物正常的休眠

4.对园林植物生长影响较大的有害气体是（　　　）。

A.二氧化硫　　　　B.氟化氢　　　　C.氮氧化物　　　　D.水蒸气

5.树木对环境的适应能力有强弱，下列选项中，（　　　）属于耐碱树种。

A.山茶　　　　　B.柽柳　　　　　C.杜鹃　　　　　D.日本五针松

（二）判断题（正确的画"√"，错误的画"×"）

1. 适地适树的"地"是指温、光、水、气、土等综合环境条件。　　　　（　　）

2. 园林植物在最适温度下最能健壮地生长。　　　　　　　　　　　（　　）

3. 生物学零度是指园林植物开始发育的温度，为 0 ℃。　　　　　　（　　）

4. 深秋寒潮来临之前灌水有利于提高土温。　　　　　　　　　　　（　　）

5. 园林植物尤其是花卉对水质要求较高，灌溉水 pH 值以 6～7 为宜。　（　　）

6. 园林植物栽植土要求土壤全盐含量以 0.1%～0.3% 为宜。　　　　（　　）

7. 树木解除休眠后，抗冻能力显著提高。　　　　　　　　　　　　（　　）

8. 树木以秋季大量落叶为生长结束的标志。　　　　　　　　　　　（　　）

9. 秋季日照变短是树木落叶，进入休眠的主要因素，气温的降低加速了这一过程。

（　　）

10. 休眠是树木生命活动的一种暂时停止状态，但树体仍进行着各种生命活动。

（　　）

二、课后拓展

1. 影响园林植物生长的环境因子有哪些？这些环境因子是如何影响园林植物的生长发育的？

2. 分析城市环境特点，说明城市环境对园林植物有哪些不利或有利的影响。

典型工作任务二
园林苗木培育

【工作任务描述】

培育出圃优良的大规格苗木,是保证城市园林绿化建设质量的基础。

本任务主要包括园林苗圃选址与规划、园林植物种实生产、播种育苗、扦插育苗、嫁接育苗、分生与压条育苗、现代育苗技术、园林植物大苗培育、苗木质量评价与出圃等内容。

【知识目标】

1. 熟知园林苗圃的选址、规划设计等。

2. 熟知园林植物种实生产与播种、扦插、嫁接育苗等知识。

3. 熟知现代育苗技术知识。

4. 熟知园林植物大苗培育知识。

5. 熟知园林苗木质量评价体系与出圃知识。

【技能目标】

1. 掌握园林苗圃选址、规划设计技能。

2. 掌握园林植物种实生产与播种、扦插、嫁接等育苗技能。

3. 掌握园林植物现代育苗技能。

4. 掌握园林植物大苗培育技能。

5. 掌握园林苗木质量评价与出圃技能。

【思政目标】

1. 融入"两山"理论,践行尊重自然、顺应自然、保护自然的生态文明理念。

2. 树立唯物辩证主义观点,培养严谨的学风。

3. 培养良好的职业道德与精益求精的工匠精神。

任务三　园林苗圃选址与规划

【任务描述】

园林苗圃建设是城市绿化美化建设的重要组成部分,是确保城市绿化美化质量的基础。

本任务主要介绍园林苗圃建设可行性分析、规划设计与园林苗圃规划设计绘制、说明书编写等内容。通过本任务的学习,要求掌握园林苗圃选址与规划设计技能。

【任务目标】

1. 掌握园林苗圃选址的原则与方法。
2. 掌握园林苗圃规划设计与说明书编写技能。
3. 通过任务实施,提高团队协作能力,独立分析与解决园林苗圃选址与规划设计实际问题的能力。

【任务内容】

一、园林苗圃建设的可行性分析

(一)园林苗圃的自然条件

园林苗圃的自然条件如下:

(1)地形、地势及坡向　应建在地势较高的开阔地带;生产区的坡度一般不大于0.2%;地势低洼、寒流汇集、温差大的地形,易产生涝害、风害、寒害等,不宜作苗圃地。山地建苗圃时应重视坡向。

(2)土壤条件　应选择土层深厚(50 cm 以上)、土壤孔隙度良好、持水保肥、土壤有机质不低于2.5%、含盐量应低于0.2%,pH 值为6.0～7.5 的壤土。

(3)水源及地下水位　应具备良好的供水条件;水中含盐量不超过0.1%;地下水位宜为2 m 左右(砂质土为1～1.5 m、壤土2.5 m 左右、黏土2.5～4.5 m);修建引水设施灌溉苗木是十分理想的选择。

(4)气象条件　苗圃应选择在气象条件稳定、灾害性天气很少发生的地区。平均气温过低、日照不足、干旱少雨、霜冻频繁、低洼地、风口、寒流汇集地等地区一般不宜建立苗圃。

(5)病虫害和植被情况　了解圃地及周边的植物感染病害和发生虫害的情况,如果圃地环境病虫害曾发生严重,并且未能得到治疗,则不宜在该地建立园林苗圃。苗圃选址应慎重。

(二)园林苗圃的经营条件

园林苗圃的经营条件如下:

(1)交通条件　应选择在等级较高的国道或省道附近建设苗圃。

(2)电力条件　电力供应应有保障,在电力供应困难的地方不宜建设园林苗圃。

(3)人力条件　苗圃地应设在靠近村镇的地方,以便调集人力。

(4)周边环境条件　适宜苗木生长,远离污染源。

(5)销售条件　从生产技术分析,苗圃应设在自然条件优越的区域;从经营分析,苗圃设在苗木需求量大的区域,具有竞争优势。

苗圃建设应综合考虑以上条件。

(三)园林苗圃建立前的市场调查

园林苗圃建立前应重点做好园林苗木生产现状、技术水平与发展趋势调查,市场环境调查,市场需求调查,苗木产品与价格调查,消费者与消费行为调查,竞争对手调查,销售渠道调查等。

二、园林苗圃的规划设计

(一)准备工作

准备工作主要包括现场踏勘、测绘地形图,进一步做好土壤调查、病虫害调查与气象资料收集等。

(二)园林苗圃的规划设计主要内容

1. 园林苗圃生产用地的划分

苗圃生产用地指直接用来生产苗木的地块。一般占苗圃总面积的 75% ~ 85%,大型苗圃在 80% 以上。计算苗圃生产用地应综合考虑年生产苗木种类和数量、某树种单位面积产苗量、育苗年限、轮作制度以及每年苗木所占的轮作区数等因素。

苗圃生产用地一般划分为播种繁殖区、营养繁殖区、苗木移植区(小苗区)、大苗培育区、采种母树区、引种驯化区(试验区)、设施育苗区、轮作休耕用地等。

1)播种繁殖区　简称播种区,是指培育播种苗的生产区,是苗圃完成苗木繁殖任务的关键部分(图 2.1)。由于幼苗对不良环境的抵抗力弱,对土壤条件及水肥管理要求较高,因此,播种区应配置在全圃自然条件和经营条件最有利的位置,要求其地势平坦、灌溉方便、土壤肥沃、背风向阳且管理方便的地方。如是坡地,则应选择最好的坡向,坡度要小于 2%。

2)营养繁殖区　即培育扦插苗、嫁接苗、压条苗与分株苗的生产区。与播种区要求基本相同,应设在土层深厚和地下水位较高、灌溉方便的地方,但不像播种区那样要求严格。扦插苗区应配备插床、遮阳等设施;嫁接苗区主要为砧木苗的播种区,宜土质良好;压条、分株育苗法采用较少,育苗量较小,可利用零星地块育苗。

图 2.1　播种繁殖区

3）苗木移植区（小苗区）　即培育各种移植苗的生产区。由播种区、营养繁殖区中繁殖出来的苗木，需要进一步培养成较大的苗木时，则应移入移植区进行培育。依规格要求和生长速度的不同，往往每隔 2～3 年还要再移几次，逐渐扩大株行距，增加营养面积，所以移植区占地面积较大。移植区一般设在土壤条件中等、地块大而整齐的地方，配备喷灌等设施。

4）大苗培育区　培育苗龄较大、根系发达，有一定树形，直接用于园林绿化的各类大规格苗木的生产区。大苗区苗木的株行距大、占地面积大、培育年限长、出圃规格高、根系发达、适应性强，对加速实现城市绿化效果意义重大。大苗出圃时，常常需要带土球出圃，因此，大苗培育区一般选在土层较厚、地下水位较低、地块整齐且便于出圃与运输的位置。

5）采种母树区　在永久性苗圃中，为了获得优良的种子、插条、接穗等繁殖材料，需设立采种、采条的母树区。母树区占地面积小，可利用零散地块，但要土壤深厚、肥沃及地下水位较低，对一些乡土树种可结合防护林带和沟边、渠旁、路边进行栽植。

6）引种驯化区（试验区）　引种驯化区（试验区）用于引入新的树种和品种，进而推广，丰富园林树种。可单独设立试验区或引种区，亦可引种区和试验区相结合设立。国内外许多苗圃，在办公区附近或其他便于管理的区域设置品种展示区或展示园，把优质种质资源保存与苗木品种的展示结合在一起。为防止品种丢失，应有保护设施；根据具体要求，可配置温室、温床等。

7）设施育苗区　通过必要的设施提高育苗效率，已成为许多园林苗圃提高苗木质量与市场竞争能力的重要技术途径。按照各苗圃的具体任务和要求，可设立温室、温床、大棚、荫棚、喷灌与喷雾等设施，以适应环境调控育苗的需要，在我国苗圃中的应用近年来逐渐增多，并成为育苗技术创新的主要途径。

8）轮作休耕区　部分苗圃设有轮作休耕区，目的在于使耕地得到休养生息，防止土壤退化。

2.园林苗圃辅助用地的设计

辅助用地又称非生产用地,一般不超过苗圃总面积的 20% ~25%。大型苗圃的辅助用地占总面积的 15% ~20%,中、小型苗圃占总面积的 18% ~25%。辅助用地包括苗圃道路系统、排灌系统、防护林带及管理区用地等。

1)苗圃道路系统的设计　包括一级路、二级路、三级路和环路。一般占苗圃总面积的 7% ~10%。一级路(主干道)通常宽 6 ~8 m,其标高应高于耕作区 20 cm。二级路(辅道)通常与主干道相垂直,与各耕作区相连接,一般宽 3.5 ~4 m,其标高应高于耕作区 10 cm。三级路又称步道或作业道,是与二级路相连、沟通各耕作区的作业路,一般宽 1.0 ~2.0 m。

2)苗圃灌溉系统的设计　苗圃灌溉系统包括水源、提水设备与引水设施三部分。引水渠道一般占苗圃总面积的 1% ~5%。一级渠道(或主渠)一般宽 1.5 ~2.5 m、二级渠道(支渠)一般宽 1 ~1.5 m、三级渠道(毛渠)一般宽 1 m 左右。

通过管道引水可实施喷灌、滴灌、渗灌等节水灌溉技术,采用节水灌溉技术是苗圃灌溉发展的方向。

3)苗圃排水系统的设计　苗圃排水系统包括为了防止外水入侵而设置的截水沟和圃内排水沟网,排水系统一般占苗圃总面积的 1% ~5%。

苗圃排水沟分明沟和暗沟两种,采用明沟的较多。一般大排水沟宽 1 m 以上,深 0.5 ~1 m。耕作区内小排水沟宽 0.3 ~1 m,深 0.3 ~0.6 m。

苗圃内排水沟与灌溉渠往往各居道路一侧,从而沟、路、渠并列,这是比较合理的设置。

4)苗圃防护林带的设计　应根据苗圃的大小和苗圃风沙危害程度进行设计。林带的结构应以乔、灌木混交半透风式为宜,一般主风方向与林带垂直,偏角不应超过 30°。林带宽度一般规定为主林带 8 ~10 m,辅助林带 2 ~4 m。

5)苗圃管理区的设计　包括管理与生活设施、仓储、设施装备配套工程、科学实验配套设施等。苗圃科研设施设备包括种子检验、土壤性能测定、苗木生态因子检测设备等;苗圃实验室(包括化验室)、资料室(包括档案室)、标本室(包括制作室、陈列室)、气象哨、温室等。苗圃管理区一般占总面积的 1% ~2%。

三、园林苗圃规划设计图绘制与说明书编写

(一)园林苗圃规划设计图绘制

园林苗圃规划设计图绘制包括:

1.绘图前准备

(1)仪器工具准备　准备罗盘仪、皮尺、计算器、绘图工具、计算机辅助设计软件等。

(2)园林苗圃规划设计前的准备工作及外业调查　包括现场踏勘、测绘地形图、土壤调查、病虫害调查、气象资料的搜集等。

2.设计图绘制

绘制设计图时首先要明确苗圃的具体位置、圃界、面积、育苗任务、苗木供应范

围;了解育苗的种类、培育的数量和出圃的规格;确定建圃任务书以及各种有关的图面材料,如地形图、平面图、土壤图、植被图等,搜集有关自然条件、经营条件、气象资料及其他有关资料等。

①在所有资料的基础上通过对各种具体条件的综合分析,确定苗圃的区划方案。

②以苗圃地形图为底图,在图上绘出主要道路、渠道、排水沟、防护林带、场院、建筑物、生产设施构筑物等。

③根据苗圃的自然条件和机械化条件,确定最适宜的耕作区的面积、长度、宽度和方向。

④根据苗圃的育苗任务要求,计算各树种育苗需占用的生产用地面积,设置好各类育苗区。

⑤绘制出苗圃设计草图,经多方征求意见,进行修改,确定正式设计方案,即可绘制正式设计图。

⑥正式设计图的绘制应依地形图的比例将道路沟渠、林带、耕作区、建筑区、育苗区等按比例绘制,排灌方向要用箭头表示,在图外应列有图例、比例尺、指北方向,同时各区应加以编号,以便说明各育苗区的位置等。

(二)园林苗圃规划设计说明书编写

园林苗圃规划设计说明书应包括前言、自然条件与经营条件、苗圃的区划、育苗设施与机械设备、苗木的生产结构与育苗技术、组织管理与经营、投资计划与经济、社会与生态效益等内容。

【综合实训】
园林苗圃规划与设计(选修)

• 实训目标

1. 根据授课季节等具体情况,以实训小组(5～6人)为单位,依托某苗圃建设任务,制订园林苗圃选址、规划与设计方案。

2. 能依据制订的园林苗圃选址、规划与设计方案,具体实施苗圃建设任务。

• 实训要求

1. 组内同学要分工合作,相互配合,技术方案的制订要依据园林植物物候期观测的技术流程,要保证设备的完整及人员的安全。

2. 提交实训报告。实训报告的内容包括实训任务、实训目标、材料与用具、方法与步骤、实训结果等。

3. 提交实训总结。实训总结的内容包括对知识的掌握与运用、实训方案的设计、实训过程、实训结果等进行自我评价,分析失误,原因并提出改进措施。

• 考核标准

1. 采用过程考核与结果评价相结合的方式,注重实践操作、工作质量、汇报交流等环节的评价

2. 注重职业素养的考核,尤其强调团队协作能力的考核。

表 2.1　园林苗圃规划与设计项目考核与评价标准

实训项目	园林苗圃规划与设计			学时	
评价类别	评价项目	评价子项目		自我评价（20%）	小组评价（20%）	教师评价（60%）
过程考核（60%）	专业能力（45%）	方案制定能力（10%）				
		方案实施能力	准备工作（5%）			
			现场踏勘与选址、规划与设计（20%）			
			规划与设计资料整理（10%）			
	综合素质（15%）	主动参与（5%）				
		工作态度（5%）				
		团队协作（5%）				
结果考核（40%）	规划与设计方案科学性、可行性（10%）					
	规划设计图的绘制与说明书撰写（20%）					
	实训报告、总结与分析（20%）					
评分合计						

【巩固训练】

一、课中测试

（一）不定项选择题

1. 苗圃规划设计的准备工作主要包括（　　　）。

A. 踏勘　　　　　　　　　　　　B. 测绘地形图

C. 土壤与病虫害调查　　　　　　D. 气象资料的收集

2. 苗圃地土壤一般要求为（　　　）。

A. 土层深厚 50 cm 以上　　　　　B. pH = 6.0 ~ 7.5

C. 含盐量应低于 0.2%　　　　　　D. 土壤有机质不低于 2.5%

3. 一般城市园林苗圃总面积应占城区面积的（　　　）。

A. 8%　　　　　　B. 2% ~ 3%　　　　　　C. 10%　　　　　　D. 0.5%

4. 选择建立苗圃地时,土壤质地以（　　　）为好。

A. 壤土　　　　　B. 黏土　　　　　C. 沙土　　　　　D. 盐碱土

5. 大型苗圃多为综合性苗圃,其占地面积在（　　　）。

A. 10 hm² 以上　　B. 20 hm² 以上　　C. 30 hm² 以上　　D. 40 hm² 以上

(二)判断题(正确的画"√",错误的画"×")

1.园林苗圃建设是城市绿化建设的重要组成部分。　　　　　　　(　　)

2.园林苗木培育是确保城市园林绿化质量的基础。　　　　　　　(　　)

3.园林苗木生产的主要任务是培育出圃优良大规格苗木。　　　　(　　)

4.苗圃地生产区的坡度以不大于0.5%为宜。　　　　　　　　　(　　)

5.一般应选择在等级较高的国道或省道附近建设苗圃。　　　　　(　　)

6.从经营分析,苗圃设在苗木需求量大的区域。　　　　　　　　(　　)

7.苗圃直接用来生产苗木的地块,一般要求占苗圃总面积的75%～85%,大型苗圃在80%以上。　　　　　　　　　　　　　　　　　　　(　　)

8.播种区应设置在全圃自然条件和经营条件最有利的位置。　　　(　　)

二、课后拓展

1.通过询问、现场调查、查阅文献等方法了解当地的自然地理条件、气候特点、社会与经济发展情况及园林苗圃类型、主要生产品种、营销手段、营运与管理方式等,分析存在的问题,并通过进一步学习提出解决问题的方法。

2.解读《城市园林苗圃育苗技术规范》(CJ/T 23—1999)。

CJ/T 23—1999

任务四　园林植物种实生产

【任务描述】

种实是园林苗木生产与经营中最基本的生产资料,优良种实是培育优良苗木的前提,种实数量充足是顺利完成苗木生产任务的保证。

本任务主要介绍种实的采集与调制、种子品质检验、种子储藏与运输等内容。通过本任务的学习,掌握园林植物的种实生产技能。

【任务目标】

1. 熟知园林植物的结实规律。
2. 掌握园林植物种实的采集与调制技能。
3. 掌握园林植物种实品质检验技能。
4. 掌握园林植物种实储藏与运输技能。
5. 熟练并安全使用各类种实生产的用具、设备。
6. 通过任务实施,提高团队协作能力,培养独立分析与解决种实生产实际问题的能力。

【任务内容】

一、准备工作

(一)知识准备

1. 园林植物种实的形成

园林植物种实是用于繁殖园林植物的种子和果实的统称,是园林苗木生产与经营最基本的生产资料。

植物学中,种子是指种子植物所特有的繁殖器官,由胚珠发育而成。种子法中,种子是指农作物和林木的种植材料或者繁殖材料,包括籽粒、果实、根、茎、苗、芽等。

花芽分化是开花的基础,园林植物开花是其结实的前提。园林植物结实是指园林植物孕育种子或果实的过程。其具体发育过程请查阅植物学、园林树木学等相关内容。

2. 园林植物的结实规律

1)结实年龄　园林植物最初的生长发育主要是积累营养物质,当生长到一定年龄,营养物质积累到一定程度后,植物顶端分生组织开始分化花原基并形成花或花序,进而开花、传粉、受精与结实。不同的树种开始结实的年龄差异很大,与园林植物遗传性特性相关,受环境因素影响与激素调节等,如紫薇1年即可结实,梅3~4年可开花结实,而银杏则要到20年后才开始开花结实。

2)结实周期性　园林植物开始结实后,结实数量多的年份称为"丰年"。结实丰年之后,常出现长短不一的、结实数量很少的"歉年"。一般,结实丰、歉年交替出现。

结实丰年和歉年交替出现的现象,称为结实周期性或结实大小年现象。结实周期性形成的原因是:

①营养生长与生殖生长相关理论。

②园林植物遗传性影响。

③园林植物结实周期受光照、温度和降水量等环境因素影响。

④病虫危害、过度采种等延长园林植物结实间隔期。

科学的经营管理,如合理施肥、灌溉、病虫害防治、疏花疏果等,可改善园林植物营养与环境条件,促进结实,缩短或消除结实间隔期。

3.种子的成熟与成熟度的鉴别

1)种子的成熟

(1)生理成熟　种胚发育完全,种实具有发育能力。

(2)形态成熟　种实外部形态呈现成熟特征,种皮致密而坚实,抗害力强,耐贮藏。

一般园林植物种子先生理成熟,后形态成熟。应在形态成熟期采集种子,生产上常由果实外部特征确定采种期。少数树种,如银杏、冬青等,先形态成熟,后生理成熟,称为生理后熟现象。对于生理后熟的种实需进行层积贮藏催芽处理。

2)种子成熟度的鉴别

①用解剖、化学分析、比重测定、发芽实验等方法鉴别。

②依据物候观察和形态成熟时的外部特征鉴别。多数种子成熟时,颜色由浅变深、种子含水量低、种皮结构致密、种粒饱满坚硬,营养物质积累基本停止,种子开始进入休眠状态,对不良环境忍耐性提高。

4.园林植物种子品质检验

园林植物种子品质检验是应用科学的方法对园林生产中的种子品质进行细致的检验、分析、鉴定,以判断其品质优劣、评定其种用价值的技术(图2.2)。种子品质检验是保证种子质量的关键。

种子品质检验的内容包括:

(1)遗传品质　即种子内在品质,是指与遗传特性有关的品质,用"真""纯"概括。

"真"指种子真实可靠的程度,用真实性表示。"纯"指种子典型一致的程度,用种子纯度表示。

(2)播种品质　即种子外在品质,是指种子播种后与田间出苗有关的品质,用净、壮、饱、健、干5个字概括。"净"是指种子清洁干净的程度,可用净度表示。"壮"是指种子发芽出苗齐壮的程度,可用发芽力、生活力表示。"饱"是指种子充实饱满的程度,可用千粒重(和容重)表示。"健"是指种子健全完善的程度,通常用病虫感染率表示。"干"是指种子干燥耐藏的程度,可用种子含水百分率表示。

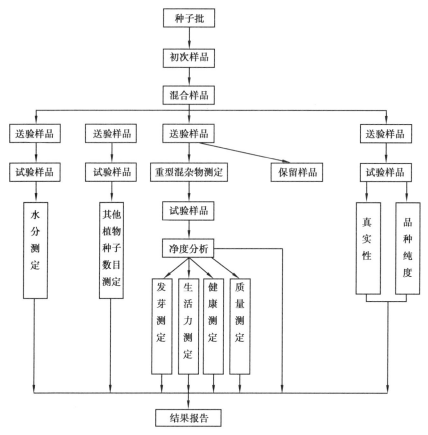

图 2.2　种子品质检验程序

种子检验的内容包括种子真实性、种子纯度、净度、发芽率(生活力)、千粒重、种子水分和健康状况等。纯度、净度、发芽率和水分 4 项指标为种子质量分级的主要标准,是种子收购、种子贸易和经营分级定价的依据。

5. 种子寿命及影响种子寿命的因素

1)种子寿命　指种子从完全成熟到丧失生命所经历的时间。各类园林植物种子的寿命差异大。

(1)短寿命种子　寿命为几天、几个月至 1 ~ 2 年的种子,如银杏、栗、杨、柳、榆等的种子,其内含物主要是淀粉。

(2)中寿命种子　寿命为 3 ~ 15 年的种子,如松、柏、杉等含脂肪、蛋白质较多的种子。

(3)长寿命种子　寿命在 15 年以上,含水量低、种皮致密、不易透水透气的种子,如合欢、皂荚、刺槐等的种子。

2)影响种子寿命的因素

(1)内部因素　种子寿命与树种的遗传特性(基因型)有关,它决定了种子的大小结构、形态特征、化学成分等,同时还与成熟度、贮藏物质多少、含水量、种皮完整性等有关。

(2)外界因素　影响种子寿命的环境因素主要有温度、湿度、通气状况、机械损伤和微生物等因素。

(二)材料、用具与设备准备

（1）材料准备 各类结实园林植物；种子采集前调查表、采种临时标签、采种地标签、采种登记表、种子质量检测结果单等；布袋、纸袋等；各种染色剂等。

（2）工具准备 高枝剪、枝剪、采种镰、采种兜、软梯、扦样器、分样器、分样板、托盘、套筛、发芽盒、发芽皿、发芽纸、真空数种置床仪、计数器、放大镜、镊子、刀片、解剖针、烧杯、载玻片、台秤（感量 0.1、0.01 g）、桶或缸等。

（3）仪器设备准备 振动机、吸种器、脱粒机、去翅机、净种机、智能考种分析仪、智能人工气候培养箱、净度分析工作台、电子自动数粒仪、水分测定仪、分析天平、低温样品贮藏箱、冰箱、电热鼓风干燥箱、电热恒温箱、干燥器、粉碎机、显微镜、解剖镜等。

二、园林植物种实采集与调制

（一）种实采集

园林植物的优良种实应从优良目标母树上采集。

1. 种实采种期

（1）采种期确定 采种期确定取决于种实成熟期、种实脱落方式、脱落时期及成熟时的天气状况等。

（2）适时采种 大部分树种宜采期为种子脱落盛期。

（3）采种期与种子质量 过早采种，种子品质降低；过迟采种，易飞散种子难采集，不易飞散种子遭鸟、虫危害等。

2. 种实采种方法

（1）树上采种 适宜种粒很小、落地后不便收集的种子，如侧柏等；脱落后易被风吹散的翅果、絮毛种实，如杨、柳、泡桐、榆等。不易脱落或落果期长的种子，多用高枝剪、采种镰和采种兜采收，高大母树借助软梯、升降机等上树工具（图 2.3）上树采集。

图 2.3 树上采种实景

（2）地面收集　适宜种子自行脱落的大、中粒种子,如栎、油茶、油桐等的种子。

（3）伐倒木采种　结合采伐作业,从伐倒木上采种。

（4）水面收集　适宜水边的杨、桤木等植物的种子。

（5）洞穴收集　森林中啮齿动物以树木种子为食,冬贮于穴,可秋末在洞穴中收集。

（二）种实调制

种实调制是指种实采集后,为了获得纯净而优质的种实,并使其达到适于贮藏或播种的程度所进行的一系列处理措施。种实调制包括晾晒、脱粒、净种、分级、再干燥等处理工序。

1. 球果类种实的调制

（1）自然干燥脱粒　日光下摊晒,翻动,再摊晒,室内脱粒。一般需1~3周。

（2）人工干燥脱粒　在干燥室,人工加温或减压干燥。一般需几小时或2~3 d。

（3）净种　主要为去翅。可用连枷敲打或装在袋中揉搓。松属、云杉属、落叶松属等种实较易去翅。杉木、水杉、柳杉等种实的翅不易除去,生产上不去翅贮藏、播种。

2. 肉质果类种实调制

肉质果类种实调制工序:软化果肉,揉碎果肉,取种,干燥(阴干),净种等。

（1）桑类　用手挤或棍搅,洗去果肉,将下沉的种子晾干过筛。

（2）桧柏、女贞类　擦破种皮,浸水洗净,晾晒。

（3）银杏类　桶或缸中浸几日,待果肉软,用棒捣碎或擦去果肉,阴干或混沙埋藏。

（4）核桃、油桐类　堆沤至果肉或果壳与种子分离,取出下沉种子,阴干。

3. 干果类种实调制

干果类种实调制程序:干燥、脱粒、净种等。

（1）蒴果类种实调制　含水量较低的蒴果,如泡桐、香椿等,采后晾晒,蒴果开裂,搅动或敲打促脱落,收集、筛去杂质。含水量高的蒴果,如杨、柳等,采后先晒几小时,摊放在通风室内阴干(不宜过厚),及时翻动,蒴果开裂后,脱粒收集。

（2）坚果类种实调制　栎类、栲类等含水量一般较高,不宜阳干。采种后水选或手选,剔除虫蛀种实,摊于通风处,阴干至安全含水量,贮藏(沙藏)。

（3）翅果类种实调制　榆、白蜡、臭椿、械树等多数翅果种实调制时不必脱去果翅,干燥后清除杂物,即可贮藏或播种。杜仲、榆树种子暴晒易丧失发芽能力,宜阴干。

（4）荚果类种实调制　采后曝晒,果皮裂开后,敲打或搓压荚果脱粒,再除夹杂物净种,贮藏,如刺槐、皂荚、合欢等。

4. 净种和种粒分级

（1）净种　指清除种实中的鳞片、果屑、枝叶、空粒、碎片、土块、废种、异类种子、石砾等夹杂物的种实调制工序。方法为风选、筛选、水选、手选(粒选)。

（2）种粒分级　将某一树种的一批种子按种粒大小进行分类,同一批种子,种粒越大越重,育的苗越壮,等级越高。分级方法为筛选、风选、手选或种子分级器分级等。

三、园林植物种子品质检验

(一)种子检验的程序

田间检验是指在苗木生育期间,在田间取样分析鉴定,主要包括检验种子真实度和品种纯度、病虫感染率、异种混杂程度和生育情况。以品种纯度为主要检验项目。

室内检验是指在种子收获以后,到现场或仓库直至销售播种前抽取样品进行检验。检验内容包括种子真实度、品种纯度、净度、发芽力、生活力、千粒重、含水量、病虫害等。

1.抽样

抽样是指抽取有代表性的、数量能满足检验需要的样品。为使种子检验获得正确结果并具有重演性,必须按照国家林木种子规范规定的方法,从种批中随机提取具有代表性的初次样品、混合样品和送检样品。以保证送检样品能准确地代表该批种子的组成成分(图2.4)。

图2.4　钟鼎式分样器与电动离心式分样器

1)种批　指来源和采种期相同,加工、调制和贮藏方法相同,种子经过充分混合,质量基本一致,质量不超过一定限额的同一树种的种子。质量限额为:

①特大粒种子≤10 000 kg,如核桃、板栗、油桐等的种子。

②大粒种子≤5 000 kg,如麻栎、山杏、油茶等的种子。

③中粒种子≤3 500 kg,如红松、华山松、樟树等的种子。

④小粒种子≤1 000 kg,如油松、杉木、刺槐等的种子。

⑤特小粒种子≤250 kg,如桉、桑、泡桐、木麻黄等的种子。

质量超过规定5%时需另划种批。

2)种子样品

(1)初次样品　初次样品是指从种批的一个抽样点上取出的少量样品。初次样品抽取要有广泛性、代表性。遵循随机原则,采用梅花点法或上、中、下分层抽样。

(2)混合样品　混合样品是指从一个种批中抽取的全部大体等量的初次样品合并而成的样品。样品混合要充分、均匀。

(3)送检样品　送检样品是指送交检验机构,供检验种子质量各项指标用的样品。它是从混合样品中分取的,1 个种批抽2 份送检样品。送检样品必须填写两份标签,注明树种、检验申请表等。

送检样品采用随机法、四分法取样。

（4）测定样品　测定样品是指从送检样品中分取的供测定种子质量某项指标用的样品。检验结果能否说明种批质量，关键在于检验样品对种子是否具有代表性。

测定样品采用四分法、分样器法取样（图2.4）。

2. 检验

采用科学方法和必要的仪器、药品对种子的各项品质进行分析鉴定，力求获得正确的检验结果。种子检验实操如图2.5所示。

图 2.5　种子检验实操

3. 签证

完成种子质量的各项测定工作后，依据检测结果，检验部门签发质量检验证书、标定种子等级等（表2.2）。

表2.2　种批质量检验证书

编号_____

_____

据送检人陈述

树种中名_____树种学名_____产　　地_____

送 检 人_____地　　址_____邮政编码_____

正式报告

抽样、封缄单位和人员_____

种批标记_____

种批封缄_____

种批重/kg	容器名称	容器件数	抽样日期	样品重/g	样品编号	样品收到日期	检验结束日期

检验结果

被检树种中名_____　树种学名_____

净度测定/%			发芽率测定/%						千粒重/%	含水量/%	生活力/%	优良度/%	病虫害感染度/%
纯净种子（即净度）	夹杂物	其他种子	天数	正常幼苗（即发芽率）	不正常幼苗	新鲜粒	硬粒	死亡粒					
1	2	3	4	5	6	7	8	9	10	11	12	13	14
分级依据						质量等级							
备注													

检验机构全称_____　　　主检人_____

地址_____　　　　　　　校核人_____

邮编_____　　　　　　　技术负责人_____

电话_____　　　　　　　签发日期_____年_____月_____日

检验机构(章)

(二)种子遗传品质检验

品种纯度和种子真实性是鉴定种子质量的首要指标。

1.品种纯度检验

品种纯度是指品种典型一致的程度,即样品中本品种的种子数(或植株数)占供检样品种子总粒数(或总株数)的百分率。

品种纯度高的种子,因保证了群体优良特性的一致性,能充分发挥品种的遗传潜力。

1)品种纯度的田间检验　田间检验应在品种特征特性表现最明显的时期进行。

设点取样后,根据鉴定时品种应具备的主要特征特性逐点逐株观察分析鉴定。将本品种、异种、有害杂草、感染病虫株数分别记载,然后计算百分率。分析鉴定完毕后,将每个检验点的各个检验项目的平均结果,填写在田间检验结果单上,并按种子分级标准提出种子的等级。

2)品种纯度的室内检验

(1)传统鉴定技术　种子形态、种苗形态与解剖鉴定等。

(2)现代鉴定技术　化学鉴定、荧光鉴定、电泳鉴定、高效液相色谱鉴定与分子生物学鉴定等。林木种子X光机如图2.6所示。

图2.6　林木种子X光机

目前,品种纯度的检验仍以田间检验为主,室内检验为辅。

2. 种子真实性检验

种子真实性是指一批种子所属种类品种与所附文件的说明是否一致。如不进行种子真实性检验,投入生产的不是所需种类、品种,往往会给园林生产带来不可弥补的损失。

(三)种子播种品质的检验

1. 种子净度测定

种子净度是指净种子质量占种子样品总质量的百分率。种子净度是种子播种品质的重要指标之一,是种子分级的重要依据。种子净度工作台如图 2.7 所示。

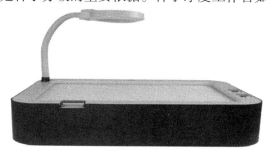

图 2.7　种子净度工作台

种子净度测定步骤:

1)样品提取　将送检样品用四分法或小型分样器分样,直至规定的质量。

2)样品分析　将样品铺在玻璃板上或种子净度工作台上。

(1)纯净种子　纯净种子是指完整的、没有受伤害的、发育正常的种子;发育虽不完全,如瘦小、皱缩等,但无法判定为空粒的种子。

(2)其他植物种子　其他植物种子是指分类学上与纯净种子不同的其他植物种子。

(3)夹杂物　夹杂物是指能明显识别的空粒、腐坏粒、已萌芽因而显然丧失发芽能力的种子;严重损伤的种子和无种皮的裸粒种子;枝、叶、鳞片、苞片、果皮、石粒、土块、虫卵等。

3)结果计算　把测定样品的 3 个组成部分分别称重。按下式计算净度:

种子净度(%)= 纯净种子重/(纯净种子重+其他植物种子重+夹杂物重)×100

2. 种子千粒重测定

种子千粒重是指气干状态下 1 000 粒纯净种子的质量(g)。粒重是种子充实、饱满、大小、均匀度的综合表现,是计算田间播种量的依据之一(图 2.8)。

种子千粒重测定方法:

(1)百粒法　从测定样品中随机点数种子、一般随机数取 8 个 100 粒,分别称重、计算平均质量 $\bar{x}$、标准差 S、变异系数 c。

$$\bar{x} = \frac{\sum x_i}{n} = \frac{x_1 + \cdots + x_8}{8}$$

$$S = \sqrt{\frac{n(\sum x^2) - (\sum x)^2}{n(n-1)}}$$

$$c = \frac{s}{\bar{x}} \times 100$$

种粒大小悬殊的种子，$c \leqslant 6.0$，一般种子 $c \leqslant 4.0$，否则重做。

$$千粒重 = 10 \times \bar{x}$$

图 2.8　电子自动数粒仪（带称重）

（2）千粒法　从测定样品中随机取 1 000 粒种子，重复 2 次，分别称重，计算平均值，两次质量之差 $\Delta\% < 5\%$ 即可。

（3）全量法　将全部纯净种子称重后换算成千粒重。

3.含水量测定

含水量是指种子中所含水分质量与种子质量的百分比，是影响种子品质的重要因素之一，与种子安全贮藏密切相关。

种子含水量测定方法：

1）低恒温烘干法

（1）样品的提取　从送检样品中，用随机法或四分法提取测定样品 2 份。

（2）将测定样品放入带盖铝盒或坩埚中，用分析天平准确称重 M_2。打开盖，置于烘箱中，用（105 ± 2）℃，将种子烘至恒重，称干重 M_3。

（3）计算含水量　种子含水量 $=(M_2 - M_3)/(M_2 - M_1) \times 100\%$，要求样品测定误差 $<0.5\%$。公式中 M_1 为样品盒和盖的质量；M_2 为样品盒和盖及样品的烘前质量；M_3 为样品盒和盖及样品烘后的质量。

2）高恒温烘干法　烘箱温度保持 $130 \sim 133$ ℃，样品烘干时间为 $1 \sim 4$ h 后，称重，计算含水量。

3）红外线水分速测仪法　采用红外线加热源，快速干燥样品，在干燥过程中，红外线水分测定仪持续测量并即时显示样品丢失的水分含量（%），干燥程序完成后，最终测定的水分含量值被锁定显示。

4.发芽力测定

发芽力是指种子在适宜条件下发芽并长成正常植株的能力，通常用发芽势和发芽率表示。

种子发芽势是指发芽试验初期（规定日期内）正常发芽的种子数占供试种子数的百分率。种子发芽势高，表示种子活力强，发芽整齐，田间出苗一致。

种子发芽率是指发芽试验终期（规定日期内）全部正常发芽种子数占供试种子数的百分率。种子发芽率高，播种后出苗率可能高，是播种材料最重要的品质。

1)发芽力测定条件

(1)水分　发芽床的用水不应含有杂质。水的pH值应为6.0~7.5。发芽床应始终保持湿润,不断地向种子提供所需的水分。对种子的供水量取决于受检树种的特性、发芽床的性质以及发芽盒的种类等。

(2)温度　恒温25 ℃或20~30 ℃;变温20/30 ℃,模拟昼夜交替变温。

(3)通气　置床的种子要保持通气良好。

(4)光照　除非确已证实某个树种的发芽会受光抑制,否则发芽测定中每24 h应当给予8 h光照,使幼苗长势良好。提供的光应均匀一致地使种子表面接受750~1 250 lx的照度。

2)测定步骤

(1)取样　将纯净种子用四分法分成4份,在每份中随机提取25粒组成100粒,共4个重复。

(2)预处理　即催芽,一般树种以浸水处理加速发芽,如杉木、马尾松、水杉、黄连木等45 ℃水浸种24 h。为防霉变可用5%高锰酸钾浸种2 h,冲洗后置床。

(3)置床与管理　将经过预处理的种子放到发芽床上,种粒在发芽床上应保持一定距离,避免病菌蔓延、根系缠绕,也便于点数,多功能真空树种置床仪如图2.9所示。经常检查测定样品及其水分、通气、温度、光照等条件。轻微发霉的种粒可拣出用清水冲洗后放回原发芽床。发霉种粒较多的要及时更换发芽床或发芽容器。

图2.9　多功能真空数种置床仪

(4)贴标签　注明植物名称、样品号、置床日期等。

(5)观察记载　发芽测定的情况要定期观察、评定和记载。

发芽测定的情况要定期观察记载。观察记载的间隔时间由检验机构根据树种和样品情况确定,但初次计数和末次计数必须有记载。

(6)结果计算

$$实验室发芽率(\%) = \frac{n}{N} \times 100$$

$$绝对发芽率(\%) = \frac{n}{N-a} \times 100$$

$$发芽势(\%)(场圃发芽率) = \frac{\sum_{i=1}^{k} n_i}{N} \times 100$$

上述三式中,n 为正常发芽粒数;N 为供试种子数;a 为供试种子中空粒数;n_i 为每日正常发芽粒数;k 为发芽达高峰所需天数。

5.生活力测定

生活力测定是指种子潜在的发芽能力或种胚所具有的生命力,常用具有生命力的种子数占试验样品种子总数百分率表示。

常用染色法判断或紫外荧光法等测定,比测定种子发芽率快,尤其适宜休眠期长的种子。常用染色剂有四唑、靛蓝等。

1)四唑染色法

(1)原理　四唑(2、3、5-氯化三苯基四氮唑,TTC)被活细胞吸收后,脱氢酶可将其还原成稳定的、不溶于水的红色物质2、3、5-三苯基甲腙(TTF),根据染色部位及分布可判断种子生活力。

(2)步骤

①预处理:从送检样品中随机抽取 25~50 粒种子,4 个重复,将其浸入 20~30 ℃水中,一般 1~3 d,以软化种皮、活化酶系。

②取胚:剥去种皮,取出种胚,同时记录空粒、坏死粒等无生活力种子。

③染色:将染色样品胚分组浸入 0.1%~1% 四唑溶液中,在 20~30 ℃黑暗或弱光中保持 2~3 h。

④染色结果鉴定:将染色胚用清水冲洗,分组放在潮湿滤纸上,借手持放大镜逐粒观察判别,主要根据着色部位及大小,而非颜色深浅,胚全部染色或仅少许没染色为有生活力种子。

⑤种子生活力计算。

2)靛蓝染色法

(1)原理　靛蓝很容易渗透入种子的死组织,使其染为蓝色,但不能透过活细胞的原生质膜。

(2)步骤

①从送检种子中随机抽取 25~50 粒种子(4 个重复),浸种后,沿种子棱切开种皮和胚乳,取出种胚。

②将种胚放在潮湿的吸水纸或纱布上,盖好,取胚时随时记下丧失生活力的种子。

③将种胚分组投入 0.05%~0.1% 的靛蓝溶液中,染色 2~3 h。

④倒出溶液,用清水冲洗种胚数遍,并立即将胚放在垫有潮湿白纸的玻璃器皿中观察。

⑤染色结果鉴定。判断标准为胚全部未染色或仅局部有斑点状着色为有生活力种子。成片、成环状被染色或全部被染色为无生活力种子。

⑥种子生活力计算。

四、园林植物种子贮藏与运输

(一)种子贮藏方法

1. 干藏法

1)普通干藏　将种子干燥到气干状态,冷却后放入布袋、麻袋、木桶等容器中,再放入干燥、常温或低温仓库中。

2)密封干藏　用铁皮罐、塑料容器、玻璃瓶等贮藏,内可充氮、二氧化碳等,并加适量木炭、硅胶或氯化钙等吸湿剂。

(1)常温密封干藏　将种子放入容器密封后,置常温下。

(2)低温密封干藏　将密封好的种子放在能控制低温的种子贮藏仓库内。种子贮藏库实景如图2.10所示。

图2.10　种子贮藏库实景图

2. 湿藏法

湿藏法适用于安全含水量较高,休眠期长的种子。贮藏时须保持较高湿度。

1)条件

(1)低温　低温0~5℃,防止发芽,促进后熟。

(2)湿润　多与湿砂混合(因为砂通气),45%~60%湿度。

(3)通风　插通气管等。

2)层积沙藏法　生产上应用较广,成本低,操作简单,比较安全。方法为:选地势较高、排水良好的背风向阳处挖坑,在坑底铺一层厚10~20 cm的石砾或粗沙。种子消毒后与湿沙按(1:3)~(1:5)的容积比混合或一层种子一层沙交错层积,最上层铺20 cm厚湿沙。坑中每隔1.0~1.5 m插通气管,上面覆盖一层秸秆,四周挖排水沟。

层积沙藏法适用于一经脱水、生命力就丧失的种子,如板栗、七叶树等;需要后熟的种子,如山楂、银杏、松树等;休眠时间较长的种子,如白蜡、元宝枫、杜仲、栾树等。

3. 其他种子贮藏技术

(1)种子超低温贮藏　利用液态氮作冷源,将种子置于-196 ℃的超低温下,其新陈代谢活动处于基本停滞状态,达到长期保持种子寿命的目的。种子超低温贮藏技术适用于珍稀种子的长期保存。

（2）种子超干贮藏（超低含水量贮藏）　将种子含水量降至5%以下，密封后在室温条件或稍降温条件下贮藏种子。

目前主要采用冰冻真空干燥、鼓风硅胶干燥、干燥剂室温干燥等方法获得超低含水量种子。脂肪类种子有较强的耐干性，可进行超干贮藏。

（二）种子包装与运输

1. 种子包装

（1）包装的目的　防止种子曝晒、受潮、受机械损伤、受冻、霉变等。

（2）包装方法　安全含水量低的种子装麻袋或布袋。安全含水量高的大粒种子装入筐或木箱。杨、柳等易丧失发芽能力的种子，宜装入密封容器。

种子包装发展方向为精包装、小包装等。

2. 种子运输

运输前包装要安全可靠，并进行编号，填写种子登记卡等。运输中要在包装物上加以覆盖，经常检查种子包装状况，尽量缩短运输时间。运到目的地后，尽快贮藏或摊晾或播种。

【综合实训】

园林植物采种、调制与种子品质检验

● 实训目标

1. 根据授课季节等具体情况，以实训小组（5~6人）为单位，依托某园林苗圃开展采种、调制与种子品质检验工作，制订采种、调制与种子品质检验的技术方案。

2. 能依据制订的技术方案和采种、调制与种子品质检验的技术规范，进行采种、调制与种子品质检验操作。

3. 能熟练并安全使用各类采种、调制与种子品质检验的用具、设备等。

● 实训要求

1. 组内同学要分工合作，相互配合；技术方案的制订要依据园林植物采种、调制与种子品质检验的技术流程，要保证设备的完整及人员的安全。

2. 提交实训报告　实训报告的内容包括实训任务、实训目标、材料与用具、方法与步骤、实训结果等。

3. 提交实训总结　实训总结的内容包括对知识掌握与运用、实训方案设计、实训过程、实训结果等进行自我评价，分析失误原因，并提出改进措施。

● 考核标准

1. 采用过程考核与结果评价相结合的方式，注重实践操作、工作质量、汇报交流等环节的评价。

2. 注重职业素养的考核，尤其强调团队协作能力的考核。

表 2.3　园林植物采种、调制与种子品质检验项目考核与评价标准

实训项目	园林植物采种、调制与种子品质检验			学时	
评价类别	评价项目	评价子项目	自我评价（20%）	小组评价（20%）	教师评价（60%）
过程性考核（60%）	专业能力（45%）	方案制订能力（10%）			
		方案实施能力　准备工作（5%）			
		采种、制种与种子品质检验操作规范性（20%）			
		场地清理、器具保养（10%）			
	综合素质（15%）	主动参与（5%）			
		工作态度（5%）			
		团队协作（5%）			
结果考核（40%）	技术方案的科学性、可行性（10%）				
	采种、制种与品质检验结果准确性、真实性（20%）				
	实训报告、总结与分析（10%）				
评分合计					

【巩固训练】

一、课中测试

（一）不定项选择题

1.引起树木结实大小年现象的主要原因是（　　　）。

A.营养亏缺　　　　　B.环境条件　　　　　C.管理措施　　　　　D.树种特性

2.种子发育成熟包括两个过程,即（　　　）。

A.生理成熟和生理后熟　　　　　　　　B.形态成熟和生理后熟

C.形态成熟和生理成熟　　　　　　　　D.胚成熟和胚乳成熟

3.影响种子寿命的环境因素主要有（　　　）。

A.温湿度　　　　　B.通气状况　　　　　C.机械损伤　　　　　D.微生物

4.影响种子寿命的内部因素主要有（　　　）。

A.基因　　　　　B.成熟度　　　　　C.贮藏物质　　　　　D.种皮的完整性

5.园林植物种子质量分级的主要指标为（　　　）。

A.纯度　　　　　B.净度　　　　　C.发芽率　　　　　D.含水量

6.园林植物种实采集方法有（　　　）。

A. 树上采种　　　　　B. 地面收集　　　　　C. 水面收集　　　　　D. 洞穴收集

7. 种实调制包括(　　)。

A. 脱粒　　　　　　　B. 净种　　　　　　　C. 干燥　　　　　　　D. 分级

8. 安全含水量较高的种子适宜的贮藏方法是(　　)。

A. 干藏法　　　　　　B. 自然法　　　　　　C. 密封法　　　　　　D. 湿藏法

9. 种子超干贮藏时,通常将种子水分降低到(　　)。

A. 20% 以下　　　　　B. 15% 以下　　　　　C. 10% 以下　　　　　D. 5% 以下

10. 用四唑染色法测定种子生活力时,所用的四唑浓度是(　　)。

A. 0.1%　　　　　　　B. 0.5%　　　　　　　C. 1%　　　　　　　　D. 5%

(二)判断题(正确的画"√",错误的画"×")

1. 种实是园林苗木生产与经营中最基本的生产资料。　　　　　　　　(　　)

2. 优质种子是种性纯、颗粒饱满、形态正、成熟而新鲜的种子。　　　　(　　)

3. 中粒种子一个种子批的最大限量是 7 000 kg。　　　　　　　　　　(　　)

4. 园林植物结实周期受光照、温度和降水量等环境因素影响。　　　　(　　)

5. 一般园林植物种子先生理成熟、后形态成熟。　　　　　　　　　　(　　)

6. 生产上常根据果实外部特征确定适宜采种期。　　　　　　　　　　(　　)

7. 用标准法测定种子含水量时,烘箱的温度应调至 105 ℃。　　　　　(　　)

8. 园林植物开始结实年龄与遗传性、环境因素与激素水平相关。　　　(　　)

二、课后拓展

1. 如何进行园林植物种实的采集、调制、检验与贮藏运输?

2. 解读《林木种子检验规程》(GB 2772—1999)。

GB 2772—1999

任务五　园林植物播种育苗

【任务描述】

播种育苗是指利用植物有性生殖产生的种子培育新个体的过程,又称有性繁殖,包括从播种到定植的全部作业过程,涉及苗床或基质的准备、种子的播前处理、播种、播后管理、种苗定植等。

播种育苗在园林生产中应用广泛,通过种子繁殖所获的苗木称播种苗或实生苗。播种繁殖后代具有生命力强、易变异等特点。

【任务目标】

1. 熟知园林植物播种育苗的理论知识。
2. 掌握园林植物播种育苗的操作技能。
3. 掌握播后抚育管理的主要技术措施。
4. 熟练并安全使用各类播种育苗的用具、设备。
5. 通过任务实施提高团队协作能力,培养独立分析与解决播种育苗实际问题的能力。

【任务内容】

一、准备工作

(一)知识准备

1. 播种育苗的特点

(1)播种育苗的优点　体积小,质量轻,采收、贮藏、运输、播种等简便易行;种子来源广、播种方法简便、易于掌握、便于大量繁殖;实生苗生长旺盛、根系发达、寿命长、对环境适应性强。

(2)播种育苗的缺点　用种子繁殖的幼苗在开花和结实方面较无性繁殖晚;后代易出现变异,从而失去原有的优良性状。

2. 种子的寿命

1)种子的寿命　种子从发育成熟到丧失生活力所经历的时间称为种子的寿命。遗传特性、种子成熟度、采收方法与贮藏条件等因素影响种子寿命长短。不同园林植物的种子,其寿命长短有较大差异。按种子寿命长短,种子分为3类。

(1)短命种子　种子寿命3年以下,如柑橘、长春花等。

（2）常命种子　种子寿命 3 ~ 15 年,如小檗、紫薇等。

（3）长命种子　种子寿命 15 年以上,如槐、刺槐等。

2）影响种子寿命的环境条件

（1）温度　低温（1 ~ 5 ℃）降低呼吸速率,有利种子生活力的保持与寿命的延长。种子在高温高湿的条件下贮藏,发芽力降低。

（2）湿度　多数植物种子充分干燥,种子呼吸速率维持在低水平上,可延长种子寿命。多数植物的种子贮藏时,适宜的相对湿度为 30% ~ 50%。

（3）氧气　降低氧气含量可延长种子的寿命。氧浓度在 10% ~ 20% 时,种子进行有氧呼吸,当氧浓度低于 10% 时,无氧呼吸出现并逐步增强,长时间的无氧呼吸对种子造成伤害。

（4）二氧化碳　环境中 CO_2 浓度增高时,呼吸受抑制,适度提高 CO_2 浓度,降低种子呼吸,可有效延长种子寿命。

（5）光照　植物种子长时间暴露于强烈的日光下,影响其发芽力及寿命。

3. 种子萌发的条件

1）种子萌发自身条件

（1）种子发育完全　发育完全的种子是幼苗形成的前提。完整的种子包括种皮、胚和胚乳（或无胚乳）,发育完全的胚又由胚芽、胚轴、子叶和胚根组成。种子萌发时,胚根首先突破种皮向下形成根系,胚轴生长形成根茎过渡区,胚轴向上将胚芽（及子叶）推出土壤表面形成茎叶系统。

（2）打破种子休眠　种子成熟后,即使给予适宜的环境条件仍不能萌发,此时的种子称为休眠状态种子。

在生产上,常根据种子休眠的原因打破种子的休眠:若因种皮的障碍而引起,一般采用物理方法（机械破损种皮等）、化学方法（如 1 ∶ 50 氨水或 98% 浓硫酸等处理）破坏种皮,解除休眠;若因内部的生理抑制引起,一般采用低温层积处理或赤霉素等生长调节物质处理或流水冲洗除去抑制物质等方法,解除休眠。

（3）种子完好,无霉烂破损（图 2.11）。

图 2.11　种子萌发过程

2）种子萌发的环境条件

（1）充足的水分　种子正常萌发,首先要吸收足够的水分。水分进入种子体内,一是促使原生质从凝胶态转变为溶胶态,从而使代谢增强。二是使种皮软化,并使之透气性增强,因而利于呼吸增强及胚根突破种皮。

水分不足,会造成种子萌发时间延长,出苗率下降,幼苗生长瘦弱;但水分过多,也会影响种子呼吸会使种子闷死并腐烂。园林生产上常利用采用播种前浸种、播种后覆盖等方法保持水分。

（2）适宜的温度　种子萌发期间的各种代谢是在酶的催化下完成的,而酶促反应与温度密切相关。种子萌发对温度的要求表现出"三基点"现象,其高低与园林植物原产地有关。多数园林植物种子萌发的三基点温室为:最低温度 0～5 ℃;最适温度则为 20～25 ℃;最高温度 35～40 ℃。

（3）足够的氧气　种子正常萌发,要求供氧充足,以保证正常的有氧呼吸。因为萌发期间种子内部有机物的分解、运输、合成与转变等都需要有氧呼吸提供保障。播种过深或土壤与基质积水,都会造成通气条件不良而缺氧,影响种子正常萌发,严重缺氧时会使种子丧失活力。

（4）光照　绝大多数园林植物的种子萌发对光照没有要求。少数园林植物种子在发芽期必须具备一定的光照才能萌发,称为好光性（或需光）种子,如凤仙花、报春花等植物种子。也有少数园林植物种子萌发需要黑暗,光照对其种子萌发有抑制作用,称为嫌光性（或需暗）种子,如蒲包花、仙客来等植物种子。

（二）材料、用具与设备准备

1. 材料准备

准备以下材料:樟树、女贞、银杏、栾树等园林植物种子;泥炭、珍珠岩、蛭石、腐叶土等基质;百菌清等常用杀菌剂;福尔马林等土壤消毒剂;高锰酸钾等种子消毒剂;复混肥料或缓释肥;遮阳网、塑料薄膜;工作服、手套等劳动保护用品;标签、记录本、铅笔、圆珠笔等。

2. 用具准备

准备以下用具:播种床准备、播种箱、穴盘或育苗盘、喷壶、耙子、网筛、手锄、手铲、犁、网筛、洒水壶、温湿度计、天平、烧杯、量筒等。

3. 设施设备准备

准备以下设施设备:温室或大棚、播种机、灌溉设备、植保设备等。

二、园林植物播种育苗

（一）播种前的土壤或基质准备

播种地应地势较高,排水与灌溉条件良好,土壤酸碱度适宜,土壤应以土层深厚肥沃的砂壤土为宜;播种基质应选择保水、排水和通气性能良好,富含有机质和腐殖质,酸碱度与含盐量适宜,不带病虫害与有害物的材料。若土壤或播种基质中缺乏某些细菌（如根瘤菌）或真菌,某些园林植物将不能良好地生长,为确保它们在基质中存在,可考虑采挖在野外环境中生长该园林植物的土壤,并将其混入播种基质中或采用菌剂拌种方法。

1. 土地耕整

播种地选好后,要做好土地耕整工作。土地耕整包括清理圃地、灭茬、翻耕土壤、耙地、镇压等,可有效改善土壤中水、肥、气、热状况,提高土壤肥力,改良土壤的结构和理化性质等,为种子的萌发与幼苗的生长创造有利的条件。整地原则为:保持熟土在上,生土在下,土肥相融。繁殖区整地的深度宜为 25～30 cm。

2.土壤或基质处理

土壤或基质消毒是播种育苗重要技术环节。土壤消毒目的是杀灭土壤病原菌与地下害虫。

1)物理消毒

(1)日光曝晒消毒　将配制好的床土放在清洁的混凝土地面上,薄薄平摊,曝晒 3 ~ 15 d,可杀死大量病菌孢子、菌丝、虫卵、害虫、线虫等。夏季日光曝晒消毒效果好。

(2)蒸汽消毒　将 80 ~ 100 ℃的蒸汽,通过带孔管道通入土壤,消毒 40 ~ 60 min,可杀死绝大部分细菌、真菌、线虫、地下害虫与杂草种子。蒸汽消毒常用于温室等设施内的土壤消毒。

(3)器械处理

①微波消毒机:用 30 kW 高波发射装置和微波发射板组成的微波消毒机,可对保护地内的床土进行消毒。

②火焰土壤消毒机:以燃油、燃气作燃料加热土壤,可使土壤温度达到 80 ~ 90 ℃,能杀死病菌、草籽、害虫等。

2)化学药剂消毒　化学药剂消毒具有操作方便,但易导致环境污染等特点。常用的化学药剂有福尔马林、硫酸亚铁(黑矾)、辛硫磷、氯化苦、五氯硝基苯、代森锌、棉隆、硫磺粉、多菌灵、百菌清、敌克松等。

①福尔马林(40%工业用):用 1∶50(潮湿土壤)或 1∶100(干燥土壤)药液喷洒至基质含水量为 60% 即可。搅拌均匀后用不透气的材料覆盖 3 ~ 5 d 杀菌,拆除覆盖并翻拌无气味后即可使用。

②硫酸亚铁(2% ~ 3%工业用):每立方米基质用 2% ~ 3% 硫酸亚铁 20 ~ 30 kg,翻拌均匀后,用不透气的材料覆盖 24 h 以上,或翻拌均匀后装入容器,用圃地薄膜覆盖 7 ~ 10 d 即可播种。

③辛硫磷(50%):每立方米基质用 50% 辛硫磷 10 ~ 15 g,搅拌均匀后用不透气材料覆盖 2 ~ 3 d,杀虫效果好。

特别提示:土壤或基质消毒时,必须注意安全,必须设明显标识,操作人员必须严格进行技术培训,掌握正确消毒方法。

3.苗圃地的常规作业方式

1)苗床育苗　苗床育苗主要用于培育种子小、播种期需要精细管理的园林植物,如油松、侧柏、紫薇等。要求床面平整,一般床宽 100 ~ 150 cm,步道宽 30 ~ 50 cm,长度不限。苗床走向以南北向为宜。

苗床分高床、低床与平床 3 种类型。

(1)高床　床面高于地面的苗床称为高床(图 2.12)。高床一般床高 15 ~ 25 cm,床面宽 100 ~ 150 cm,步道宽 30 ~ 50 cm,长度依地形而定。高床具有提高土壤温度、增加土层厚度、利于土壤通气与排灌等特点,适用于降雨多、低洼积水、土壤黏重的地区。

图 2.12　高、低苗床剖面图

（2）低床　床面低于地面的苗床称为低床（图2.12）。低床一般床面低于步道15～20 cm，床面宽100～150 cm，步道宽40～50 cm，长度依地形而定。低床有利于引水灌溉，保墒性能好，适用于少雨干旱地区，苗圃水源不足等条件下采用。

（3）平床　床面与步道同高或略高于步道的苗床称为平床。适宜地区：水分条件较好，不需要灌溉和排水的地方。

2）大田育苗　大田育苗用于种粒较大、出苗易、播种后管理粗放的园林植物，如合欢、槭树、刺槐、国槐、银杏、樟树等树种。

大田育苗分为平作和垄作两种类型：

（1）平作　整地后直接进行育苗的方式称为平作。平作适用于多条式带播，也有利于育苗操作机械化。

（2）垄作　在平整好的圃地上按一定距离、规格堆土成垄的育苗方式称为垄作。垄作育苗是一种广泛应用的育苗方式。

垄作分高垄与低垄两种类型：

①高垄：一般垄底宽50～70 cm，垄面宽30～40 cm，垄高15～30 cm。垄向以南北向为宜，山地沿等高线作垄。

②低垄：除垄面低于地面10 cm左右外，其他与高垄相同，适用于风大、干旱和水源少的地区。

3）容器育苗　容器育苗主要用于细小粒种子、珍贵园林植物育苗。容器为各种规格的穴盘等，填装人工配制的育苗基质进行播种育苗。现代种苗生产中，已使用播种育苗生产线，实现育苗工厂化生产。

（二）播种前的种子处理

1. 种子精选

（1）种子精选目的　获得纯度高、品质好的种子，以确定合理的播种量，保证苗齐、苗壮。

（2）种子精选方法　风选、筛选、水选（或盐水选、黄泥水选）、粒选等。

2. 种子消毒

许多病害可通过种子传播，为避免通过种子带菌传播病害，种子播前需做消毒处理。

1）物理消毒法　日光曝晒、紫外光照射、温汤浸种等。

2）化学消毒法　常用消毒药剂有福尔马林、高锰酸钾、硫酸铜、石灰、五氯硝基苯等。

（1）甲醛浸种　0.15%甲醛，在播前1～2 d浸种15～30 min，取出种子密闭2 h，清水冲洗后播种。

（2）高锰酸钾浸种　0.5%～3%高锰酸钾溶液浸种2～4 h，清水冲洗后播种。

（3）硫酸铜浸种　0.3%～1%硫酸铜溶液浸种4～6 h，清水冲洗后播种。

（4）石灰水浸种　1%～2%石灰水浸种24 h左右，清水冲洗后播种。

（5）五氯硝基苯拌种　75%五氯硝基苯粉剂与10～15倍细土混拌配成药土拌种，拌种后密封一昼夜再播种。

3.种子催芽

种子催芽可有效解除休眠,缩短发芽时间,提早发芽,出苗整齐。

(1)浸种催芽 播种前用温水浸泡种子,可软化种皮,除去发芽抑制物,达到催芽的目的。浸种的水温与时间,因不同植物而异。一般浸种水温为30～50 ℃,浸种时间24 h左右。根据种子特点,先确定水温,用相当于种子5～10倍体积的水浸种,一般12～24 h换水一次。当1/3种子"裂嘴露白"时即可播种。

(2)低温层积催芽 种子与湿沙、泥炭等湿润物混合或分层放置,通过较长时间的低温处理,促使其达到发芽程度的方法,称低温层积催芽。此法能促进种子内含物质的转化,如发芽抑制物脱落酸含量降低等,加速种子完成后熟作用,对于长期休眠的种子,出苗效果极其显著,在园林生产上广泛应用。

层积催芽要求一定的环境条件,其中低温、湿润和通气条件最重要。

(3)机械破皮催芽 机械擦伤种皮,增强种皮的透性,促进种子吸水萌发。对于大粒种子,可用砂纸打磨种子,用锉刀锉种子,用铁锤砸种子或用老虎钳夹开种皮。小粒种子可用3～4倍的沙子混合后轻捣轻碾,划破种皮。对种子进行机械破皮时不应使种胚受到损伤。机械损伤催芽方法主要用于种皮厚而坚硬的种子,如桃、梅、美人蕉等。

(4)药物催芽 用化学药剂或激素处理种子,改善种皮的透性,促进种子内部生理变化,如酶的活动增强、加速物质的转化等,从而促进种子发芽。在园林生产上常用的化学药剂有浓硫酸、10%氢氧化钠、赤霉素、萘乙酸、吲哚丁酸等。

4.接种工作

播种时用菌剂拌种或播种后用菌根土覆盖的方法。在无菌地育苗时采用。

(1)根瘤菌接种 如豆科树种、法桐、落叶松等。

(2)菌根菌接种 如松属、壳斗科等。

(3)磷化菌接种 磷在土壤中容易被固定,磷化菌可以分解土壤中的磷,将磷转化为可以被园林植物吸收利用的磷化物。

(三)播种育苗技术

1.播种时期

适时播种是培育壮苗的重要措施之一。应根据园林植物生育特点、种子萌发条件、当地气候条件与产品上市时间等因素,选择适宜的播种时期。

(1)春播 大部分园林植物适宜春播。春播在早春土壤解冻后进行,在幼苗不受晚霜危害的前提下,越早越好。一般华中地区在3月上旬—4月上旬播种。

采用温室、大棚等设施育苗和施用土壤增温剂,可提早播种期。

(2)秋播 园林植物重要的播种季节。一般大、中粒种子或种皮坚硬具有休眠特性的园林植物,如板栗、白蜡、山桃、栎、油茶等适宜秋播。秋播后,种子在自然条件下完成催芽过程,翌春发芽早,出苗齐。秋播以当年种子不发芽为原则,以防幼苗越冬受冻害。

(3)夏播 夏播适宜于春、夏成熟而又不宜贮藏的种子或生活力弱、失水易丧失发芽力的植物种子。一般随采随播,如杨、柳、榆、桑、枇杷等。夏播宜早不宜迟,以保证苗木越冬前能充分木质化。

（4）冬播　冬播是秋播的延续和春播的提早,主要应用于中国南方气候温暖湿润、土壤不结冻地区。

2.苗木密度和播种量的计算

1）苗木密度　单位面积或单位长度上苗木的数量称为苗木密度。确定苗木密度的依据如下：

（1）苗木种类与生物学特性　树冠大、生长快,宜稀,反之宜密。

（2）苗龄　苗龄越大,密度宜稀。

（3）苗圃地环境条件。

（4）育苗的方式　苗床育苗较垄作育苗密度大。

（5）育苗技术水平。

2）播种量的计算　播种量是指单位面积上播种种子的质量。适宜的播种量对培育壮苗影响很大。播种前必须确定播种量,其计算公式：

播种量（kg）=（1+损耗系数 C）×｛单位面积产苗数 A×种子千粒重 W（g）/种子纯净度 P×种子发芽率 G×1 000²｝

损耗系数一般为：千粒重在 700 g 以上的大粒种子,C 接近 0；千粒重在 3 g 以上、700 g 以下的中、小粒种子 $1<C\leq5$；如榆树种子 $3<C<4$,白蜡树种子 $2.5<C<4$；千粒重在 3 g 以下的极小粒种子 $C>5$。

在生产实践中,播种量应视气候、土壤质地、种子大小、播种方式等情况,适当增加。苗床净面积（有效面积）按《主要造林树种苗木质量分级》（GB 6000—1999）的规定进行 60% 折算,即 1 hm² 对应 6 000 m²。

损耗系数一般为：大粒种子 $C>1$；中小粒种子 $1<C<5$；极小粒种子 $C>5$。

3.播种方法

（1）撒播　将种子均匀撒在苗床上,称为撒播（图 2.13）,多用于小粒种子,如杨、柳、悬铃木等种子。撒播要均匀,不可过密,撒播后,用筛过的细土覆盖,以埋住种子为宜。撒播的优点是产苗量大,缺点是播种量大,易因出苗过密,通风透光不良,易造成苗木徒长及病虫害的发生。

图 2.13　种子撒播

（2）条播　在苗床上按一定距离开沟,沟底宜平,沟内播种,覆土镇压的播种方式,称为条播（图 2.14）。

条播适用于不同大小的种子,如白蜡、刺槐、圆柏、银杏等种子。其优点为苗木有一定的行间距离,光照充足通风良好,苗木生长健壮,便于抚育管理与机械化作业。

(3)点(穴)播 按一定株行距将种子播于圃面上,称为点(穴)播(图2.15)。点(穴)播多用于大粒种子如桃、杏、板栗等种子,一般每穴播种2~3粒,待出苗后根据需要确定苗数。其优点是节约种子,苗分布均匀,营养面积大,成苗质量好。但播种费工,单位面积产苗量低。

图2.14 种子条播

图2.15 种子点(穴)播

(4)机械化精量播种 用精量播种机按农艺要求精播作业,其特点是省种、省工、增产。

园林作物机械化精量播种是20世纪70年代发展起来的一项育苗新技术,其精量播种系统包括基质搅拌机、基质充填机、压孔器、精量播种机、覆盖机、喷水装置等,整个播种系统由微型计算机控制,对流水线传动速度、播种速度、压孔深度、喷水量等自动调节。精量播种机是该系统的核心部分,一般有机械传动式和真空吸附式两种。

4. 播种工序

播种工序包括播种、覆土、镇压、浇透水与覆盖等程序。

(1)播种 根据园林植物种类与气候土壤等条件,选择适宜的播种时期、播种方法等。

(2)覆土 播种后应立即覆土,覆土厚度视种子大小、土壤质地、气候而定,一般覆土厚度为种子直径的2~3倍(表2.4)。覆土应选用疏松壤土、细沙、草木灰、泥炭等,不宜用黏重的土壤。

表2.4　部分树种播种覆土厚度

园林植物种类	覆土厚度
杨、柳、泡桐等极小粒种子	以隐见种子为度
杉木、柳杉、榆树、马尾松等	0.5～1.0 cm
油松、侧柏、梨、卫矛、紫穗槐等	1.0～2.0 cm
刺槐、臭椿、复叶槭、元宝枫、槐树、枫杨、梧桐、女贞、皂角等	2.0～3.0 cm
胡桃、板栗、油茶、油桐、银杏等	3.0～8.0 cm

（3）镇压　播种覆土后应及时将苗床面压实，使种子与土壤紧密结合，充分从土壤中吸收水分，利于发芽，对疏松干燥的土壤进行镇压尤为重要。若土壤黏重潮湿，则不宜镇压。

（4）浇透水与覆盖　镇压后浇透水，用草帘、薄膜等覆盖在苗床表面。覆盖的目的是调节土温、保持土壤湿润、防止表土板结、减少杂草等，在幼苗出土后应及时拆除。

三、播种后的管理

播种后，在幼苗出土前及幼苗生长过程中，要进行一系列抚育管理。幼苗处于植物生长发育的幼年阶段，组织柔嫩，易受到外界环境影响，抗逆性差。因此，只有人工创造适宜的光、温、水、气与营养条件，并做到精细管理，才能培育健壮的幼苗。

（一）播种后抚育管理

1. 出苗前播种地的管理

播种地的管理是指在播种后出苗前所采取的各项技术措施，包括覆盖保墒、灌水、松土除草、预防动物昆虫危害等。

2. 苗期的抚育管理

苗期的抚育管理是从幼苗出土开始到起苗之前的全部抚育管理工作，主要包括水分管理、土壤与营养管理、苗木管理与苗木保护等方面。

1）水分管理　通过灌溉与排水，调节土壤湿度，满足幼苗生长对水分的需求。幼苗期灌溉要及时、适量，做到"小水勤灌"，保持土壤湿润。但若土壤水分过多则易发生烂根、猝倒病等现象。

2）土壤与营养管理　苗期施肥是培育壮苗的重要措施，要遵循"勤施薄肥"的原则，并以氮素为主，配施磷钾肥与微肥。

3）中耕除草　中耕是在苗木生长期通过手工或机械对苗木之间的圃地土壤进行松土（浅层耕作）的措施。中耕可营造疏松、透气、排水及保墒性能良好的土壤环境，以促进苗木根系的生长。杂草与苗木竞争养分、水分、阳光等，亦是许多病虫害的中间宿主，因此需除草。除草宜在晴天通过手工、机械或化学药剂进行。

4）间苗与补苗

（1）间苗　间苗的目的是调整苗木密度，保证苗木在适宜的密度下健壮生长。间苗原则是间小留大,去劣留优,间密留稀。一般间苗分 2~3 次进行,每次宜早不宜迟,最后一次为定苗。间苗应按单位面积产苗量的指标留苗,苗木保留量应比计划产苗量多 5%~10%。间苗前后应及时浇水,最好在阴天进行。

（2）补苗　补苗是补救缺苗断垄,弥补产苗数量不足的措施。补苗时期越早越好,以减少对幼苗根系的损伤,提高成活率。补苗结合间苗进行,补苗后应及时浇水,并根据需要采取遮阴措施。

5）截根　截根又称切根、断根,通常指在苗木生育期间用锐利的铁铲、弓形截根刀等工具或专门的断根机械切断苗木主根的措施(图 2.16)。截根适用于主根发达的园林树木。

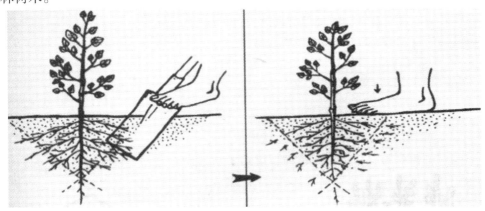

图 2.16　截根示意图

6）遮阴　部分阔叶树及大部分针叶树的幼苗组织幼嫩、抵抗力弱,既不耐低温侵袭,又不能忍受高温的灼热。遮阴的目的是防止日光灼伤幼苗,减少土壤水分蒸发,保湿降温。

遮阴一般在拆除覆盖物后进行,生产上应用遮阴的方法很多,其中荫棚应用最广泛。遮阴时间一般为晴天上午 10 时至下午 5 时,每天遮阴时间随着苗木的生长逐渐缩短。对于幼苗喜阴的植物更应充分遮阴保护。

7）病虫防治　幼苗病虫害防治应遵循“防重于治”的原则,认真做好种子、土壤消毒,加强幼苗抚育管理,使其生长发育健壮,增强对病虫害的抵抗能力。

8）其他管理措施　播种苗苗期的抚育管理,除以上内容外,非常重要而不可缺少的还有防寒、越冬修剪等措施。

（二）一年生播种苗的年生长发育特点与管理

1.出苗期

出苗期亦称幼苗形成期,从播种开始,到幼苗地上部出现真叶、地下部出现侧根为止。

（1）生长特点　无真叶不能进行光合作用,无侧根不能吸收土壤中的养分;主要依靠种子内部贮藏的营养物质;幼苗嫩弱,抗性差;地上生长较慢,而根生长较快。

（2）育苗技术要点　主要任务为促进种子迅速萌发,使出苗早、全而整齐、苗均匀而健壮。技术措施包括选用优质种子,做好催芽工作,适时播种;提高播种技术,特别是准确掌握覆土厚度;采取覆盖等措施,为种子发芽和幼苗出土创造良好的外界条件,满足种子发芽所需要的水分、温度、通气条件,提高种子的场圃发芽率;出苗后及时拆除覆盖物和遮阴等。

2. 幼苗期

幼苗期亦称生长初期,从幼苗地上部分出现真叶、地下部分出现侧根开始,到幼苗的高生长量大幅度上升为止。

(1)生长特点　幼苗开始自行制造营养物质;前期地上部分生长很慢,而根系生长很快;后期高生长逐渐加快;小苗幼嫩,抵抗高温、低温、干旱、病虫害等能力弱。

(2)育苗技术要点　主要任务为在保苗的基础上进行蹲苗,即采取各种措施控制苗的高生长,促进根系的生长发育。技术措施包括适时适量灌水,严格控制,及时松土除草;少量追肥,以磷肥为主,其次是氮肥;确定留苗密度,分次间苗和定苗;注意病虫害的防治(猝倒病);注意预防晚霜及高温危害,有些树种需要遮阴等。

3. 速生期

速生期从苗木的高生长量大幅度上升时开始,到高生长量大幅度下降为止。这个时期是苗木生长最快的时期。

(1)生长特点　生长加快,高生长最显著,根系增长强烈,叶片数量和面积迅速增加。高生长量占全年总生长量的80%以上。

(2)育苗技术要点　主要任务为促进苗木快速生长,使苗木的高径比合理。技术措施包括适时适量地施肥与灌溉;保证充分的光照;及时中耕除草、加强病虫害防治;后期为了促进苗木硬化,提高苗木的抗性,要适时停止灌溉和施用氮肥,多施磷、钾肥等。

4. 苗木硬化期

苗木硬化期亦称生长后期,是指从苗木的高生长大幅度下降开始,到苗木的根系生长结束为止。

(1)生长特点　幼苗生长缓慢,最后停止生长,顶芽形成;落叶苗木叶柄形成离层,叶片脱落;植物体内水分逐渐减少,营养物质转为贮藏状态,苗木逐渐木质化,代谢作用减弱,抗性增强等。

(2)育苗技术要点　主要任务为防止徒长,促进苗木木质化,提高苗木对低温和干旱的抗性。技术措施包括控水控肥,增施磷、钾肥;通过截根促进苗木木质化和须根发育;做好防寒越冬工作,防止早霜危害等。

【综合实训】

园林植物播种育苗

● 实训目标

1. 根据授课季节等具体情况,以实训小组(5~6人)为单位,依托某苗圃播种育苗工作任务,制订播种育苗的技术方案。

2. 能依据制订的技术方案和播种育苗的技术规范,进行播种育苗操作。

3. 能熟练并安全使用各类播种育苗的用具、设备等。

● 实训要求

1. 组内同学要分工合作,相互配合,技术方案的制订要依据园林植物物候期观测的技术流程,要保证设备的完整及人员的安全。

2.提交实训报告。实训报告的内容包括实训任务、实训目标、材料与用具、方法与步骤、实训结果等。

3.提交实训总结。实训总结的内容包括对知识的掌握与运用、实训方案的设计、实训过程、实训结果等进行自我评价,分析失误原因,并提出改进措施。

● 考核标准

1.采用过程考核与结果评价相结合的方式,注重实践操作、工作质量、汇报交流等环节的评价。

2.注重职业素养的考核,尤其强调团队协作能力的考核。

表 2.5　园林植物播种育苗项目考核与评价标准

实训项目		园林植物播种育苗		学时		
评价类别	评价项目	评价子项目		自我评价 (20%)	小组评价 (20%)	教师评价 (60%)
过程性考核 (60%)	专业能力 (45%)	方案制订能力(10%)				
		方案实施能力	准备工作(5%)			
			土壤或基质准备、种子消毒、种子催芽、播种与播后管理等操作(20%)			
			场地清理、器具保养(10%)			
	综合素质 (15%)	主动参与(5%)				
		工作态度(5%)				
		团队协作(5%)				
结果考核 (40%)	技术方案的科学性、可行性(10%)					
	播种质量与出苗率、壮苗率指标(20%)					
	实训报告、总结与分析(10%)					
评分合计						

【巩固训练】

一、课中测试

(一)不定项选择题

1.按一定的行距,将种子一粒一粒地播在苗圃地上的播种方法称为(　　　)。
　A.撒播　　　　　　B.条播　　　　　　C.点播　　　　　　D.穴播

2. 播种时,一般的覆土厚度应为种子直径的(　　　)。

A. 1~2 倍　　　　　B. 2~3 倍　　　　　C. 3~4 倍　　　　　D. 4~5 倍

3. 种子催芽的常用方法有(　　　)。

A. 层积催芽　　　　B. 水浸催芽　　　　C. 干燥催芽　　　　D. 酸、碱处理

4. 播种育苗时,播种量的确定主要取决于(　　　)。

A. 计划产苗量　　　B. 种子千粒重　　　C. 种子净度　　　　D. 播种方法

5. 种子贮藏的理想条件是(　　　)。

A. 高温、干燥、通风　　　　　　　　　　B. 低温、干燥、密封

C. 高温、湿润、通风　　　　　　　　　　D. 高温、高湿、强光

(二)判断题(正确的画"√",错误的画"×")

1. 土壤物理消毒方法包括日光曝晒、蒸汽消毒等。　　　　　　　　　　(　　　)

2. 沙土育苗"发小不发老",黏土育苗"发老不发小"。　　　　　　　　(　　　)

3. 含脂肪、蛋白质多的种子寿命较短,而含淀粉多的种子寿命长。　　(　　　)

4. 播种繁殖后代具有生命力强,但易变异。　　　　　　　　　　　　(　　　)

5. 因种皮的障碍而引起的种子休眠,一般用低温层积处理或赤霉素处理。

(　　　)

6. 种子萌发对温度的要求表现出"三基点"现象。　　　　　　　　　(　　　)

7. 播种基质应保水,通气性能良好,富含有机质,酸碱度适宜等。　　(　　　)

8. 高床床面一般高于地面 15~25 cm。　　　　　　　　　　　　　　(　　　)

9. 精选种子的方法有风选、筛选、水选、粒选等。　　　　　　　　　(　　　)

10. 适时播种是培育壮苗的重要措施之一。　　　　　　　　　　　　(　　　)

二、课后拓展

1. 如何根据一生播种苗年的年生长规律、生长特点进行科学的管理? 需采取哪些育苗技术措施?

2. 解读《中华人民共和国种子法》(2021 年国家主席令第 105 号)。

《中华人民共和国种子法》

任务六　园林植物扦插育苗

【任务描述】

扦插育苗是利用植物营养器官的再生能力,取其根、茎或叶的一部分,扦插在排水良好的壤土、沙土或其他基质中,使其生根、发芽,成为一个独立完整的新植株的方法。

扦插繁殖是园林植物主要的繁殖方式之一,具有成苗快、开花早、能保持母本优良特性、根系较差、寿命较短等特点。扦插繁殖包括插床制作、插穗选择、插穗制备与处理、扦插方法选择、扦插及插后管理等内容。

【任务目标】

1. 熟知扦插繁殖的特点。
2. 熟知扦插成活的原理。
3. 熟知影响扦插成活的内外因素。
4. 掌握促进扦插生根的技术措施。
5. 掌握扦插方法与扦插后的管理技能。
6. 熟练并安全使用各类扦插育苗的用具、设备。
7. 通过任务实施提高团队协作能力,培养独立分析与解决扦插育苗实际问题的能力。

【任务内容】

一、准备工作

（一）知识准备

1. 扦插成活的原理

1）插条的生根类型

（1）皮部生根型　从插条周身皮孔、节等处发生不定根,属于此类型的插穗一般存在根原基,为易生根类型,如杜鹃等。

（2）愈伤生根型　插穗切口基部分化愈伤组织,从愈伤组织分化不定根,属于此类型一般为扦插生根较难、生根时间较长如月季等。

（3）综合生根型　皮部生根与愈伤生根类型相当(图2.17)。

图2.17　扦插苗

2)扦插生根的生理基础

（1）生长素理论　认为扦插生根受生长素调控,是人类利用生长素类生长调节剂促进插穗生根的理论依据。

（2）生长抑制剂　指植物的体内含生根抑制物质。生产中采用流水洗脱、暗处理、低温处理等可消除或减少抑制物,以利生根。

（3）营养物质　插穗营养充分,促进不定根的形成。生产中在插穗切口用糖液浸泡处理,可提高生根率。

（4）植物发育进程　插穗生根能力与母株年龄相关,随年龄的增加,生根能力减弱。

（5）茎的解剖构造　主要是皮层结构。

2. 影响插条生根的内外因素

1)影响插条生根的内部因素

（1）园林植物的生物学特性　插穗的生根能力因园林植物遗传特性的不同,表现出很大的差异。根据生根的难易,将园林植物分成四类:

①极易生根类:在一般的技术条件下,扦插后在短时间内能生出大量根系,扦插能获得高成活率的园林植物,如夹竹桃、木槿等。

②易生根类:经一般技术处理后,扦插能获得较高成活率的园林植物,如杜鹃、棣棠等。

③较难生根类:扦插后,较长时间才能生根,对管理、技术水平要求较高,扦插时需用药物处理,如山茶、海棠等。

④极难生根类:扦插后不能生根或生根困难,一般不用扦插繁殖,如蜡梅、广玉兰等。

（2）采穗母株年龄与插穗年龄　插穗的生根能力一般随母株年龄的增加而降低,母株年龄越大,生根能力越差。一般枝龄1~2年生枝生根比多年生枝生根容易,嫩枝比硬枝扦插生根容易。因此在选条时,从幼、壮龄母株上采当年生枝,扦插后生根快,成活率高。

（3）母枝着生位置及营养状况　由于枝条在母株的位置不同,其营养状况有一定差异,因而对生根有一定影响。如阳面枝条接收阳光多,生长较健壮,营养丰富,充实度好,因而扦插的成苗率高。

（4）不同枝段插穗　在同一母枝上所取插穗由于部位不同生根速度也有差异,一般以基部、中部为好。

2)影响插条生根的外部因素

影响扦插成活的环境因素主要有气象因素与土壤因素。气象因素有光照、温度、湿度等。土壤因素有土壤温度、质地、土壤水分与通气状况等。

（1）温度　适宜的温度是保证扦插成活的关键,温度适宜插穗生根迅速。不同的园林植物要求不同的扦插温度,大部分园林植物的扦插适温是20~25 ℃,如桂花、山茶等;而原产于热带的园林植物则需在25~30 ℃的高温下扦插,如茉莉、橡皮树、朱蕉等。温度过高,在产生愈伤组织之前,伤口易腐烂,扦插成活率较低。

土壤的温度如能高出气温2~5 ℃,可促进生根。若气温大于土温,插穗腋芽或顶芽在发根之前会萌发而出现假活现象,使枝条内的水分和养分大量消耗。

　　生产上应根据园林植物对温度的不同要求,选择适宜的扦插时间,采用高床扦插、施用土壤增温剂等措施,提高育苗成活率。

　　(2)湿度　适宜的大气相对湿度和基质含水量对保持插穗水分平衡至关重要,是影响插穗成活的重要因素。大气干燥与土壤含水量低,会加速插穗蒸发失水,破坏插穗水分平衡,致使扦插成活率下降。

　　一般保持插床湿度在85%～90%以上,土壤含水量适宜(一般保持在最大持水量的50%～60%)有利于维持插穗水分平衡,从而提高扦插成活率。但过高的土壤含水量,会使其通气不良,含氧量降低,不利插穗保持正常呼吸,致使插穗腐烂而死亡,不利成活。

　　(3)光照　扦插时期需要适宜的光照。一方面可提高地温,有利于插穗生根;二是抑制杂菌的产生;三是对带叶嫩枝扦插或常绿植物扦插,一定的光照为叶片制造养分提供能源,对插穗生根具有促进作用。但光照过强,会导致插穗过度失水而干枯,降低成活率。因此,在生产中,扦插期间应适当遮阴,将光照控制在适宜插穗生根的范围内。

　　(4)通气状况　插穗生根过程中,呼吸作用旺盛,需要大量的氧气供应。疏松、透气性好的基质对插穗生根具有促进作用。理想的扦插基质既保水,又疏松透气。

　　(5)扦插基质　扦插基质的保水与透气状况,是影响扦插成活的重要因素。扦插基质不一定含有营养成分,但应具有良好的通透性,具一定的保水力,并具有质地轻、成本低等特点。

　　生产中常用的扦插基质有河沙、蛭石、珍珠岩、椰糠、泥炭等,可单独使用,也可以混合使用。大面积露地扦插育苗,一般选用土质疏松、透气性、排水性良好的砂质壤土。

　　3. 促进插穗生根的措施

　　园林植物扦插育苗应重视对各种园林植物生物学特性的认识,了解各种扦插对象的生根能力、生根所需时间的长短;重视对插穗的选择;掌握适宜的扦插时期;重视环境条件对插穗生根的影响;使光、温度、水、气、基质诸因素协调统一;并运用多种措施对插穗进行促根处理,以提高扦插成活率。

　　1)物理方法处理

　　(1)机械处理　对选作插穗的枝条,在其生长期间,用小刀在基部进行环剥或刻伤、缢伤等处理,经过1～2个月后,剪枝进行扦插。经过环剥处理后,枝条上部制造的养分及生长素不能向下运输,只能滞留在环剥部分,有利于促进生根。

　　(2)黄化处理　采取对选作插穗的枝条进行黄化处理的方法,即在扦插前一个月左右,用黑纸或黑薄膜等物质将插穗包裹起来,使其在黑暗中生长。经过这种处理的枝条因缺乏光照会软化黄化,从而促进根原细胞的发育而延缓芽组织的发育,扦插后插穗容易生根。

　　(3)加温法　增加插床温度,一般地温高于气温3～5 ℃,有利插穗生根。在早春进行硬枝扦插时,气温升高较快,芽较易萌发抽条,一方面消耗插穗中贮藏的营养,另一方面增加插穗的水分散失。而此时地温仍较低,生产上可采用电热温床等方法提高地温,以促进生根,从而提高扦插成活率。

　　(4)低温贮藏处理　将硬枝放入0～5 ℃低温下冷藏一定时间(40 d以上),促使枝条内抑制萌发物转化,以利生根。

(5)洗脱处理　用温水、流水、酒精等可洗脱处理,可降低插穗内抑制物质的含量促进生根。

2)化学药剂处理

(1)生长素类生长调节剂处理　用生长素类生长调节剂处理插穗基部,可促进基部薄壁细胞脱分化产生愈伤组织,分化不定根,促使插穗早生根,多生根。

常用的生长素类激素有 α-萘乙酸、β-吲哚乙酸、β-吲哚丁酸、2,4-二氯苯氧乙酸(2,4-D)、ABT 生根粉等。

方法是:用水剂浸泡或粉剂浸蘸插穗基部。

水剂浸泡处理浓度与时间视植物种类、插穗生理状况等因素而异,需试验确定。一般硬枝扦插处理浓度为 20～200 mg/L,嫩枝扦插处理浓度为 10～50 mg/L。浸泡几分钟至数小时不等。

粉剂浸蘸法处理,一般用少量酒精将生长素溶解后,用滑石粉与之混合配成 500～2 000 倍糊状物,晾干后研成粉末使用。使用时,插穗基部用清水湿润,然后蘸粉剂扦插。

(2)营养处理　用蔗糖、B 族维生素、葡萄糖等处理插穗。例如用 2% 蔗糖液浸泡插穗基部 10～24 h,对其生根有促进作用。

(3)药剂处理　用高锰酸钾、硫酸镁、硫酸锰等溶液浸泡插穗基部,可有效促进生根。例如用 0.05%～0.1% 高锰酸钾浸泡插穗基部,可促进生根,并抑制病菌活动。

(二)材料、用具准备

(1)材料准备　月季或菊花等植物茎段;泥炭、珍珠岩、蛭石、腐叶土等扦插基质;百菌清等化学药剂;α-萘乙酸等生根剂等;复合肥或缓释肥等肥料;工作服、手套等劳动保护用品。

(2)用具准备　插床准备、育苗盘、枝剪、喷壶、遮阳网、塑料薄膜、天平、量筒、烧杯、塑料桶、小木棒等。

(3)设施设备准备　温室或大棚;旋耕机等土壤耕整设备;灌溉设备;植保设备等。

二、扦插时期

扦插的适宜时期,因植物种类、扦插方法等而异,每一种园林植物都有它最适宜的扦插时期和条件要求。一般植物一年四季均可扦插繁殖。

1. 春季扦插

春季扦插常利用已度过自然休眠的一年生枝进行扦插。经过冬季贮藏的枝条,生根抑制物质已经转化,枝芽已顺利通过了自然休眠期,在适宜的温度、湿度等环境条件下即可生根发芽。扦插前应对插穗进行催根处理,使插穗先发根后萌芽或生根萌芽同步进行,可有效地提高扦插成活率。

2. 夏季扦插

夏季扦插常利用半木质化新梢带叶扦插。夏季是植物旺盛生长时期,嫩梢上的幼叶和新芽或顶端生长点具有合成内源生长素的特性,生长素的含量高,代谢作用又旺盛,细胞分生能力强,易产生不定根。此时,采用半木质化带叶枝条扦插容易获得成功。

夏季气温高、蒸腾快,离体的嫩梢容易失水而萎蔫死亡。夏季嫩梢扦插要采取遮阳、降温、增湿等措施,为嫩枝插穗生根创造适宜的扦插环境,才能有效维持插穗水分平衡,以保证插穗成活。

可在生长期带叶扦插的园林植物有棣棠、木香、石榴、连翘、绣线菊、蔷薇、月季、紫薇、杜鹃、南天竹、栀子、茉莉、山茶等。

3.秋季扦插

秋季扦插常采用发育充实、芽体饱满、营养丰富、碳水化合物含量较高、已停止生长但尚未进入休眠的木质化枝条进行。最适宜的扦插时期在生长结束前一个月,以保证插穗愈伤组织和不定根的形成,为安全越冬打下基础。

4.冬季扦插

冬季可利用打破休眠的休眠枝在保护地内扦插,如金丝桃、连翘、凌霄、月季、木芙蓉、贴梗海棠、紫荆、紫藤、木槿、石榴、无花果、结香等均可在休眠期扦插。

三、扦插的方法

根据插穗种类,扦插育苗可分为根插、茎(枝)插、叶插与叶芽插四类,其中茎(枝)插应用最广泛。

(一)根插

用根段做插穗的扦插方法,称为根插(图2.18)。根插较易成活的园林植物,如牡丹、丁香等常用此法。

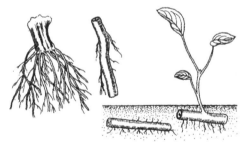

图2.18　根插

一般从幼龄树上采根,将粗0.3~1.5 cm的根,剪成5~15 cm长作插穗,上口平剪,下口斜剪,直插于基质中,保持基质湿润,扦插后发生不定根和芽。南方可随采随插,北方宜春插。

(二)茎(枝)插

用茎(枝)做插穗的扦插方法,称为茎(枝)插(图2.19)。

(1)硬枝扦插　使用已木质化的一、二年生成熟枝条做插穗,称为硬枝扦插。木本园林植物常用此法繁殖。

（a）硬枝扦插　　　　　　　　　　　（b）绿枝扦插

图2.19　枝插

秋季和春季均可进行硬枝扦插，一般北方冬季寒冷地区，宜秋季采穗冬藏后春插；而南方温暖湿润地区宜秋插，可省去插穗冬藏工作。

选择树冠中上部木质化程度高的一、二年生粗壮、组织充实、芽饱满、无病虫害的枝条作为插穗。插穗长度一般灌木为5～15 cm，乔木为15～20 cm，每根插条有2～4个饱满芽。插穗切口要平滑，上切口距顶端芽0.5～1.0 cm处平剪，下端切口一般靠节部平剪或斜剪。一般扦插深度为插穗长度的1/3～1/2。

（2）嫩枝扦插　　使用生长季节木质化程度低的枝条做插穗的扦插方法，称为嫩枝扦插或软枝扦插、绿枝扦插。

采用硬枝扦插很难生根的种类常改用嫩枝扦插。其原因是嫩枝的代谢能力强、内源生长素含量高、细胞分生能力旺盛，有利于插穗生根。嫩枝抗逆性差，扦插时正值夏季，气温高、水分和养分消耗大，易引起枝条枯萎死亡。因此，嫩枝扦插对技术和环境条件要求特别严格。嫩枝扦插时间适宜在5—8月进行。应在生长健壮、无病虫害的幼龄母树上选择粗壮、饱满、生长旺盛的半木质化嫩枝作插穗。为防止枝条失水，最好在清晨剪穗，做到随采随插。插条长度以4～10 cm，带3～4个芽为宜。剪去基部叶片，保留其上部1～2枚叶片，保留叶片有利营养物质积累并促进生根，但留叶不宜过多，否则会失水过多而使插条枯萎。下切口一般靠近节，因多数植物在节附近发根。一般扦插深度亦为插穗长度的1/3～1/2。

（三）叶插

用叶做插穗的扦插方法，称为叶插（图2.20）。叶插一般在生长季进行，方法是：选发育充实且营养丰富的叶，将发根部位插入基质中或贴近基质。叶插适用于能自叶上生发不定芽和不定根的种类，如秋海棠、大岩桐、虎尾兰等。该类园林植物多具有粗壮的叶柄、叶脉或肥厚的叶片。

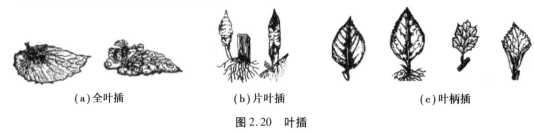

（a）全叶插　　　　　　　　（b）片叶插　　　　　　　　（c）叶柄插

图2.20　叶插

（四）叶芽插

用一叶带一芽做插穗的扦插方法，称为叶芽插（图2.21）。用叶芽插的常见种类有月季、山茶、橡皮树、栀子、一品红等。

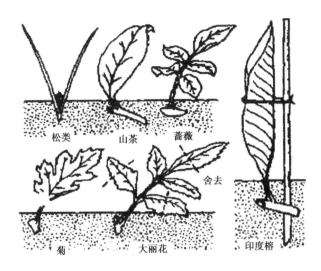

图2.21　叶芽插

叶芽插的方法是在腋芽成熟饱满而尚未萌动前,连同节部的一小段枝条一同剪取下来,然后浅浅地插入沙床内,并将腋芽的尖端露出沙面,当叶柄基部产生不定根后,腋芽开始萌动,长成新苗。

四、扦插后的管理

(一)环境调控

(1)温度　软枝扦插宜在20～25 ℃进行,热带植物可在25～30 ℃进行,耐寒性园林植物可稍低。基质温度(底温)需稍高于气温3～6 ℃,可促进根的发生。气温低会抑制枝叶的生长。

(2)湿度　基质要湿润,以50%～60%的土壤含水量为宜。空气湿度以80%～90%为宜,可减少插穗枝叶中水分的过分蒸发。

(3)光照　软枝扦插带有顶芽和叶片,要在日光下进行光合作用,从而产生生长素促进生根,但不能强光。扦插初期给以适度的遮阴。

(4)氧气　扦插基质要有足够的氧气,因此可用河沙、泥炭和其他轻松土壤作为扦插基质。

(二)营养管理

一般在插穗生根抽梢进入生长期时,对扦插苗补充养分。嫩枝扦插因带有叶片,扦插后每隔5～7 d可用0.1%～0.3%浓度的氮、磷、钾复合肥喷洒叶面,对加速生根有一定效果。硬枝扦插当新梢展叶后,也可用上述方法进行叶面喷肥补充营养,促进生根和生长。

(三)防插穗霉变与腐烂

嫩枝扦插在高温高湿环境下,容易感染病菌而腐烂,因此,除在扦插前进行插穗杀菌处理外,扦插结束后喷施600～800倍多菌灵或百菌清稀释液,以后每5～7 d喷一次杀菌剂,以防止插穗霉变腐烂与病害的蔓延。

(四)移植

扦插育苗待新根长达一定标准后及时移栽定植。这时插条的根系极为脆弱,移植时要注意保护。初期置于与插床温度、湿度条件相近之处,使幼苗经受锻炼,待充分成长后再移入苗圃。

【综合实训】

园林植物扦插育苗

●实训目标

1.根据授课季节等具体情况,以实训小组(5～6人)为单位,依托某苗圃扦插育苗工作任务,制订园林扦插育苗的技术方案。

2.能依据制订的技术方案和扦插育苗的技术规范,进行扦插育苗操作。

3.能熟练并安全使用各类扦插育苗的用具、设备等。

●实训要求

1.组内同学要分工合作,相互配合,技术方案的制订要依据园林植物物候期观测的技术流程,要保证设备的完整及人员的安全。

2.提交实训报告。实训报告的内容包括实训任务、实训目标、材料与用具、方法与步骤、实训结果等。

3.提交实训总结。实训总结的内容包括对知识的掌握与运用、实训方案的设计、实训过程、实训结果等进行自我评价,分析失误原因,并提出改进措施。

●考核标准

1.采用过程考核与结果评价相结合的方式,注重实践操作、工作质量、汇报交流等环节的评价。

2.注重对职业素养的考核,尤其强调对团队协作能力的考核。

表 2.6　园林植物扦插育苗项目考核与评价标准

实训项目	园林植物扦插育苗			学时	
评价类别	评价项目	评价子项目	自我评价（20%）	小组评价（20%）	教师评价（60%）
过程性考核（60%）	专业能力（45%）	方案制订能力（10%）			
		方案实施能力　扦插前准备（5%）			
		方案实施能力　插穗选择与处理、扦插操作等（20%）			
		方案实施能力　扦插后管理（10%）			
	综合素质（15%）	主动参与（5%）			
		工作态度（5%）			
		团队协作（5%）			
结果考核（40%）	技术方案的科学性、可行性（10%）				
	扦插成活率、苗木质量指标（20%）				
	实训报告、总结与分析（10%）				
评分合计					

【巩固训练】

一、课中测试

（一）不定项选择题

1. 根据插穗种类，扦插育苗可分为（　　　）。

A. 根插　　　　　　　　B. 茎（枝）插　　　　　C. 叶插　　　　　　　　D. 叶芽插

2. 影响插条生根的内因主要有（　　　）。

A. 遗传特性　　　　　　　　　　　　　　B. 采穗母株年龄与插穗年龄

C. 母枝着生位置及营养状况　　　　　　　D. 不同枝段插穗

3. 影响插条生根的外因主要有（　　　）。

A. 温度　　　　　　　　　　　　　　　　B. 湿度、通气状况

C. 光照　　　　　　　　　　　　　　　　D. 扦插基质

4. 下列措施可能促进插穗生根的是（　　　）。

A. 插穗基部刻伤　　　　　　　　　　　　B. 枝条黄化处理

C. 洗脱处理　　　　　　　　　　　　　　D. 插穗基部生长素处理

5. 嫩枝扦插的适宜时期为（　　　）。

A. 2—3 月 　　　　　　　　　　　B. 3—5 月

C. 5—8 月 　　　　　　　　　　　D. 7—10 月

（二）判断题（正确的画"√"，错误的画"×"）

1. 插穗生根能力与园林植物遗传性相关。 　　　　　　　　　　　　（　　）

2. 从幼、壮龄母株上采多年生枝作插穗，扦插后生根快。 　　　　　（　　）

3. 对选作插穗的枝条基部进行刻伤处理，可促进插穗生根。 　　　　（　　）

4. 对选作插穗的枝条进行黄化处理，可促进插穗生根。 　　　　　　（　　）

5. 将硬枝放在 0～5 ℃低温下冷藏一定时间（40 d 以上），可促进枝条生根。

　　　　　　　　　　　　　　　　　　　　　　　　　　　　　　　（　　）

6. 用生长素类物质处理插穗基部，可促进基部薄壁细胞脱分化产生愈伤组织。

　　　　　　　　　　　　　　　　　　　　　　　　　　　　　　　（　　）

7. 用蔗糖、B 族维生素、葡萄糖等处理插穗基部，对其生根有促进作用。 （　　）

8. 用高锰酸钾等溶液浸泡插穗基部，可有效促进生根。 　　　　　　（　　）

9. 按植物器官的不同，扦插分为硬枝扦插、软枝扦插两种。 　　　　（　　）

二、课后拓展

1. 简述扦插成活的原理、扦插时期、扦插方法与技术程序。论述影响扦插成活的因素有哪些，如何提高扦插成活率以及扦插后如何管理。

2. 通过查阅文献资料、开展新技术应用情况调研等途径，收集某种园林植物扦插育苗技术资料，在科学分析基础上，撰写该园林植物扦插育苗技术规范报告。

任务七 园林植物嫁接育苗

【任务描述】

嫁接是将具有优良性状的植物的部分营养体,接在另一株有根植物体上,使两者愈合在一起形成新的独立植株的方法。嫁接繁殖具有能保持母本优良性状、提高苗木抗逆性和适应性、提早开花结实等优点,但嫁接苗木寿命较短。

嫁接是园林植物主要的繁殖方式之一,包括砧木的选择与培育,接穗的选择、采集与贮藏,嫁接工具的准备,嫁接方法的选择,嫁接后的管理等内容。

【任务目标】

1. 熟知嫁接繁殖的特点。
2. 熟知嫁接成活的原理。
3. 熟知影响嫁接成活的因素。
4. 掌握嫁接方法与嫁接后的管理。
5. 熟练并安全使用各类嫁接育苗用具、设备。
6. 通过任务实施提高团队协作能力,培养独立分析与解决嫁接育苗实际问题的能力。

【任务内容】

一、准备工作

(一)知识准备

1. 嫁接成活的原理

植物嫁接能否成活,主要取决于砧木和接穗的组织能否形成愈合组织。愈合组织形成后,细胞开始分化,愈合组织内的薄壁细胞相互连接,成为一体,并产生新的维管组织,沟通砧、穗双方木质部的导管和韧皮部的筛管,水分和养分得以相互交流,嫁接成活。

愈合的主要标志是砧木、接穗之间的维管组织系统地连接。

2. 影响嫁接成活的内外因素

1)影响嫁接成活的内部因素

(1)砧木与接穗的亲和力 嫁接能否成活取决于砧木和接穗之间的亲和力。亲和力是指砧木和接穗经嫁接能愈合并生长成新植株的能力,也就是砧木和接穗在内部组织结构上、生理上和遗传性上彼此相近,并能相互结合形成统一的代谢过程的能力。一般亲缘关系越近,亲和力越强。同品种或同种间的嫁接亲和力最好,这种嫁接组合称为共砧(本砧)嫁接,如桂花接于桂花等。同属不同种之间的嫁接,一般亲和力也较强,如苹果接于海棠等。同科异属之间嫁接,亲和力较弱,嫁接比较困难,但核桃接于枫杨上,桂花接于小叶女贞上,虽然是同科异属的植物,可是亲和力很好。不同科之间嫁接更加困难,目前生产上尚未应用。

(2)形成层愈合与再生能力　砧木和接穗形成层的愈合与再生能力影响嫁接的成活。嫁接后,砧木和接穗接口部位形成层活动加强,接口周围形成愈合组织,砧、穗的双方愈合组织的薄壁细胞相接,然后将双方的形成层连接起来,形成新的形成层,逐渐分化形成新的木质部和韧皮部及输导组织,将双方原来的输导组织沟通。

最后,愈合组织外部的细胞分化成木栓细胞,把砧、穗接合部的栓皮细胞连接起来而真正愈合形成一棵新的植株。

2)影响嫁接成活的外部因素

影响嫁接成活的外部因素主要有温度、湿度、光照、氧气等。在适宜的温度、湿度和良好的通气条件下进行嫁接,有利于愈合成活。

(1)温度　温度是影响愈合组织形成快慢的重要因素。在适宜的温度条件下,愈伤组织形成快且易成活,温度过高或过低,都不适宜愈伤组织的形成。温度适宜范围依园林植物种类的不同而不同,一般在 20~25 ℃嫁接最适宜。例如观赏类桃嫁接在 20~25 ℃最适宜,山茶嫁接在 26~30 ℃最适宜。

(2)湿度　适宜的湿度对愈合组织的形成很重要。空气相对湿度接近饱和,对愈合最为适宜。砧木因根系能吸收水分,通常能形成愈伤组织,但接穗是离体的,愈伤组织内薄壁组织嫩弱,不耐干燥,湿度低于饱和点,会使细胞干燥,时间一久,就会引起死亡。保持嫁接部位的湿度有很多措施,如涂蜡、接口糊泥、套塑料薄膜等。

(3)光照　光照对愈合组织生长具有明显的抑制作用。在光照条件下,愈合组织生长少且硬、色深,造成砧、穗不易愈合。在黑暗条件下,接口处愈合组织生长多且嫩、颜色白、愈合效果好。在嫁接口糊泥、低接时埋土堆、用不透光材料包捆嫁接口等为生产中常用的避光措施。

(4)氧气　氧气是愈合组织生长的必要因子之一。砧木与接穗之间接口处的薄壁细胞增殖、愈合、愈合组织生长均需要充足的氧气。在低接用培土保持湿度时,土壤含水量大于25%就会造成氧气不足,影响愈合组织的生长,嫁接难以成活。

3. 嫁接技术要点

嫁接技术是影响嫁接成活的一个重要因素。嫁接时期要适宜,嫁接操作应牢记"齐、平、紧、快、净"五字要领。

①齐:砧木与接穗的形成层必须对齐。

②平:砧木与接穗的切面要平整光滑,最好一刀削成。

③紧:砧木与接穗的切面必须紧密地结合在一起。

④快:操作的动作要迅速,尽量减少砧、穗切面失水,对含单宁较多的植物,可减少单宁被空气氧化的机会。

⑤净:砧木与接穗的切面保持清洁,不要被泥土污染。

嫁接刀具必须锋利,保证切削砧、穗时不撕皮和不破损木质部,同时又可提高工效。

（二）材料、用具与设备准备

（1）材料准备　牡丹、月季等嫁接育苗用砧木与接穗；嫁接专用膜、塑料条等绑扎材料；蜡（固体接蜡、液体接蜡）等涂抹材料；遮阳网、塑料薄膜等覆盖材料；工作服、手套等劳动保护用品。

（2）用具准备　修枝剪、手锯、芽接刀、枝接刀、单面刀片、盛条容器、喷壶等。

（3）设备准备　嫁接器、嫁接机；温室或大棚；旋耕机等土壤耕整设备；灌溉设备；植保设备等。

二、嫁接前的准备

嫁接前的准备工作包括砧木的选择与培育，接穗的选择、采集与贮藏等。

（一）砧木的选择与培育

1. 砧木的选择

嫁接时，砧木的选择要考虑砧木与接穗亲和力的强弱，砧木要适应当地的气候条件与土壤条件的能力，砧木要具有较强的抗逆性，砧木繁殖方法要简便，生长健壮、根系发达等。同时砧木的规格要能够满足对嫁接苗高度、粗度的要求。

2. 砧木的培育

砧木一般通过播种、扦插等方法培育。生产中多以播种苗作砧木。播种苗具有根系发达、抗逆性强、寿命长等优点，而且便于大量繁殖。嫁接用砧木苗通常选用1～2 年生、地径1～3 cm 的规格。

（二）接穗的选择、采集与贮藏

1. 接穗的选择与采集

采穗母本应选择品质优良纯正、经济价值高、生长健壮、无病虫害的青壮年期的优良植株。采穗时，选择采穗母本的外围中上部，最好选向阳面，光照充足，发育充实的1～2 年生的枝条作为接穗。一般采取节间短、生长健壮、发育充实、芽体饱满、无病虫害、粗细均匀的1～2 年生枝条较好。

春季嫁接应在休眠期（落叶后至翌春萌芽前）采集接穗并适当贮藏，也可随采随接。常绿树木、草本植物、多浆植物以及生长季节嫁接时，接穗宜随采随接。

2. 接穗的贮藏

春季嫁接用的接穗，一般在休眠期结合冬季修剪将接穗采回。采集的插穗要标明种名或品种、采穗日期、数量等，并分别捆扎。沙藏于假植沟或地窖内，注意保持适当的低温和适宜的湿度，以保持接穗的新鲜，防止失水、发霉。特别在早春气温回升时需及时调节温度，防止接穗芽体膨大，影响嫁接效果。多肉植物、草本植物及一些生长季嫁接的植物接穗应随采随接，去掉叶片和生长不充实的枝梢顶端，及时用湿布包裹。取回的接穗如不能及时嫁接可将其下部浸入水中，放至阴凉处，每天换水1～2次，可短期保存4～5 d。

三、嫁接方法

根据接穗、砧木的种类,嫁接分枝接、芽接与根接等方法。不同的嫁接方法有与之相适应的嫁接时期和技术要求。

(一)枝接

用枝条作接穗进行嫁接的方法,称为枝接,包括切接、劈接、插皮接、腹接、靠接、舌接等方法。枝接的优点是成活率高,苗木生长快。枝接一般以春季芽萌动前进行最为理想。

1)切接法　切接是枝接中最常见的方法,适用于大部分植物,砧木宜选用 1～2 cm 粗的幼苗。

切接法步骤如下(图 2.22):

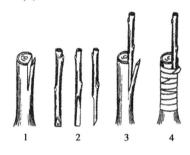

图 2.22　切接法
1—切砧木;2—削接穗;3—插接穗;4—绑扎

(1)切砧木　在砧木距地面 5～10 cm 处截断,削平断面,用切接刀在砧木一侧(略带木质部,在横断面上约为直径的 1/5～1/4)垂直向下切,深度 2～3 cm。

(2)削接穗　将接穗从下芽背面,用切接刀向内切一深达木质部但不超过髓心的长切面,长 2～3 cm。再于该切面的背面末端削一长 0.8～1 cm 的小斜面。削面必须平滑,接穗上要保留 2～3 个完整饱满的芽。

(3)插接穗　将接穗长削面向里(髓心)插入砧木切口中,使形成层对准密接。

(4)绑扎　用塑料条等绑扎材料由下向上捆扎紧密,可兼有使形成层密接和保湿的作用。必要时可在接口处糊泥、接蜡或采用土埋办法,以减少水分蒸发,达到保湿目的。

2)劈接法　要求选用的砧木粗度为接穗粗度的 2～3 倍。

劈接法步骤如下(图 2.23):

(1)劈砧木　在砧木距地面 5～10 cm 处剪(锯)断,削平剪口,用劈接刀从其横断面的中心通过髓心垂直向下劈深 2～3 cm 的切口。

(2)削接穗　把采下的接穗截成长 5～8 cm,至少有 2～3 个芽的枝段。从接穗下部 3 cm 左右处(保留芽)削成楔形斜面,削面长 2～3 cm。削面要平整光滑,这是嫁接成活的关键。

(3)插接穗　将削好的接穗轻轻地插入砧木劈缝,使接穗形成层与砧木形成层对准,至少保证有一侧形成层对齐。

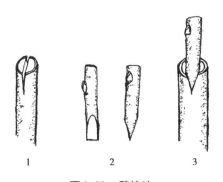

图 2.23　劈接法
1—劈砧木;2—接穗切成楔形;3—插接穗

（4）绑扎　接穗插入后,用塑料条等绑扎材料将接口绑紧。为防止接口失水影响嫁接成活,接口可培土覆盖、蜡封口或加塑料袋保湿。

3）插皮接　枝接中最易掌握、成活率最高一种嫁接方法。要求砧木粗度在 1.5 cm 以上,皮层易剥离的情况下采用。

插皮接步骤如下（图 2.24）:

（1）切砧木　在砧木距地面 5～8 cm 处剪断,削平断面,将砧木皮层由上而下垂直划一刀,深达木质部,长约 1.5 cm,用刀尖向左右挑开皮层。如果砧木较粗或皮层韧性较好,砧木也可不切口。

（2）削接穗　在接穗下芽的 1～2 cm 背面处,削 3～5 cm 的长斜面,在斜面的背后端削 0.6 cm 左右的小斜面。

（3）插接穗　将削好的接穗在砧木切口处沿皮层和木质部中间插入,长削面朝向木质部。注意不要把接穗的切口全部插入,应留 0.5 cm 的切口露在外面,俗称"留白"。

（4）绑扎　用塑料条等绑扎材料绑缚。为提高成活率,接后可在接穗上套袋保湿等。

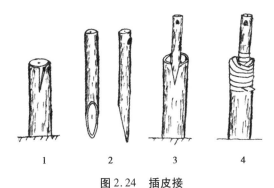

图 2.24　插皮接
1—切砧木;2—削接穗;3—插接穗;4—绑扎

4）腹接　在砧木腹部进行的嫁接,砧木不去头,待成活后再剪除上部枝条。多在生长季节进行。

腹接法步骤如下（图 2.25）:

（1）切砧木　在砧木适当的高度,选平滑的一面,自上而下深切一刀,切口深入木质部,但下端不宜超过髓心,长度与接穗长削面相当。

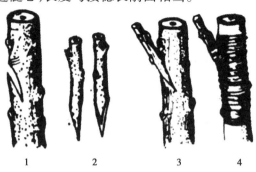

图 2.25　腹接

1—切砧木;2—削接穗;3—插接穗;4—绑扎

(2)削接穗　将接穗从下芽背面,用切接刀向内切一深达木质部但不超过髓心的长切面,长 2 ~ 3 cm。再于该切面的背面末端削一长 0.8 ~ 1 cm 的小斜面。削面必须平滑,接穗上要保留 1 ~ 3 个完整饱满的芽。

(3)插接穗　接穗长削面向里(髓心),形成层对齐。

(4)绑扎　绑扎、保湿、嫁接成活后断砧。

(二)芽接

用芽作接穗进行嫁接的方法,称为芽接。芽接的优点是节省接穗,技术容易掌握,效果好,成活率高,适宜大规模苗木生产。常用芽接方法有"T"字形芽接和嵌芽接。

1)"T"字形芽接　目前应用最广的一种嫁接方法(图 2.26),"T"字形芽接步骤如下:

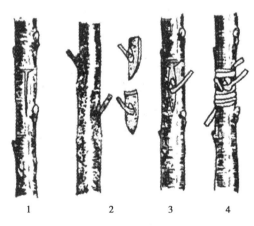

图 2.26　"T"字形芽接

1—砧木切成"T"字形;2—切取接芽;3—芽片插入;4—绑扎

(1)切砧木　在砧木距离地面 5 ~ 10 cm 处,选择背阴面的光滑部位,用芽接刀先横切一刀,深达木质部,再从横切刀口往下垂直纵切一刀,长 1 ~ 1.5 cm,在砧木上形成一"T"字形切口。用芽接刀骨柄把皮层向两侧稍挑起,以便插入芽片。

(2)取接芽　选健壮饱满的芽,去除叶片仅留叶柄,在芽上方 0.5 ~ 1 cm 处先横切一刀,深达木质部,再从芽下方1~1.5 cm处向上推削到横切口下方,由浅至深达木质部,削成上宽下窄的盾形芽片。将芽片完整取下,若芽内带有少量木质部,用芽接刀将其轻轻地剔除。

(3)插接芽 将削好的芽片迅速插入挑开的"T"字形切口内,使接芽的上部与砧木上的横切口对齐、贴紧。

(4)绑扎 用塑料条等材料绑扎紧即可,芽与叶柄一般应留在外边。

2)嵌芽接(削芽接) 在砧、穗不易离皮时适用此法,是带木质部芽接的一种方法(图2.27),嵌芽接步骤如下:

(1)切砧木 在砧木距地面5~10 cm背阴面光滑处,由上向下(稍带木质部)削一与接芽片长、宽均相等的切面。

(2)取接芽 从芽的上方0.5~1 cm处向下斜切一刀(稍带木质部),然后在芽的下方0.5~0.8 cm处横向斜切一刀,取下芽片。

(3)插接芽 将芽片插入切口。

(4)绑扎 用塑料条等材料绑扎紧即可。

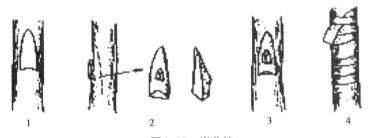

图2.27 嵌芽接
1—切砧木;2—切取接芽;3—插接芽;4—绑扎

其他芽接方法有方块芽接、套芽接等。

(三)根接

用根作砧木进行枝接,称为根接,可采用切接、劈接、靠接等方法。例如牡丹的嫁接用芍药根作砧木。

(四)关于草本植物嫁接

草本植物嫁接可采用靠接、插接、劈接、贴接、对接等方法。仙人掌等多肉植物嫁接主要有平接、劈接等方法。

四、嫁接后的管理

1. 检查成活率与解除绑扎物

芽接一般在嫁接后10~15 d即可检查成活率。叶柄一触即脱落,或芽已经萌发生长或仍保持新鲜状态,即表示已成活。若叶柄干枯不落或已发黑,或芽片已干枯变黑,没有萌动迹象,则表示嫁接失败。

枝接或根接,一般在嫁接后20~30 d检查成活率。若接穗保持新鲜,或接穗上的芽已经萌发生长,则表示嫁接成活。

　　嫁接时培土的,将土扒开检查,芽萌动或新鲜、饱满,切口产生愈合组织,表示成活,将土重新盖上,以防受到暴晒死亡。新芽长至 2～3 cm 时,即可扒开覆土,结合检查成活率要及时解除绑扎物,以免接穗发育受到抑制。

　　2.剪砧

　　剪砧是指在嫁接育苗时,剪除接穗上方砧木部分的措施。枝接中的腹接、靠接和芽接等大部分方法,需要剪砧,以利接穗萌芽生长。

　　3.抹芽和除蘖

　　剪砧后,砧木上会萌发许多蘖芽,与接穗同时生长或者提前萌生,与接穗争取并消耗大量的养分,不利于接穗成活和生长。为了集中养分供给接穗生长,要及时抹除砧木上的萌芽和萌条。

　　4.补接

　　嫁接失败后,应抓紧时间进行补接。

　　5.立支柱

　　接穗在生长初期很细嫩,在春季风大的地方,为防止接口或接穗新梢风折和弯曲,应在新梢生长至 30～40 cm 时立支柱。

　　6.其他抚育管理

　　嫁接苗成活后,应加强肥水管理,适时除草松土、做好病虫害防治等工作,以促进苗木生长。

【综合实训】

园林植物嫁接育苗

　　● 实训目标

　　1.根据授课季节等具体情况,以实训小组(5～6 人)为单位,依托某苗圃嫁接育苗工作任务,制订嫁接育苗的技术方案。

　　2.能依据制订的技术方案和嫁接育苗的技术规范,进行嫁接育苗操作。

　　3.能熟练并安全使用各类嫁接育苗的用具、设备等。

　　● 实训要求

　　1.组内同学要分工合作,相互配合,技术方案的制订要依据园林植物物候期观测的技术流程,要保证设备的完整及人员的安全。

　　2.提交实训报告。实训报告的内容包括实训任务、实训目标、材料与用具、方法与步骤、实训结果等。

　　3.提交实训总结。实训总结的内容包括对知识的掌握与运用、实训方案的设计、实训过程、实训结果等进行自我评价,分析失误原因,并提出改进措施。

　　● 考核标准

　　1.采用过程考核与结果评价相结合的方式,注重实践操作、工作质量、汇报交流等环节的评价。

　　2.注重职业素养的考核,尤其强调团队协作能力的考核。

表 2.7　园林植物嫁接育苗项目考核与评价标准

实训项目	园林植物嫁接育苗			学时	
评价类别	评价项目	评价子项目	自我评价(20%)	小组评价(20%)	教师评价(60%)
过程性考核(60%)	专业能力(45%)	方案制订能力(10%)			
		方案实施能力 嫁接前准备(5%)			
		方案实施能力 接穗、砧木的选择与处理,嫁接操作(20%)			
		方案实施能力 嫁接后管理(10%)			
	综合素质(15%)	主动参与(5%)			
		工作态度(5%)			
		团队协作(5%)			
结果考核(40%)	技术方案的科学性、可行性(10%)				
	嫁接成活率、苗木质量指标(20%)				
	实训报告、总结与分析(10%)				
评分合计					

【巩固训练】

一、课中测试

(一)不定项选择题

1. 根据接穗、砧木的种类,嫁接可分为(　　　　)。

A. 根接　　　　　　B. 枝接　　　　　　C. 芽接　　　　　　D. 叶芽接

2. 影响嫁接成活的外部因素主要有(　　　　)。

A. 温度　　　　　　B. 湿度　　　　　　C. 氧气　　　　　　D. 光

3. 枝接方法包括(　　　　)。

A. 切接　　　　　　B. 劈接　　　　　　C. 插皮接　　　　　　D. 腹接

4. 常用芽接方法有(　　　　)。

A. 方块芽接　　　　B. 套芽接　　　　　C. "T"字形芽接　　　D. 嵌芽接

5. 嫁接砧木一般选用(　　　　)。

A. 分生苗　　　　　B. 扦插苗　　　　　C. 嫁接苗　　　　　D. 实生苗

(二)判断题(正确的画"√",错误的画"×")

1. 嫁接能否成功取决于砧木和接穗之间的亲和力。 ( )

2. 砧木和接穗愈合的标志是砧木、接穗之间维管组织系统的连接。 ( )

3. 同种不同个体间的亲和力最强。 ( )

4. 枝接最适宜的季节是春季。 ( )

5. 空气相对湿度接近饱和,对砧木与接穗的愈合最为适宜。 ( )

6. 在嫁接口糊泥、用不透光材料包捆嫁接口等措施对砧木与接穗的愈合影响不大。

 ( )

7. 嫁接操作应把握"齐""平""快""紧""净"五字要领。 ( )

8. 枝接成活率检查一般在嫁接 1 月后进行。 ( )

二、课后拓展

1. 简述嫁接成活的原理、嫁接时期、方法与技术程序。简述影响嫁接成活的因素有哪些,如何提高嫁接成活率,嫁接后如何管理。

2. 通过查阅文献资料、新技术应用调研等途径,收集某园林植物嫁接育苗技术资料,在科学分析基础上,撰写该园林植物嫁接育苗技术规范。

任务八　园林植物分生与压条育苗

【任务描述】

分生繁殖是指人为地将植物分生的新个体或部分营养器官与母株分离,另行栽植而形成独立生活的新植株的育苗方法。压条繁殖是指将母株的部分枝条压埋入土壤(或基质)中,待其生根后切离栽植的育苗方法。分生繁殖与压条繁殖的共同特点是都能保持原品种特性、容易成活等。

本任务主要学习分生繁殖和压条繁殖的理论知识与实操技能。

【任务目标】

1. 熟知植物分生与繁殖压条繁殖的理论知识。
2. 掌握植物分生与压条育苗技能。
3. 熟练并安全使用各类分生与压条育苗的用具、设备。
4. 通过任务实施提高团队协作能力,培养独立分析与解决分生与压条育苗实际问题的能力。

【任务内容】

一、准备工作

(一)知识准备

1. 分生繁殖的含义与特点

(1)分生繁殖的含义　分生繁殖是人为地将植物分生的新个体(如吸芽、珠芽等)或部分营养器官的一部分(如走茎和变态茎等)与母株分离或分割,另行栽植而形成独立生活的新植株的方法。分生繁殖常用于牡丹、蜡梅、蔷薇、凌霄、金银花、国兰、南天竹、木瓜等植物繁殖。

(2)分生繁殖的特点　分生繁殖具有简单易行、新植株能保持母株的遗传性状、容易成活、成苗较快等优点,但其也有繁殖系数较低,易染病毒病等缺点。

2. 压条繁殖的含义与特点

(1)压条繁殖的含义　压条繁殖是指将母株的部分枝条压埋入土(基质)中,待其生根后切离栽植的育苗方法。

压条繁殖是一种枝条不切离母体的繁殖方法,压条法生根过程中的水分、养料均由母体供给,管理容易,多用于扦插难以生根的或一些易萌蘖的园林树木。为了促进压入的枝条生根,常将枝条入土部分进行环状剥皮或刻伤等处理。压条繁殖常用于扶桑、叶子花、变叶木、山茶等植物繁殖。

（2）压条繁殖的特点　压条繁殖的优点是容易成活,能保持原有品种的特性等。

（二）材料、用具准备

1.材料准备

准备以下材料:牡丹、芍药、桂花、山茶等植物材料;泥炭、泥炭藓等基质;吲哚丁酸、α-萘乙酸等生根剂;百菌清等杀菌剂;工作服、手套等劳动保护用品。

2.用具准备

准备以下用具:园艺铲、枝剪、环剥刀、金属丝、喷壶、压条繁殖专用组合器具、塑料薄膜、自锁扎带、天平、量筒、烧杯、塑料桶等。

3.设施设备准备

准备以下设施设备:温室或大棚;旋耕机等土壤耕整设备;灌溉设备;植保设备等。

二、分生育苗法

（一）分株育苗

将植株根际或地下茎发生的萌蘖切下栽植,形成独立的新植株的育苗方法称为分株育苗(图2.28)。生产中常砍伤根部促进萌蘖,以增加繁殖系数。

分株育苗主要在春、秋两季进行。一般春季开花植物宜在秋季落叶后进行,夏、秋季开花的植物,如菊花、牡丹、国兰等宜在春季萌芽前进行。

（二）块根类分生育苗

块根通常成簇着生于根颈部,不定芽生于块根与茎的交接处,而块根上没有芽,在分生时应从根颈处进行切割,适用于大丽花、花毛茛等(图2.29)。

图2.28　兰花分株育苗

图2.29　大丽花块根分生育苗

（三）走茎类分生育苗

走茎是自叶丛抽生出来的节间较长的茎,节上着生叶、不定根,也能产生幼小植株。分离走茎类植物如虎耳草、吊兰等的小植株另行栽植即可形成新株。匍匐茎与走茎相似,但节间稍短,横走地面并在节处生不定根和芽,如禾本科的草坪植物狗牙根等。

(四)根茎类分生育苗

根茎是一些多年生植物的地下茎肥大呈粗而长的根状,并贮藏营养物质。其节上常形成不定根,并发生侧芽而分枝。生产中,可用利器将粗壮的根茎分割成数块,每块带有 2～3 个芽,另行栽植培育,如美人蕉、鸢尾、莲等。

(五)球茎类分生育苗

球茎是地下变态茎,短缩肥厚近球状,贮藏营养物质。老球茎萌发后在基部形成新球,新球旁常生子球。球茎可直接供繁殖用,或分切数块,每块具芽,另行栽植。生产中通常将母株产生的新球和小球分离另行栽植,如唐菖蒲、慈菇等。

(六)鳞茎类分生育苗

鳞茎是变态的地下茎,贮藏着丰富的营养。鳞茎顶芽常抽生真叶和花序,鳞叶间可发生腋芽,每年可从腋芽中形成一至数个子鳞茎(图 2.30)。生产中可栽植子鳞茎分生育苗,如百合、郁金香、风信子等。

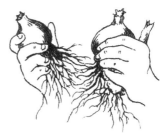

图 2.30　鳞茎分生育苗

(七)块茎类分生育苗

块茎是多年生植物的地下茎,外形不一,贮藏营养。根系自块茎底部发生,块茎顶端通常具有几个发芽点,表面有芽眼可生侧芽。马蹄莲、花叶芋等即用分切块茎育苗。

(八)吸芽类分生育苗

吸芽是某些植物根际或地上茎叶腋间自然发生的短缩、肥厚呈莲座状的短枝。吸芽的下部可自然生根,自母株分离而另行栽植,如芦荟、景天等在根际处常着生吸芽。凤梨的地上茎叶腋间也生吸芽。

(九)珠芽类分生育苗

珠芽是指生于叶腋间,呈鳞茎状、块茎状的芽,如观赏葱类、薯蓣类等即常用珠芽分生育苗。珠芽脱离母株后自然落地即可生根。

三、压条育苗法

(一)单枝压条

将接近地面的枝条在压条部位刻伤或环剥,然后将其埋入土中或基质中,设法固定即可。绝大多数灌木可采用此法繁殖(图 2.31)。

（二）堆土压条

对萌蘖性强的灌木可在其基部刻伤后堆土压条（图2.32）。

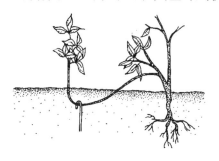

图2.31　单枝压条

图2.32　堆土压条

（三）波状压条

波状压条是将具有较长枝的种类，取接近地面的枝条，刻伤或环剥后压入土中数处，使露出地面的部分呈现波状。待地上部分发出新枝，地下部分生根后，再切断相连的波状枝，形成各自独立的新植株（图2.33）。波状压条适用于地锦、常春藤等蔓性植物。

（四）空中压条

空中压条亦称高空压条，主要用于枝条坚硬、树体较高、不易产生萌蘖的树种。空中压条应选择发育充实的枝条和适当的压条部位。压条的数量一般不超过母株枝条的1/2。压条方法是在离地较高的枝条上给予刻伤等处理后，包套上塑料袋等容器，内装基质，经常保持基质湿润，待其生根后切离下来成为新植株（图2.34）。空中压条适用于桂花、山茶等。

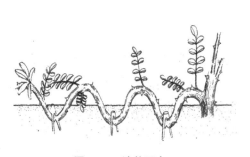

图2.33　波状压条

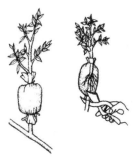

图2.34　空中压条

【综合实训】

园林植物分生与压条育苗

● 实训目标

1. 根据授课季节等具体情况，以实训小组（5～6人）为单位，依托某苗圃分生与压条育苗工作任务,制订园林植物分生与压条育苗的技术方案。

2.能依据制订的技术方案和园林植物分生与压条育苗的技术规范,进行园林植物分生与压条育苗操作。

3.能熟练并安全使用各类园林植物分生与压条育苗的用具、设备等。

● 实训要求

1.组内同学要分工合作,相互配合,技术方案的制订要依据园林植物物候期观测的技术流程,要保证设备的完整及人员的安全。

2.提交实训报告。实训报告的内容包括实训任务、实训目标、实训材料与用具、方法与步骤、实训结果等。

3.提交实训总结。实训总结的内容包括对知识的掌握与运用、实训方案的设计、实训过程、实训结果等进行自我评价,分析失误原因,并提出改进措施。

● 考核标准

1.采用过程考核与结果评价相结合的方式,注重实践操作、工作质量、汇报交流等环节的评价。

2.注重职业素养的考核,尤其强调团队协作能力的考核。

表2.8 园林植物分生与压条育苗项目考核与评价标准

实训项目		园林植物分生与压条育苗		学时	
评价类别	评价项目	评价子项目	自我评价(20%)	小组评价(20%)	教师评价(60%)
过程性考核(60%)	专业能力(45%)	方案制订能力(10%)			
		方案实施能力	分生与压条前准备(5%)			
			分生、压条材料的选择与处理;分生与压条操作(20%)			
			分生与压条后的管理(10%)			
	综合素质(15%)	主动参与(5%)			
		工作态度(5%)			
		团队协作(5%)			
结果考核(40%)	技术方案的科学性、可行性(10%)				
	分生与压条成活率、苗木质量指标(20%)				
	实训报告、总结与分析(10%)				
评分合计					

【巩固训练】

一、课中测试

（一）不定项选择题

1. 大丽花分生育苗的特殊结构是（　　　）。
A. 块根　　　　　　　B. 鳞茎　　　　　　　C. 块茎　　　　　　D. 球茎
2. 唐菖蒲分生育苗的特殊结构是（　　　）。
A. 块根　　　　　　　B. 鳞茎　　　　　　　C. 块茎　　　　　　D. 球茎
3. 百合分生育苗的特殊结构是（　　　）。
A. 块根　　　　　　　B. 鳞茎　　　　　　　C. 块茎　　　　　　D. 球茎
4. 马蹄莲分生育苗的特殊结构是（　　　）。
A. 块根　　　　　　　B. 鳞茎　　　　　　　C. 块茎　　　　　　D. 球茎
5. 压条的一般方法是（　　　）。
A. 普通压条法　　　B. 堆土压条法　　　C. 空中压条法　　　D. 埋土压条法

（二）判断题（正确的画"√"，错误的画"×"）

1. 压条繁殖是一种枝条不切离母体的繁殖方法。　　　　　　　　　　（　　　）
2. 压条繁殖不能很好地保持原有品种的特性。　　　　　　　　　　　（　　　）
3. 一般春季开花植物宜在秋季落叶后进行分株育苗。　　　　　　　　（　　　）
4. 一般夏、秋季开花的植物宜在春季萌芽前进行分生育苗。　　　　　（　　　）
5. 桂花一般适用空中压条方法繁殖。　　　　　　　　　　　　　　　（　　　）
6. 压条繁殖一般在枝条生根后切离母体。　　　　　　　　　　　　　（　　　）

二、课后拓展

1. 简述分生育苗的特点、分生育苗的方式以及分生育苗植物有哪些特殊结构。
2. 通过查阅文献资料等途径，收集某园林植物分生与压条育苗技术资料，在科学分析基础上，撰写该园林植物分生与压条育苗技术规范。

任务九　现代育苗技术

【任务描述】

现代育苗技术是以现代科学技术为基础,利用现代化的育苗设施,培育优质种苗的技术。

本任务以园林苗木培育中实际工作任务为载体,通过对容器育苗、组培育苗与工厂化育苗进行现场教学,使学生熟练掌握园林植物容器育苗、组培育苗的基本技能。

【任务目标】

1. 熟知容器育苗、组培育苗与工厂化育苗的理论知识。
2. 掌握容器育苗、组培育苗与工厂化育苗的操作技能。
3. 熟练并安全使用各类容器育苗、组培育苗与工厂化育苗的用具、设备。
4. 通过任务实施提高团队协作能力,培养独立分析与解决容器育苗、组培育苗与工厂化育苗实际问题的能力。

【任务内容】

一、准备工作

(一)知识准备

1. 容器育苗

容器育苗是指在装有营养土的容器里培育苗木(或经装有栽培基质且可控根的容器环境中培育而成的园林绿化苗木)。

容器苗具有产量高、质量稳、生产周期短、可周年供应、产业化水平高等特点,为现代园林苗木的生产开辟了一条新途径。

国外容器育苗是在 20 世纪 50 年代中期开始发展起来的,到 80 年代容器苗生产得到了迅猛发展。一些容器育苗生产先进的国家,如芬兰、加拿大、美国等已基本实现了容器育苗工厂化生产。

我国容器苗生产近年发展迅速,一些大型企业,如浙江森禾种业股份有限公司、虹越花卉股份有限公司等率先实现了温室容器育苗和育苗作业工厂化生产。据统计,2018 年上海市新增的地被小灌木 75% ~80% 为容器苗(图 2.35)。

图 2.35　穴盘育苗

1）容器育苗的特点

容器育苗具有以下特点：

①容器育苗所用种子质量高，且节约种子，可降低育苗成本。容器育苗所用的种子一般都经过了检验、精选和消毒，品质较高，经过浸种、催芽、露白之后，手工点播，每个容器只需播 1 粒，比苗圃地播种育苗节约 2/3 ~ 3/4。

②可提早播种，延长苗木生长期，利于培育壮苗，缩短育苗周期。采用容器育苗，只需 3 ~ 4 个月或更短的时间即可出圃。

③不需占用肥力较好的土地，土地利用率及单位面积苗木产量高。容器苗的种植密度高，土地空间闲置率低，单位面积苗木产量明显较地栽苗高。

④根系发育好，移植不伤根，周年作业，成活率高。地栽苗起苗时，苗木仅带有全部根系的 5% ~ 20%，苗木根系损伤严重，致使移植成活率较低。

⑤容器育苗的全过程，都可以实现机械化和自动化，有利于实现育苗标准化与工厂化。

⑥基质和用具易于消毒，减轻了苗期土传病的发生，有利于培育优质壮苗。

尽管容器育苗有许多优点，但从不同国家和地区发展容器苗的过程可以发现，容器育苗存在投资成本高（比地栽裸根苗成本高出 30% ~ 70%）、技术与管理要求高等特点，成为其发展的限制因素。

2）常用育苗容器

（1）穴盘　以聚苯乙烯泡沫或塑料为原料制成，穴格规则排列成一整体。穴格有不同形状，数目 32 ~ 800 不等，穴格容积 7 ~ 70 mL。穴盘主要用于播种及扦插繁殖，成本低，可重复使用，操作方便。

（2）塑料薄膜容器　用厚度为 0.02 ~ 0.06 mm 的无毒塑料薄膜加工制作而成。塑料薄膜容器分有底（袋）和无底（筒）两种。有底容器底部需打 2 ~ 6 个直径为 0.4 ~ 0.6 cm 的小孔。塑料薄膜容器主要用于工程色块苗及小苗培大过渡，时间短，成本低，一次性使用。

（3）硬质塑料容器　用硬质塑料制成容器，底部设有排水孔。容器内壁有 3 ~ 4 条棱状突起。硬质塑料容器主要用于苗圃培大周转，有不同规格，质轻，易搬动，可重复使用，种植时操作方便，但易绕根，种植时间不宜过长。硬质塑料容器适用于工厂化、机械化生产。

（4）无纺布容器　用无纺布或具有网孔状的其他材料制成,属于透气控根容器,不会形成盘根,根系发达,移植、搬运方便。无纺布容器可用于小、中、大型苗生产。

（5）控根快速育苗容器　用塑料制成,侧壁凸凹相间,外部突出的顶端开有气孔,透气不绕根,根系发达,可按生产要求裁剪成不同规格,但成本相对高。控根快速育苗容器通常用于培育大规格苗木。

（6）盆套盆系统　又称双容器育苗,是把栽有苗木的容器置于埋在地下的支持容器中,集基质栽培技术、滴灌施肥技术和覆盖保护等于一体的现代工厂化苗木栽培生产技术系统。盆套盆系统可有效解决冬冻夏热的问题。

3）常用配制营养土的原材料

（1）泥炭　泥炭被普遍认为是最好的容器育苗基质之一,广泛用于工厂化育苗和无土栽培（图 2.36）。泥炭由植物残体在淹水、缺氧、低温等条件下未充分分解而形成,是煤化程度最浅的煤,因此,泥炭由未完全分解的植物残体、矿物质和腐殖质等组成。

泥炭的分类为:

①低位泥炭:分布于低洼积水的沼泽地带,以苔草、芦苇等植物为主,肥分有效性较高,风干粉碎后可直接作肥料使用,但容重较大,吸水、通气性较差,不宜单独作无土栽培基质。

②高位泥炭:分布于高寒地区,以苔藓植物为主,分解程度低,氮和灰分成分含量低,容重较小,持水力、盐基交换量、吸水和通气情况较好,吸收水分可以达到干物重的 10 倍以上。

③中位泥炭:中位泥炭的性能介于二者之间。

（2）椰糠　椰糠为椰子果实外壳在加工椰棕的过程中产生的粉状物,通气、保水性能好（图 2.37）。经过切细压缩的椰糠,呈砖状,由于其 pH、容重、通气性与持水性等都比较适中,因此是理想的容器栽培基质。

图 2.36　泥炭

图 2.37　椰砖

（3）锯木屑　锯木屑为木材加工的下脚料,吸水和保水性能好。锯木屑的碳氮比（C/N）较高,含大量杂菌及致病性微生物,使用前要经过堆沤发酵处理。

基质栽培的锯木屑粒径在 3~7 mm 比较适宜,常与其他基质混配使用。

（4）食用菌菇渣　将废弃的菇渣经过堆沤后,取出风干,然后打碎,过 5 mm 筛,筛去菇渣中的粗大植物残体即可作为无土育苗基质。

菇渣的氮、磷含量较高,不宜直接作基质使用,应与泥炭、蔗渣、砂等基质按一定比例混合使用。

（5）炭化稻壳　炭化稻壳色黑，容重为 0.15 ~ 0.24 g/cm³，总孔隙度为 82.5%。炭化稻壳炭化形成的碳酸钾会使其 pH 升至 9.0 以上，因此使用前宜用水洗。炭化稻壳不带病菌，营养元素丰富，价格低廉，通气性好，但持水能力较差。

（6）腐叶　腐叶能够给苗木提供一个类似有土栽培的理想环境。所使用的基质腐叶来源广泛，容易制作。腐叶不适合单独使用，应根据园林植物的种类，将其与一定比例的其他基质混合在一起。

（7）岩棉　岩棉以优质玄武岩、白云石等为主要原材料，在 1 500 ~ 2 000 ℃的高温下熔融，喷成直径为 5 ~ 8 μm 的纤维细丝，再压成容重为 80 ~ 100 kg/m³ 的片，冷却至 200 ℃时，加入酚醛树脂固定成形，按照需要压成四方体或板片等各种形状（图 2.38）。

图 2.38　岩棉块

图 2.39　蛭石

岩棉容重为 0.06 ~ 0.11 g/cm³，总孔隙度为 96% ~ 98%，吸水性强，pH 值为 6.0 ~ 8.3。岩棉具有化学性状稳定、物理性状优良、pH 稳定、经高温消毒后不带病菌等特点，能为植物提供一个保水、保肥、无菌、氧气供应充足的良好根际环境，广泛应用于无土育苗。

（8）蛭石　蛭石为云母类次生硅质矿物，为铝、镁和铁的含水硅酸盐，由一层层的薄片叠合而成（图 2.39）。

图 2.40　园林用珍珠岩

蛭石具有比较高的缓冲性和离子交换能力，通气性好，常用于育苗或按一定比例配制混合基质。蛭石的吸水性强，用于容器育苗的粒径在 3 mm 以上，蛭石在使用过程中很易破碎。

（9）珍珠岩　由酸性火山熔岩（珍珠岩矿）经破碎、筛分至一定粒度，再经预热、瞬间高温焙烧而制成（图 2.40）。其颗粒内部是蜂窝状结构、直径为 1.55 ~ 4.00 mm。珍珠岩的容重小，为 0.03 ~ 0.16 g/cm³，总孔隙度为 60.3%，含有氮、磷、钾、钙等矿质成分。珍珠岩 pH 值为 6.0 ~ 8.5。使用过程中会出现漂浮现象，不易与植物根系紧贴。

（10）膨胀陶粒　以黏土、亚黏土等为原材料，经过加工制粒、高温煅烧而成（图 2.41）。陶粒的容重为 0.5 ~ 1.0 g/cm³，大孔隙多，碳氮比低，排水通气性能好，可单独使用，也可与其他原料配合使用。

4）容器育苗控根技术 为避免根系在容器中盘旋成团和定植后根系伸展困难,容器育苗需采用控根技术。

（1）物理控根法 在容器壁上制作引导根系生长的突起棱,当根系长至容器壁时,沿突起棱向下生长而不会在容器内盘旋。

（2）化学控根法 将铜离子制剂［$CuCO_3$,$Cu(OH)_2$ 等］或其他化学制剂涂于育苗容器的内壁,杀死或抑制根的顶端分生组织,实现根的顶端修剪,促发更多的侧根。

图2.41 膨胀陶粒

（3）空气修根法 实现空气修根的关键是容器架空,或制作容器时,在容器壁上留出边缝,当苗木侧根长到边缝接触到空气时,根尖便停止生长,形成更多须根,但不会形成盘旋根。

2. 植物组培育苗

1）植物组织培养的含义 植物组织培养是指在无菌条件下,将离体的植物器官、组织、细胞或原生质体,培养在人工配制的培养基上,人为控制培养条件,使其生长、分化、增殖,发育成完整植株或生产次生代谢物质的技术(图2.42)。

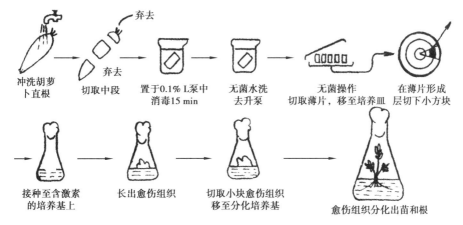

图2.42 胡萝卜韧皮细胞再生完整植株的过程

2）植物组织培养的特点 培养条件可以人为控制;生长周期短,繁殖率高;管理方便,利于工厂化生产和自动化控制等。

3）植物组织培养的基本理论

（1）植物细胞全能性理论 植物每一个具有完整细胞核的体细胞,都含有植物体的全部遗传信息,在适宜条件下,具有发育成完整植株的潜在能力。

植物细胞全能性表达的条件为:

①体细胞与完整植株分离,脱离完整植株的控制。

②创造理想的适于细胞生长和分化的环境。

实现细胞全能性的途径:

①器官发生途径:分直接发生途径与间接发生途径两类。外植体直接脱分化再分化不定根或不定芽等新器官为直接发生途径。间接发生途径先形成愈伤组织,再

由愈伤组织分化形成不定根或不定芽,获得再生植株(图2.43)。

图2.43 愈伤组织发生与分化

②体细胞胚胎发生途径(胚状体发生途径):在组织培养中起源于一个非合子细胞,经过胚胎发生和胚胎发育过程(经过原胚、球形胚、心形胚、鱼雷胚和子叶胚5个时期),形成具有双极性的胚状结构,而发育成再生植株的途径(图2.44)。

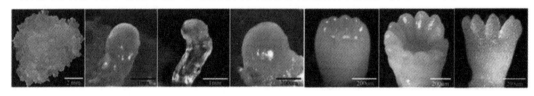

图2.44 落叶松体细胞胚发生过程(引自分子遗传学与基因组学)

(2)细胞脱分化与再分化 植株再生的过程即为植物细胞全能性表达的过程,经过细胞脱分化和再分化两个阶段实现。

①细胞脱分化:已分化的细胞在人工诱导条件下,恢复分生能力,恢复到分生组织状态的过程。

②细胞再分化:脱分化后具有分生能力的细胞再经过与原来相同的分化过程,重新形成各类组织和器官的过程。

(3)根芽分化激素调控理论 植物组织培养过程中,根和芽的分化由生长素和细胞分裂素的比值决定,二者比值高时促进生根,比值低时促进茎芽的分化,比值适中则组织倾向于以一种无结构的方式生长。

4)培养基及其成分

(1)水 水是植物组织的基本组成成分,也是植物许多代谢过程的原料、介质等。

(2)无机元素 包括大量元素和微量元素。

①大量元素:浓度大于0.5 mmol/L的元素,包括氮(N)、磷(P)、钾(K)、钙(Ca)、镁(Mg)、硫(S)等。

②微量元素:浓度指小于0.5 mmol/L的元素,包括铁(Fe)、硼(B)、铜(Cu)、锌(Zn)、锰(Mn)、钼(Mo)、氯(Cl)等。

(3)有机化合物

①碳源:最常用的是蔗糖,葡萄糖和果糖也是较好的碳源,可支持许多组织很好地生长。蔗糖使用浓度在2%~3%,主要提供碳素营养和维持渗透压。

②维生素:主要有 VB_1(盐酸硫胺素)、VB_6(盐酸吡哆醇)、VPP(烟酸)、VC(抗坏血酸)等。维生素在植物细胞中主要是以各种辅酶的形式参与多种代谢活动,对生长、分化等有很好的促进作用,其一般用量为 0.1～1.0 mg/L。

③肌醇:又称环己六醇,在糖类的相互转化中起重要作用。

④氨基酸:良好的有机氮源,可直接被细胞吸收利用。最常用的氨基酸是甘氨酸,精氨酸、谷氨酸、谷酰胺等也常用。

⑤天然复合物:水解酪蛋白、酵母提取液、椰乳等为常用的天然复合物。

(4)植物生长调节物质

①生长素类:主要用于诱导愈伤组织形成,诱导根的分化和促进细胞分裂、伸长生长。组织培养中常用的人工合成的生长素类物质有吲哚乙酸(IAA)、吲哚丁酸(IBA)、萘乙酸与 2,4-D 等。一般生长素使用浓度为 0.05～5 mg/L。

②细胞分裂素类:这类激素是腺嘌呤的衍生物,包括 6-苄基氨基嘌呤(6-BA)、激动素(KT)、玉米素(ZT)等。其中 ZT 活性最强,但非常昂贵,常用的是 6-BA。细胞分裂素主要用于诱导芽的分化、促进细胞分裂与扩大等。细胞分裂素使用浓度一般为 0.05～10 mg/L。

③赤霉素类(GA):可促进器官或胚状体的生长,赤霉素和生长素协同作用对形成层的分化有影响。赤霉素不耐热,高压灭菌后将有 70%～100% 失效,应当采用过滤灭菌法灭菌。组织培养中常用的人工合成赤霉素类物质是赤霉酸(GA3)。

(5)培养基的支持物:琼脂是一种从海藻中提取的高分子碳水化合物,在固体培养时琼脂是最好的固化剂。琼脂常用量在 6～10 g/L。其他的有玻璃纤维、滤纸桥、海绵、卡拉胶等。

(6)其他附加物

①抗生素:组织培养中常用抗生素有青霉素、链霉素、庆大霉素等,用量在 5～20 mg/L。添加抗生物质可以防止菌类污染,减少培养中材料的损失。

②抗氧化物:组织培养切割植物材料时,植物组织中一些酚类物质暴露在空气中,被氧化为醌类物质,组织发生褐变,使培养的材料失去分化能力。常用的抗氧化物有半胱氨酸、维生素 C 等,使用浓度为 50～200 mg/L。其他抗氧化剂有二硫苏糖醇、谷胱甘肽等。

③活性炭:木炭粉碎经加工形成的粉末物,吸附作用强,可以吸附非极性物质。通常使用浓度为 0.5～10g/L。

5)培养基的种类

目前国际上流行的培养基有几十种,常用的培养基如下:

(1)MS 培养基　1962 年由 Murashige 和 Skoog 为培养烟草细胞而设计(表 2.9),特点是无机盐和离子浓度较高,为较稳定的平衡溶液。其养分的数量和比例较合适,可满足植物的营养与生理需要,广泛地用于植物的器官、花药、细胞和原生质体培养。

(2)B5 培养基　1968 年由 Gamborg 等为培养大豆根细胞而设计。其主要特点是含有较低的铵,适用于木本植物组织培养。

(3)White 培养基　1943 年由 White 为培养番茄根尖而设计。1963 年又作了改良,称为 White 改良培养基,特点是无机盐数量较低,适用于生根培养。

表 2.9 MS 培养基配方

元素种类	成 分	化学式	分子量	使用浓度/(mg·L⁻¹)
大量元素	硝酸钾	KNO_3	101.11	1 900
	硝酸铵	NH_4NO_3	80.04	1 650
	磷酸二氢钾	KH_2PO_4	136.09	170
	硫酸镁	$MgSO_4 \cdot 7H_2O$	246.47	370
	氯化钙	$CaCl_2 \cdot 2H_2O$	147.02	440
微量元素	碘化钾	KI	166.01	0.83
	硼酸	H_3BO_3	61.83	6.2
	硫酸锰	$MnSO_4 \cdot 4H_2O$	223.01	22.3
	硫酸锌	$ZnSO_4 \cdot 7H_2O$	287.54	8.6
	钼酸钠	$Na_2MoO_4 . 2H_2O$	241.95	0.25
	硫酸铜	$CuSO_4 \cdot 5H_2O$	249.68	0.025
	氯化钴	$CoCl_2 \cdot 6H_2O$	237.93	0.025
铁盐	乙二胺四乙酸二钠	$EDTA-2Na \cdot 2H_2O$	374.25	37.3
	硫酸亚铁	$FeSO_4 \cdot 7H_2O$	278.03	27.8
有机成分	肌醇	$C_6H_{12}O_6$	180.16	100
	甘氨酸	$C_2H_5NO_2$	75.07	2
	盐酸硫胺素 VB₁	$C_{12}H_{17}ClN_4OS \cdot HCl$	337.27	0.1
	盐酸吡哆醇 VB₆	$C_8H_{10}NO_5P$	205.64	0.5
	烟酸 VB₃	$C_6H_5NO_2$	123.11	0.5

6)植物组织培养应用现状

(1)快繁稀有或经济价值大的植物 植物组织培养周期短(1~3个月),不受季节限制,繁殖系数高(几十至几百倍),因此其繁殖速度是其他方法不能比拟的,又称为快繁。许多具有重要经济价值的花卉(兰花、菊花等)、果树(草莓、葡萄等)、经济作物(马铃薯、甘蔗)、林木(桉树、枫树等)、药材(白及、黄精等)均已在种苗生产上广泛应用,取得了巨大的经济效益和社会效益。

(2)植物脱毒 病毒在植物体内的分布具有不均匀性,药物防治病毒病效率低;抗病毒育种步履艰难。茎尖脱毒是控制植物病毒的有效途径。

(3)植物品种培育 包括纯系创制与花药培养,多倍体的发掘,倍性杂交,原生质体融合与细胞突变体利用等。

(4)有效保存离体种质资源 将植物的细胞或组织经过防冻处理后,在-80 ℃以下的超低温下保存的方法,称为种质资源低温冻存。低温冻存是防止生物种质灭绝的重要途径,可以在有限空间内保存大量资源,挽救濒临灭绝的植物。

(5)人工种子 人工种子是在实验室人工控制条件下生产的繁殖体(图2.45)。

人工种子繁殖体包括体细胞胚、微型变态器官和微芽。人工种子应用的基本条件是繁殖体的工厂化生产和配套技术的成熟。

图 2.45 人工种子

（6）作为生物反应器 植物是许多化学品的主要资源，特别在制药和食品加工业中更是不可缺少的。据不完全统计，至少有 20% 的药物是由植物衍生而来的。规模化细胞培养是生产植物次生产物的理想途径。

（7）应用于遗传、生理、病理与发育生物学等基础研究，揭示植物生命活动秘密。

3. 工厂化育苗

工厂化育苗是 20 世纪 70 年代发展起来的一项育苗技术，是一种全新的育苗体系。由于该体系采用穴盘育苗，播种时一穴一粒，成苗时一室一株，每株苗的根系与基质相互缠绕在一起，根坨呈上大下小的塞子形，因此美国把这种苗称为塞子苗，将此育苗体系称为塞子苗生产，我国通常称为机械化育苗或穴盘无土育苗。

1）工厂化育苗的优点

①选用泥炭、蛭石、珍珠岩等轻质材料作育苗基质，降低重量，有利于大规模的商品化育苗。

②机械化精量播种，极大地降低了种子用量；一次成苗，减少了分苗等程序。

③育苗盘育苗，提高了单位面积的育苗数量，且便于规范化管理，适于长距离运输和机械化移栽。

④整个播种和育苗管理过程实现了机械化、自动化。

近年来，现代生物技术、现代工程技术和计算机控制技术等不断应用于工厂化育苗，使这一育苗技术逐步趋于成熟和完善。

2）工厂化育苗设施及配套设备

（1）精量播种系统 该系统包括基质搅拌机、基质充填机、压孔器、精量播种机、覆盖机、喷水装置等。整个播种系统由微型计算机控制，对流水线传动速度、播种速度、压孔深度、喷水量等自动调节，一般每小时可播种 200～800 盘。精量播种机是该系统的核心部分。一般有机械传动式和真空吸附式两种。机械传动式要求对大多数种子进行丸粒化，真空吸附式对种子形状和粒径大小没有十分严格的要求。现多用真空吸附式精量播种机。

（2）育苗盘 育苗盘由塑料材料吸塑或注塑而成，穴孔的形状有圆形和方形两种。国内厂家生产的育苗盘，一般长 52 cm，宽 26 cm，规格有 50、72、84、128、200、288 孔等，穴孔深度视孔大小而异。

根据育苗种类及所需苗的大小，可对应选择不同规格的育苗盘。育苗盘一般可以连续使用2~3年。

（3）催芽室　催芽室是种子播种后至发芽出苗的场所,实际上是一密封、绝缘保温性能良好的小室。室内面积以 $6~8 m^2$ 为宜,室内安置多层育苗盘架,以便放置育苗盘,充分利用空间。室内安装温湿调控设备等。总体要求能维持较高温度且均匀分散,空气湿度达80%~90%。

（4）育苗温室　育苗温室是幼苗绿化,完成主要生长发育,存放时间最长的场所。现代工厂化幼苗温室一般装配有育苗床架及加温、降温、排湿、补光、遮阴、营养液配制、输送、行走式营养液喷淋器等系统和设备,实现全部计算机操作和控制。

从我国国情出发,采用一些替代装置,如用电热加温线、薄膜覆盖代替热风或水暖加热,人工浇施营养液等,可以降低设备投资,完全具有可行性。

3）工厂化育苗的生产流程　工厂化育苗的操作主要包括播种前种子处理,基质、育苗盘准备、消毒;自动播种机播种;催芽室催芽;育苗温室中绿化和炼苗等。

（二）材料、用具与设备准备

1. 材料准备

准备以下材料:香樟、牡丹、银杏等植物种子或种苗;穴盘等育苗容器;泥炭、珍珠岩、蛭石等栽培基质;甲醛等消毒剂;石灰、硫磺粉等土壤 pH 调节物质;复合肥或缓释肥;工作服、手套等劳动保护用品;百合、菊等植物外植体;蒸馏水、洗涤剂、硫酸-重铬酸钾洗液、0.1%~0.2%氯化汞溶液、次氯酸钠溶液、70%~75%酒精、1.0 mol/L HCl溶液、1.0 mol/L NaOH 溶液;几种常用的培养基配制所需的无机盐类、有机物（包括蔗糖、氨基酸、维生素等）、生长调节剂、琼脂、抗生物质、抗氧化物、活性炭等药品。

2. 用具准备

准备以下用具:铁锹、园艺铲、网筛、喷水壶、园艺地布等;各种玻璃器皿,包括试管、烧杯、量筒、容量瓶、试剂瓶、三角瓶、培养瓶、培养皿等。接种工具包括各种镊子、解剖刀、手术剪、普通剪刀、接种针、酒精灯、手持喷雾器、细菌过滤器等。培养基分装用具、培养架、瓷盘、移液器、小推车、实验服、工作帽与工作鞋等。

3. 设备准备

准备以下设备:穴盘育苗精播生产线、催芽室、育苗环境自动控制系统、温室或大棚、喷灌设备、运苗车与育苗床架、植保设备等;分析天平、pH 计、水浴锅、磁力搅拌器、蠕动泵、超声波清洗仪、干燥箱、高压灭菌锅、自动纯水蒸馏器、冰箱、超净工作台、光照培养箱、摇床、离心机、除湿机、显微镜、解剖镜等。

二、容器育苗

根据容器苗生产方式与环境条件不同,目前国内外常用的容器育苗分为大田容器育苗、大棚及温室容器育苗、工厂化容器育苗三大类型。

（一）大田容器育苗

大田容器育苗是指在露地自然环境条件下进行的容器苗生产,可用于播种苗、扦插苗与嫁接苗的繁殖。基本的育苗技术环节与地栽苗培育类似,其中以播种与扦插繁殖最为常见。大田容器育苗技术记录表如表2.10所示。

表2.10　大田容器育苗技术记录表

编号：　　　　　　　育苗单位：　　　　　　　树种：

项　　目	内　　容
苗龄	
育苗数量/株	
用种量/kg	
容器种类	
容器规格	
基质成分及比例	
种子或幼苗来源和质量	
种子消毒方法	
种子催芽方法	
播种或移植时间	
播种量/(粒/杯)	
其他	

1. 大田容器播种育苗生产

（1）容器育苗地选择　育苗地要求地势平坦，排水良好。山地育苗宜选在通风良好、阳光较充足的半阴坡或半阳坡，不宜选在低洼积水的地段和风口处。

（2）容器的选择　育苗容器大小根据苗木培育规格来确定，尽量采用小规格容器。

（3）基质的配制、消毒与pH调节　①基质的配制。因地制宜选择配制育苗基质的原材料。常用原材料有泥炭、椰糠、食用菌菇渣、炭化稻壳、堆肥土、腐叶土、沼泽土、充分发酵的锯木屑、蛭石、珍珠岩、河沙、壤土等。利用设施设备或人工碎筛基质，将科学筛选的基质配方混匀，并加入适量复混肥或缓释肥；亦可选用专业的商品化基质。②基质的消毒。基质中存在病菌孢子、虫卵及杂草种子等，经消毒后才能使用。基质消毒有物理消毒和化学消毒两种方法。物理消毒方法包括太阳能消毒、火焰消毒、微波消毒、高温蒸汽消毒等，其中高温蒸汽消毒简单易行、效果良好、安全可靠、成本低廉、经济实用。化学消毒法是指将液体或气体消毒药剂注入基质中达到一定深度，并使之汽化和扩散，从而达到杀菌消毒的效果。常用化学药剂有甲醛、氯化苦、漂白剂、五氯硝基苯、代森锌、辛硫磷、棉隆、硫磺粉、硫酸亚铁、多菌灵、百菌清等。③基质pH调节。基质培养土酸碱度分为5级，强酸性pH<5、酸性pH=5.0～6.5、中性pH=6.5～7.5、碱性pH=7.5～8.5、强碱性pH>8.5。园林植物中多数种类喜中性或弱酸性土壤。在碱性基质中，一些严格要求酸性土的植物，生长极度不良或逐渐死亡，如杜鹃、茉莉等，反之亦然。对于酸性过高的基质，可加入少量石灰粉或草木灰等调节。对于碱性过高的基质，可加少量硫酸铝、硫酸亚铁、硫磺粉、腐殖酸等调节。具体施用量根据基质酸碱度与体量来确定。

（4）基质装填与容器摆置 基质在装填前将各种配料充分混合均匀、洒水湿润。装填后基质应压实。将装好基质的容器整齐摆放到平整的场地上或容器架上。

（5）播种 容器育苗宜选用良种,播种前种子应经过精选、检验、消毒和催芽。播种期应根据园林植物的特性、环境条件、育苗方式、培育期限等因素确定。播种量根据园林植物特性和种子质量而定。播后覆土厚度为种子厚度的 1～3 倍,特小粒种子以不见种子为度。覆土后,随即浇水,苗期应保持基质湿润。

（6）出苗前的管理 包括覆盖、浇水、温度等环境因子调控等。

（7）出苗后的管理 包括覆盖和遮阴、浇水与施肥、间苗和补苗、松土除草、病虫害防治、驯化炼苗等。

2. 大田容器扦插育苗

（1）育苗容器的选择 育苗容器类型、规格取决于育苗地区、树种、育苗期限、苗木规格、运输条件、立地条件等。育苗容器对苗木生长的影响,主要体现在其对根系的调控作用上。

（2）扦插基质的选择 扦插基质是指用于支撑园林苗木生长的一种或几种材料混合物。国外认为泥炭与蛭石的混合物是大田容器扦插育苗的理想基质。我国的培养基多采用天然土壤配制而成,质量大,保水性、孔隙度等远不如泥炭、蛭石等。

（3）插条选取与处理 选择植株中上部木质化程度高的 1～2 年生粗壮、组织充实、芽饱满、无病虫害的枝条（或生长季节选用幼嫩枝或半木质化带叶的枝条）作插穗。插穗长度为 5～20 cm,有 2～4 个饱满芽。插穗切口要平滑,上切口距顶端芽 0.5～1.0 cm 处平剪,下端切口一般靠节部平剪或斜剪。

（4）扦插 扦插深度为插穗长度的 1/3～1/2。

（5）扦插苗管理 插条生根和抽芽前期间的管理,包括喷雾保湿、遮阴、根外追肥、防霉变与病虫害防治等（表 2.11）。

大田容器育苗苗期管理记录表如表 2.11 所示。

表 2.11 大田容器育苗苗期管理记录表

编号：　　　　　育苗单位：　　　　　树种：

项　目		内　容
浇水	方法	
	次数	
松土除草	方法、时间	
	除草剂种类、浓度、总用量	
病虫害防治	病虫害种类及发生时间	
	防治方法（时间、次数）	
	药剂种类、浓度、总用量	
追肥	时间、次数及施肥方法	
	肥料种类、总用量	

续表

项　目		内　容
间苗补苗	时间	
	次数	
遮荫	方法	
	时间	
其他措施		
苗木出圃时间		
苗木生长过程记载		

记录人　　　　　年　月　日

(二)大棚及温室容器育苗

1.大棚及温室容器育苗控根技术

1)容器育苗空气剪根技术　空气剪根育苗法又称气切根育苗法,即将容器苗放置在大棚或温室内离地面一定距离的育苗架上,使伸出容器排水孔或底部的苗根,由于空气湿度低而自动干枯,从而达到剪根目的。

2)容器育苗防根深生长技术

(1)移动容器苗法　该法是最简单的防止根扎入地下的方法。人工定期移动容器,扯断伸出容器底面根系,防止根系扎入地下过深而影响起苗,促进根团的形成。

(2)物料铺垫容器法　该法指用苗根穿不透的物料铺垫于苗床床面上再陈列容器进行育苗的方法。用塑料地布铺垫是国内应用较多的一种方法。

(3)化学断根法　该法主要是利用铜离子既无害又能阻滞根的生长的特点,在容器内壁涂上一层铜化合物以使苗木根系触及容器内壁时即停止生长。

2.大棚及温室容器育苗炼苗技术

(1)第一阶段　在苗木出圃前1个月,将棚膜、遮阳网全卷起,或者将容器阶段苗移到露地进行炼苗,最晚在出圃前15~20 d开始全光照炼苗。

(2)第二阶段　全光照炼苗后,在苗木出圃前10~15 d适当控制水分及停止施肥,防止容器苗徒长,促进苗木木质化,以利容器苗根团的形成,提高栽植成活率。

(三)工厂化容器育苗

工厂化容器育苗是发达国家苗木生产集约经营的一种先进模式,是容器育苗的发展方向。将苗圃按照工厂建成不同的车间(或称作业场或作业室),把苗木繁殖与培育的过程分解成不同的工艺,使育苗过程及其技术标准化,实现高效率生产(图2.46)。

工厂化容器育苗生产设施由容器苗生产作业部分和附属设施两部分组成。作业部分由育苗全过程中的几个车间组成,附属设施由仓库、办公室、生活设施等组成。

工厂化容器育苗全过程分为以下5个车间。

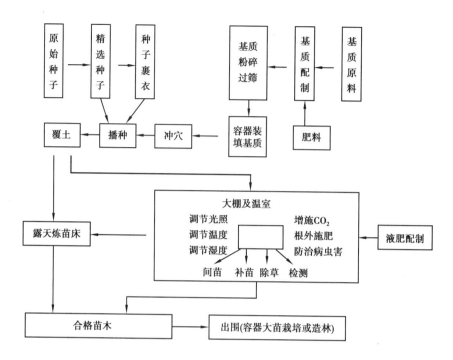

图 2.46   工厂化容器育苗生产流程

1. 种子检验和处理车间

（1）设施设备   包括种子精选机、种子包衣机、种子数粒机、天平、干燥箱、发芽箱、冰箱、电炉及测定种子品质和发芽的器具等。

（2）作业程序   种子翻晒→精选机精选种子→种子品质检验（包括千粒重、纯度、发芽率、发芽势、病菌检测）→包衣机裹衣（包括农药、激素、肥料等）→包装或播种。

2. 装播作业生产车间

（1）设施设备   基质粉碎机、基质调配混合机、传送带、装播作业生产线、育苗盘、小推车、降尘器等。

（2）作业程序   基质原料（包括肥料）→传送→粉碎过筛搅拌→装播作业生产线（容器与苗盘手工组合后传送放置生产线）→自动进行容器装填基质→振实→冲穴→播种→覆土→传送→小推车推入育苗车间。滚筒式穴盘播种机生产线如图 2.47 所示。

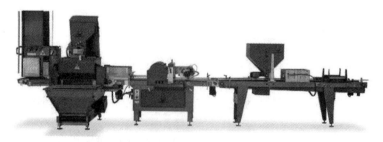

图 2.47   滚筒式穴盘播种机生产线

3. 塑料大棚或温室育苗车间

（1）设施设备   塑料大棚或温室，育苗架、遮阴设施、保温设施、降温增湿设施，以及喷灌施肥机具设备等。

（2）作业程序　播种后的容器苗盘摆放整齐→消毒→光、温、湿等调控→水肥管理→间、补苗→防治病虫害→苗木质量检验→成品苗合格鉴定。

4.炼苗车间

炼苗车间主要对苗木进行全天候的驯化，以便适应自然环境条件。炼苗车间设在育苗车间附近，以缩短运苗路程。炼苗车间道路以及喷灌系统要规划好。

5.苗木贮运车间

苗木贮运车间的主要设备设施为冷库或暗房等。培育合格的容器苗，因栽植季节还没来临，暂时把容器苗置于冷库贮存，并控制其生长。

三、组培育苗

（一）培养基配制

配制培养基是植物组织培养日常必备的工作。通常先配制一系列母液（浓缩贮备液），用时再按一定比例稀释。

（1）母液的配制和保存　一般将组织培养常用基本培养基配方中的成分按分类扩大 10～1 000 倍，分别配成大量元素、微量元素、铁盐、有机物与激素等母液。配制母液时所用药品应选取化学纯或分析纯，用蒸馏水或重蒸馏水溶解。药品的称量及定容要准确。各种药品先以少量水或其他溶剂使其充分溶解，然后依次混合，最后定容。母液配好后放入冰箱内低温（0～4 ℃）保存，用时再按比例稀释。

（2）培养基配制程序　确定植物组织培养配方与配制量，确定母液、蔗糖、琼脂等物质用量，培养基熬制，定容与调节 pH 值，最后分装培养基。

（3）培养基分装　培养基配制后应趁热分装于培养瓶中，分装后用封口材料扎紧瓶口，写上培养基种类、配制时间等，及时灭菌。

（4）培养基灭菌　培养基常用高压湿热灭菌。高压蒸汽灭菌时，当气压上升到 0.10 MPa（温度 121 ℃）时，维持压力灭菌 20～30 min。

（二）外植体的选择与处理

1）外植体的选择　从理论上讲，每个有核细胞都可培养再生完整植株，但在实际操作中，不同来源的细胞，培养的难易程度差异很大。幼嫩的组织如根尖、薄壁组织、花药绒毡层细胞较容易培养。

外植体 3 种来源途径分别为：生长在自然环境下的植物；在温室控制环境条件下生长的植物；无菌环境下培养的植物。

2）外植体表面灭菌　用物理或化学的方法，杀死外植体表面和孔隙内的一切微生物。

（1）外植体表面灭菌原则　杀死材料表面的全部微生物，又不损伤或只轻微损伤植物材料。

（2）外植体表面灭菌程序　外植体整理清洗、杀菌剂灭菌与无菌水清洗。常用灭菌剂的使用浓度与效果比较如表 2.12 所示。

表2.12　常用灭菌剂的使用浓度与效果比较

灭菌剂	使用浓度	持续时间/min	去除难易	效 果
次氯酸钙	9% ~10%	5 ~30	易	很好
次氯酸钠	0.7% ~2%	5 ~30	易	很好
氯化汞	0.1% ~1%	5 ~8	较难	最好
酒精	70% ~75%	0.5 ~2	易	好
抗生素	4 ~50 mg/L	30 ~60	中	较好

其他灭菌方法:无菌操作的器械可采用灼烧灭菌;玻璃器皿及耐热用具可采用干热灭菌;不耐热的物质如赤霉素、玉米素等采用过滤灭菌;空间采用紫外线和熏蒸等方法灭菌。

(三)接种(无菌操作)

接种是指将无菌材料在无菌环境中切割或分离后转入无菌培养基上的过程,又称无菌操作。接种步骤如下:

①在接种前4 h用臭氧发生器对接种室进行消毒处理,并打开紫外灯进行灭菌。

②在接种前20 min,打开超净工作台的风机以及工作台上的紫外灯。

③接种员洗净双手,在缓冲间换好专用实验服与鞋帽等。

④上超净工作台后,用酒精棉球擦拭双手、擦拭工作台面等。

⑤先用酒精棉球擦拭接种工具,再进行灼烧灭菌。

⑥接种时,接种员双手不能离开工作台,禁止谈笑、走动等。

⑦接种完毕清理工作台,用紫外灯灭菌30 min。若连续接种,每5 ~7 d要大强度灭菌一次。

(四)培养

培养是指把培养材料放在培养室(人工控制环境条件),使离体材料生长、脱分化形成愈伤组织或进一步分化成再生植株的过程。

(1)初代培养　初代培养是指接种外植体后最初的几代培养。初代培养的目的在于获得无菌材料和无性繁殖系。初代培养时,常用诱导或分化培养基,即培养基中含有较多的细胞分裂素和少量的生长素。

(2)继代培养　继代培养是指初代培养之后连续数代的扩繁培养过程(图2.48)。在初代培养的基础上所获得的芽、苗、胚状体和原球茎等,数量都还不多,它们需要进一步增殖,使之越来越多,从而发挥快速繁殖的优势。

(3)生根培养　当材料增殖到一定数量后,就要使部分培养物分流到生根培养阶段。生根培养是使无根苗生根的过程。生根培养基常采用1/2或者1/4MS基本培养基,全部去掉细胞分裂素,并加入适量

图2.48　卡特兰继代培养

的生长素,如 NAA、IBA 等。

(4)培养条件　植物组织培养的适宜温度一般为 23 ~ 27 ℃,适宜光强为 1 000 ~ 5 000 lx,适宜光照时间为 14 ~ 16 h/d,适宜相对湿度为 70% ~ 80%,适宜 pH 值为 5.0 ~ 6.5。同时要处理好 O_2、CO_2 供应等问题。

(五)试管苗驯化与移栽

(1)试管苗的特点　试管苗是在无菌、有营养供给、适宜光照、温度、近 100% 的相对湿度等环境条件下生长的,因此,在形态结构、生理等方面都与自然环境生长的正常小苗有很大的差异,例如试管苗的角质层不发达、气孔发育不良等。所以必须进行炼苗,使形态、结构、生理上发生相应的变化,逐渐地适应外界环境,以保证移栽成功。

(2)试管苗驯化原则　从温度、光强、湿度及有无杂菌等环境因素综合考虑。驯化开始数天内,与培养环境条件相似;后期与预计栽培条件相似,逐步适应。

【综合实训】

园林植物容器育苗

● 实训目标

1.根据授课季节等具体情况,以实训小组(5 ~ 6 人)为单位,依托某园林苗圃容器育苗工作任务,制订容器育苗的技术方案。

2.能依据制订的技术方案和容器育苗的技术规范,进行容器育苗操作。

3.能熟练并安全使用各类容器育苗的用具、设备等。

● 实训要求

1.组内同学要分工合作,相互配合,技术方案的制订要依据园林植物物候期观测的技术流程,要保证设备的完整及人员的安全。

2.提交实训报告。实训报告的内容包括实训任务、实训目标、材料与用具、方法与步骤、实训结果等。

3.提交实训总结。实训总结的内容包括对知识的掌握与运用、实训方案的设计、实训过程、实训结果等进行自我评价,分析失误原因,并提出改进措施。

● 考核标准

1.采用过程考核与结果评价相结合的方式,注重实践操作、工作质量、汇报交流等环节的评价。

2.注重职业素养的考核,尤其强调团队协作能力的考核。

表 2.13　园林植物容器育苗项目考核与评价标准

实训项目	园林植物容器育苗			学时	
评价类别	评价项目	评价子项目	自我评价（20%）	小组评价（20%）	教师评价（60%）
过程性考核（60%）	专业能力（45%）	方案制订能力（10%）			
		方案实施能力　准备工作（5%）			
		方案实施能力　容器育苗操作与管理（20%）			
		方案实施能力　场地清理、设备维护（10%）			
	综合素质（15%）	主动参与（5%）			
		工作态度（5%）			
		团队协作（5%）			
结果考核（40%）	技术方案的科学性、可行性（10%）				
	容器育苗质量国标合格率等指标（20%）				
	实训报告、总结与分析（10%）				
评分合计					

【巩固训练】

一、课中测试

（一）不定项选择题

1. 容器控根育苗技术,按照控根原理可分为(　　)。

A. 物理控根　　　　　B. 化学控根　　　　　C. 空气控根　　　　　D. 水分控根

2. 下列属于常用营养土有机原材料的是(　　)。

A. 泥炭　　　　　　　B. 椰糠　　　　　　　C. 蛭石　　　　　　　D. 珍珠岩

3. 下列选项中,属于营养土消毒常用方法的是(　　)。

A. 太阳暴晒　　　　　B. 蒸汽消毒　　　　　C. 化学消毒　　　　　D. 火焰消毒

4. 同一植株上病毒含量最低的部位是(　　)。

A. 叶细胞　　　　　　B. 茎尖生长锥细胞　　C. 茎节细胞　　　　　D. 根部细胞

5. 下列选项中,不属于生长素类生长调节剂的是(　　)。

A. 6-BA　　　　　　　B. IAA　　　　　　　　C. NAA　　　　　　　　D. IBA

（二）判断题（正确的画"√",错误的画"×"）

1. 穴盘主要用于播种及扦插育苗,可重复使用、操作方便。　　　　　　　　　　　　　（　　）

2. 软质网袋种植时无须脱盆,适用于造林苗育苗。（　　）

3. 无纺布容器由无纺布制成,属透气控根容器,不会形成盘根。（　　）

4. 泥炭广泛用于工厂化育苗,被认为是最好的容器育苗基质之一。（　　）

5. 陶粒是团粒状陶土在 800 ~ 1 100 ℃的高温下煅烧而成的。（　　）

6. 培养土是指用于支撑园林苗木生长的一种或几种材料混合物。（　　）

7. 国外认为泥炭与蛭石的混合物是容器育苗的最理想基质。（　　）

8. 若营养土 pH 偏小,可加入石灰或硝酸钙等物质调节。（　　）

9. 在适宜的条件下,每个具核活细胞都可能分化成一个完整的植物体。（　　）

10. 升汞靠氯气灭菌,次氯酸钙靠汞离子灭菌。（　　）

二、课后拓展

1. 简述容器育苗常用基质种类、特点及容器育苗技术要点。

2. 解读《容器育苗技术》(LY/T 1000—2013)。

LY/T 1000—2013

任务十　园林植物大苗培育

【任务描述】

目前在城市绿化美化中有普遍采用大规格苗木的趋势。园林苗木生产的主要任务是培育出圃优良的大规格苗木。通过播种、扦插等繁殖的苗木,要经过多次移植、多年栽培管理、整形修剪等措施才能培育出符合规格要求的各种类型大苗。

【任务目标】

1. 熟知园林苗木类型与园林木本苗木用苗规格。
2. 掌握园林植物大苗培育技术,苗木出圃合格率达98%以上。
3. 熟练并安全使用各类大苗培育的用具、设备。
4. 通过任务实施提高团队协作能力,培养独立分析与解决大苗培育实际问题的能力。

【任务内容】

一、准备工作

(一)知识准备

1. 园林苗木分类

(1)乔木类　分落叶乔木与常绿乔木两类。通常高度大于15 m的称为大乔木;8~15 m的称为中乔木,3~8 m的称为小乔木。

(2)灌木类　落叶类如紫薇、紫荆等;常绿类如大叶黄杨、海桐等。

(3)攀缘类　落叶类如紫藤、蔷薇等;常绿类如扶芳藤、常春藤等。

(4)垂枝类　龙爪槐、垂枝榆、垂枝桃等。

(5)其他类型　桩景、竹类、棕榈类、地被植物等。

2. 园林绿化木本苗规格

1)出圃苗基本要求

(1)土球苗、裸根苗综合控制指标

表2.14　土球苗、裸根苗综合控制指标

序　号	项　目	综合控制指标
1	树冠形态	形态自然周正,冠形丰满,无明显偏冠、缺冠、冠径最大值与最小值的比值宜小于1.5;乔木植株高度、胸径、冠幅比例匀称;灌木冠层和基部饱满度一致,分枝数为3枝以上;藤木主蔓长度和分枝数与苗龄相符

续表

序　号	项　目	综合控制指标
2	枝干	枝干紧实、分枝形态自然、比例适度,生长枝节间比例匀称;乔木植株主干挺直、树皮完整,无明显空洞、裂缝、虫洞、伤口、划痕等;灌木、藤木等植株分枝形态匀称,枝条坚实有韧性
3	叶片	叶型标准匀称,叶片硬挺饱满、颜色正常,无明显蛀眼、卷蔫、萎黄或坏死
4	根系	根系发育良好,无病虫害、无生理性伤害和机械损害等
5	生长势	植株健壮,长势旺盛,不因修剪造型等造成生长势受损,当年生枝条生长量明显

引自《园林绿化木本苗》(CJ/T 24—2018)

（2）容器苗综合控制指标

容器苗综合控制指标除应符合表 2.14 的要求外,还应符合表 2.15 的规定。

表 2.15　容器苗综合控制指标

序　号	项　目	综合控制指标
1	根系	根系发达,已形成良好根团,根球完好
2	容器	容器尺寸与冠幅、株高相匹配,材质应有足够的韧度与硬度

引自《园林绿化木本苗》(CJ/T 24—2018)

2）土球和根系幅度

（1）土球苗土球规格

土球苗土球规格应符合表 2.16 的规定。

表 2.16　土球苗土球

序　号	项　目	规　格
1	乔木	土球苗土球直径应为其胸径的 8～10 倍,土球高度应为土球直径的 4/5 以上
2	灌木	土球苗土球直径应为其冠幅的 1/3～2/3,土球高度为其土球直径的 3/5 以上
3	棕榈	土球苗土球直径应为其地径的 2～5 倍,土球高度应为土球直径的 2/3 以上
4	竹类	土球足够大,至少应带来鞭 300 mm,去鞭 400 mm,竹鞭两端各不少于 1 个鞭芽,且保留足量的护心土,保护竹鞭、竹蔸不受损

说明:常绿苗木、全冠苗木、落叶珍贵苗木、特大苗木和不易成活苗木以及有其他特殊质量要求的苗木应带土球掘苗,
　　且应依据实际情况进行调整。

引自《园林绿化木本苗》(CJ/T 24—2018)

（2）裸根苗根系幅度

裸根苗根系幅度规格应符合表 2.17 的规定。

表 2.17　裸根苗根系幅度

序号	项目	规格
1	乔木	裸根苗根系幅度应为其胸径的 8 ~ 10 倍,且保留护心土
2	灌木	裸根苗根系幅度应为其冠幅的 1/2 ~ 2/3,且保留护心土
3	棕榈	裸根苗根系幅度应按其地径的 3 ~ 6 倍,且保留护心土

说明:超大规格裸根苗木的根系幅度应依据实际情况进行调整。

引自《园林绿化木本苗》(CJ/T 24—2018)

3)土球苗、裸根苗苗木规格

(1)园林绿化常用乔木类苗木规格

常绿针叶、阔叶乔木主要规格应符合《园林绿化木本苗》(CJ/T 24—2018)附录 A 中 A.1、A.2 的规定。常绿针叶乔木株高宜大于等于 2.0 m,人行道行道树分枝点高宜大于等于 2.5 m。常绿阔叶大乔木胸径宜大于等于 60 mm、常绿阔叶小乔木和多干型乔木地径宜大于等于 40 mm。行道树胸径宜大于等于 80 mm,分枝点高宜大于等于 2.5 m。落叶针叶、阔叶乔木主要规格应符合 CJ/T 24—2018 附录 A 中 A.3、A.4 的规定。落叶针叶乔木地径宜大于等于 60 mm;落叶阔叶大乔木胸径宜大于等于 70 mm,落叶阔叶小乔木地径宜大于等于 40 mm。行道树胸径宜大于等于 80 mm,分枝点高宜大于等于 2.5 m。

(2)园林绿化常用灌木类苗木规格

常绿针叶、阔叶灌木主要规格应符合 CJ/T 24—2018 附录 B 中 B.1、B.2 的规定。丛生型常绿阔叶灌木主枝数不宜少于 3 个;落叶阔叶灌木主要规格应符合 B.3 的规定,丛生型灌木主枝数不宜少于 3 个,单干型灌木地径宜大于等于 20 mm,株高宜大于等于 1.2m。

(3)园林绿化常用藤木类苗木规格

常绿藤木主要规格应符合 CJ/T 24—2018 附录 C 中 C.1 的规定,藤木类苗龄不宜少于 2 年,主蔓长不宜小于 0.4 m,分枝数不宜少于 3 枝;落叶藤木主要规格应符合 C.2 的规定,藤木类苗龄不宜少于 2 年,主蔓长不宜小于 0.4 m。

(4)园林绿化常用竹类苗木规格

散生、混生竹主要规格应符合 CJ/T 24—2018 附录 D 中 D.1 的规定,应具有 2 个以上健壮芽数;丛生竹主要规格应符合 D.2 的规定,每丛竹应具有 3 枝以上竹秆,以及 3 个以上健壮芽数;地被竹主要规格应符合 D.3 的规定。

(5)园林绿化常用棕榈类苗木规格

单干型棕榈类主要规格应符合 CJ/T 24—2018 附录 E 中 E.1 的规定;丛生型棕榈类主要规格应符合 E.2 的规定。

4)容器苗常用苗木规格

容器常用规格应符合 CJ/T 24—2018 附录 F 中 F.1 的规定;容器苗主要规格应符合 F.2 的规定。

(二)材料、用具准备

1.材料准备

准备以下材料:桂花、银杏、女贞等园林树木;农药、化肥等农资;劳动保护用品包括工作服、手套等。

2.用具准备

准备以下用具:修枝剪、铁锹、铁锄、铁耙、钢卷尺或皮尺、游标卡尺或胸径尺、测高器等。

二、园林植物大苗培育技术

(一)苗木移植

苗木移植是指将播种苗或营养繁殖苗掘起,扩大株行距,种植在预先设计准备好的苗圃地内,使小苗继续更好地生长发育的技术措施。

采用移植措施培育出的苗木,称为移植苗。

1.苗木移植的作用

①控制主根生长,促进侧根和须根生长,形成发达吸收根系。

②抑制苗干徒长,提高根茎比,有利于形成合理的树体结构。

③扩大单株营养面积,改善养分、水分、光照和通气条件。

④通过分级移栽,使同一地块的苗木生长整齐,便于抚育管理。

⑤苗木质量好,栽植成活率高。

2.苗木移植时期

1)移植季节　根据当地气候条件和树种特性确定。多数树种适合在苗木休眠期进行移植。

(1)春季移植　春季土壤解冻后直至树木萌芽前,北方地区以春季苗木萌动前移植效果最好。移植的次序一般为先针后阔。具体按各树种发芽的早晚来确定。

(2)秋季移植　秋季移植应在地上部分停止生长后立即进行。

(3)夏季移植　在夏季多雨季节进行移植。

(4)冬季移植　南方地区冬季较温暖,树苗生长较缓慢,可在冬季进行移植;北方冬季也可带冰坨移植。

2)具体移植时间　最好在阴天或静风的清晨和傍晚进行,忌在雨天或土壤过湿时移植。

3.移植密度

移植密度要根据树种的生长速度、苗冠大小、根系发育特性、苗木培育的年限、出圃时合格苗的标准、作业方式以及所选用的机具等确定。

4.移植次数

移植次数要根据苗木生长状况和所需苗木的规格确定。一般阔叶树种,苗龄满一年进行第一次移植,以后每隔2～3年移植一次。苗龄5～8年出圃。针叶树种,一般苗龄两年始移植,以后每隔3～5年移植一次,苗龄8～15年出圃。

5. 移植方法

1）根据苗木根系是否带宿土　移植方法分为裸根移植和带土球移植两种。

当年生和常绿小苗及大多数的落叶树种,通常裸根移植。裸根移植难成活的树种、第二次移植的常绿树苗,以及直根系的树种和珍贵树种,均应带土坨(土球)移植。

2）根据移植穴的形状　移植方法分为穴植、沟植与孔植三种。

（1）穴植　按株行距定点挖穴,放苗入穴,覆土。穴植适合移栽大苗。

（2）沟植　按行距划线挖栽植沟,按一定株距放苗,覆土。沟植适合移栽小苗。

（3）孔植　按株行距定点打孔,放苗入孔,覆土。孔植适合移栽小苗,用专用的打孔机可提高工作效率。

（二）其他配套技术

在大苗培育的过程中,最主要的工作是苗木的移植,同时配套土壤调整、水分与营养管理、整形修剪、病虫防控等。

三、各类园林植物大苗培育

（一）落叶大乔木大苗培育

苗木综控指标:树干干性通直,无节痕;冠形饱满平衡,枝条空间分布均匀,层次分明;具有强大的须根系。

培育的方法:

（1）逐年养干法　第1—2年播种或扦插等育苗,留床养护1年;第3—4年适宜行株距(如120 cm×60 cm)移植,并定干2.5 m以上。第5年隔株移植(如行株距120 cm×120 cm)。第6—7年加强土肥水管理,长成大苗出圃。

干性强的树种,如银杏、柿树、水杉、落叶松、白蜡、青桐等常用此法培育。

（2）平茬催干法　第1—2年播种或扦插等育苗,适宜行株距(如60 cm×60 cm)移植;第3—4年平茬重短截,只留一壮芽,当年可长到2.5 m以上,加强中干的生长;第5年隔株隔行移植(如行株距120 cm×120 cm);第6—8年加强土肥水管理,速长三年成大苗出圃。

干性弱树种,如国槐、合欢、元宝枫、榆树、法桐、五角枫、白蜡、垂柳等常用此法培育。

（3）树干的修剪　在修剪方法上,以主干为中心,注意保护好主梢的绝对生长优势,当侧梢与主梢发生竞争时,采用摘心、拉枝或剪截等办法来进行抑制。

在培育大苗期间,乔木大苗分枝点以下的萌芽要全部抹除,增加通风、透光。其他管理工作包括合理密植、水肥管理与病虫防治等。

（二）落叶小乔木大苗培育

技术要点:第1年播种、扦插等育苗,苗高80~100 cm时摘心定干,留20 cm整形带;第2—3年适宜行株距(如60 cm×50 cm)移植,选留3~5个一级主枝。第4年隔株隔行移植(如行株距120 cm×100 cm),注意第2—3层主枝的培养;第5—6年加强土肥水管理,速长两年可养成干径 3 ~ 5 cm 大苗。

落叶小乔木大苗树冠冠形常有两种:

(1)开心形树冠　定干后只留整形带内向四面生长的 3 ~ 5 个主枝,交错选留,与主干呈 60°~ 70°开心角。各主枝长至 50 cm 时摘心促生分枝,培养二级主枝,即培养成开心形树形。

(2)疏散分层形树冠　有中央主干,主枝分层分布在中干上,一般一层主枝 3 ~ 4 个,二层主枝 2 ~ 3 个,三层主枝 1 ~ 2 个。层与层之间主枝错落着生。层间辅养枝要保持弱或中庸生长势,不能影响主枝生长,如核桃、杏等。

(三)落叶灌木大苗培育

1)落叶丛生灌木大苗培育　丛生灌木大苗培育目标为灌丛丰满匀称。

技术要点:分株苗分级定植;播种、扦插苗一般第 2 年留床保养一年,第 3 年适宜行株距(如 60 cm×60 cm)移植,培育 1 ~ 2 年直至出圃。培育过程中的技术要点是重截与疏除冗枝。每丛主枝留 3 ~ 5 枝,多余的丛生枝从基部全部疏除,丛生灌木适宜高度 1.2 ~ 1.5 m。

2)丛生灌木单干苗的培育

技术要点:选最粗的一枝作为主干,主干要直立,若容易弯曲下垂,设立柱支撑。方法是将枝干绑在支柱上,将其基部萌生的芽或其他枝条全部剪除。培养单干苗要在整个生长季经常剪除萌生的芽或多余枝条,以便集中养分供给单干或单枝生长发育,如单干紫薇、丁香、木槿、连翘、金银木等。

(四)落叶垂枝类大苗培育

落叶垂枝类大苗培育常采用高接换头法。技术要点如下:

1)繁殖砧木与嫁接　选择原树种(垂枝类树种均为变种,如龙爪槐是国槐的变种、垂枝榆是榆树的变种等)进行砧木繁殖。三年后进行嫁接,接口粗度要求达到 3 cm 以上最为适宜。接口高度达 220 cm、250 cm、280 cm 为好。若采用低接,接口高度可定在 80 cm 或 100 cm 处。嫁接采用劈接、插皮接等方法。

2)嫁接成活养冠　主要在冬季进行修剪。修剪方法是一般采用重短截,剪口芽要选留向外向上生长的芽,逐渐扩大树冠。树冠内交叉枝。直立枝、下垂枝、病虫枝、细弱小枝要从基部剪掉清除。生长季节注意清除接口处和砧木树干上的萌发条。经 2 ~ 3 年培育即可形成圆头形树冠。

(五)常绿乔木大苗培育

1)轮生枝明显的常绿乔木大苗培育　树木有明显的中心主梢和主干,主梢每年向上长一节,同时分生一轮分枝,轮生枝过密时可适当疏除,每轮留 3 ~ 5 枝,使其均匀分布。培育过程中要特别注意保护主梢。培育一株高 3 ~ 6 m 的大苗,需 15 ~ 20 年时间,如油松、黑松等。

技术要点:第 1、2 年播种、扦插等育苗,留床养护 1 年。第 3 年适宜行株距(如 60 cm×60 cm)移植。第 4、5、6 年速长 3 年。第 7 年适宜行株距(如 120 cm×120 cm)二次移植。第 8、9、10 年连续速长 3 年。第 11 年适宜行株距(如 4 m×3 m)第三次移植,速长4年不移植,苗高可达3.5~4.0 m。

2)轮生枝不明显的常绿乔木大苗培育　技术要点:第1、2年播种、扦插等育苗,留床养护1年。第3年苗高20 cm左右时适宜行株距(如60 cm×60 cm)移植。第4、5年苗木速长至1.5~2.0 m。第6年适宜行株距(如120 cm×120 cm)二次移植。第7、8年速长两年,苗木高度可达3.5~4 m。在培育的过程中要注意从小苗开始,随时清除基部徒长枝、剪除与主干竞争的枝梢,重点培养领导主干,防止双干、多干苗形成。同时加强肥水管理,防治病虫草害等。

(六)常绿灌木大苗培育

技术要点:第1年播种、扦插等育苗,第2年适宜行株距(如50 cm×30 cm)移植。第3、4年速长两年。第5年适宜行株距(如100 cm×60 cm)二次移植。第6、7年养冠或造型。培育中每年修剪3~5次,以增加分枝量,并形成一定冠形。现多采用多株合植造型法。

(七)攀缘植物大苗培育

攀缘植物大苗培育目标为养好根系,并培养一至数条健壮的主蔓。培育方法为:先做支架,随着枝蔓生长,再向上放一层,直到第三层为止。培养3年即成大苗。技术要点:

①先做立架,按80 cm行距栽水泥柱或钢柱,栽深60 cm,上露150 cm,桩距300 cm。桩之间横拉3道铁丝连接,每行两端用粗铁丝斜拉固定。

②把1年生苗栽于立架之下,株距15~20 cm。当爬蔓能上架时,全部上架,随枝蔓生长,再向上放一层,直到第三层为止。培养3年即成大苗,如紫藤、地锦、凌霄、蔷薇、常春藤等。

【综合实训】

园林植物大苗培育

● 实训目标

1.根据授课季节等具体情况,以实训小组(5~6人)为单位,依托某园林苗圃大苗培育工作任务,制订园林植物大苗培育的技术方案。

2.能依据制订的技术方案和园林植物大苗培育的技术规范,进行大苗培育操作。

3.能熟练并安全使用各类大苗培育的用具、设备等。

● 实训要求

1.组内同学要分工合作,相互配合,技术方案的制订要依据园林植物物候期观测的技术流程,要保证设备的完整及人员的安全。

2.提交实训报告。实训报告的内容包括实训任务、实训目标、材料与用具、方法与步骤、实训结果等。

3.提交实训总结。实训总结的内容包括对知识的掌握与运用、实训方案的设计、实训过程、实训结果等进行自我评价,分析失误原因,并提出改进措施。

• 考核标准

1. 采用过程考核与结果评价相结合的方式,注重实践操作、工作质量、汇报交流等环节的评价。

2. 注重职业素养的考核,尤其强调团队协作能力的考核。

表 2.18　园林植物大苗培育项目考核与评价标准

实训项目	园林植物大苗培育			学时	
评价类别	评价项目	评价子项目	自我评价 (20%)	小组评价 (20%)	教师评价 (60%)
过程性考核 (60%)	专业能力 (45%)	方案制订能力(10%)			
		方案实施能力　准备工作(5%)			
		方案实施能力　大苗培育操作与管理(20%)			
		方案实施能力　现场管理、设备维护(10%)			
	综合素质 (15%)	主动参与(5%)			
		工作态度(5%)			
		团队协作(5%)			
结果考核 (40%)	技术方案的科学性、可行性(10%)				
	大苗合格率等指标(20%)				
	实训报告、总结与分析(10%)				
评分合计					

【巩固训练】

一、课中测试

(一)不定项选择题

1. 出圃棕榈类裸根苗根系幅度应为其地径的(　　　　)倍,且保留护心土。

　A.1～3　　　　　　　B.3～6　　　　　　　C.5～10　　　　　　　D.8～10

2. 出圃乔木类裸根苗根系幅度应为其胸径的(　　　　)倍,且保留护心土。

　A.1～3　　　　　　　B.3～6　　　　　　　C.5～10　　　　　　　D.8～10

3. 出圃乔木类带土球苗根系幅度应为其胸径的(　　　　)倍,土球高度应为土球直径的4/5以上。

　A.1～3　　　　　　　B.3～6　　　　　　　C.5～10　　　　　　　D.8～10

4. 出圃灌木类带土球苗土球直径应为其冠幅的(　　　　),土球高度为其土球直径的3/5以上。

A. 1/3 ~ 2/3　　　　　B. 1/4 ~ 3/4　　　　　C. 1/2　　　　　D. 2/5 ~ 4/5

(二)判断题(正确的画"√",错误的画"×")

1. 当前在城市绿化美化中有普遍采用大规格苗木的趋势。　　　　　　　(　　)

2. 通过播种、扦插等繁育的苗木,要经过多次移植等措施,才能培育出符合要求的大规格苗。　　　　　　　(　　)

3. 出圃苗冠形要求自然周正,无明显偏冠等,冠径最大值与最小值的比值宜小于1.5。　　　　　　　(　　)

4. 出圃灌木苗要求冠层和基部饱满度一致,分枝数为 3 枝以上。　　(　　)

5. 出圃乔木苗要求主干挺直、树皮完整,无明显空洞等。　　　　(　　)

6. 出圃苗要求根系发育良好,无病虫害和机械损害等。　　　　(　　)

7. 出圃容器苗要求容器尺寸与冠幅、株高相匹配,材质应有足够的韧度与硬度。　　　　　　　(　　)

8. 出圃竹类土球苗要求土球足够大,至少应带来鞭 300 mm,去鞭 400 mm。　　　　　　　(　　)

二、课后拓展

1. 查阅某园林植物育苗、规格苗培育技术研究与实践文献,撰写其规格苗培育技术报告。

2. 解读《园林绿化木本苗》(CJ/T 24—2018)。

CJ/T 24—2018

任务十一　园林苗木质量评价与出圃

【任务描述】

苗木质量评价与出圃是苗木生产最后一道作业工序,包括出圃苗调查统计、质量评价、起苗与分级、检疫与消毒、假植与贮藏、包装与运输等内容。

【任务目标】

1. 熟知苗木调查指标、出圃苗木的质量标准与评价方法。

2. 掌握苗木起苗、苗木检疫与消毒、苗木包装与运输及假植技能。

3. 熟练并安全使用各类苗木调查、起苗、苗木包装与运输等用具、设备。

4. 通过任务实施提高团队协作能力,培养独立分析与解决苗木评价与出圃实际问题的能力。

【任务内容】

一、准备工作

(一)知识准备

1. 苗木出圃前的调查

1)调查目的　苗木出圃前应对出圃苗木进行调查,按树种或品种、规格、数量、育苗方法、苗龄分别调查,获得精确的苗木产量和质量数据,以便按计划出圃。

2)调查方法　出圃苗木的调查要求有90%的可靠性,产量精度达到90%以上,质量精度达到95%以上。调查方法有标准行法、标准地法、计数统计法、随机抽样等。

3)调查的主要指标

(1)地径　苗木主干离地表面0.1 m处的直径。地径常用cm来表示。

(2)胸径　乔木主干离地表面1.3 m处的直径。胸径常用cm来表示,可用游标卡尺或围尺进行测量。

(3)苗高　从地表面至苗木自然生长冠顶端的垂直高度。苗高常用m来表示,用钢卷尺、标杆、测高仪进行测量。

(4)枝下高　地面至苗木最下一个分枝处的高度,常用m表示。

(5)冠幅　苗木树冠垂直投影最大与最小直径的平均值,常用m表示。

苗木调查时,将调查数据填入苗木调查表,进行统计,并对有病虫害、机械损伤、畸形、双顶芽的苗木同时调查,分别记载。

4)苗龄表示方法　一般以苗木主干的年生长周期为计算单位。移植苗的年龄包括移植前的年龄。

（1）播种苗　用2个数字表示，中间用"-"分开，前一个数字表示总年龄，后一个数字表示移植次数。例如雪松苗(2-0)，表示雪松2年生播种苗，未移植。

（2）扦插苗　用2个数字表示，如毛白杨(3-1)，即3年生毛白杨扦插移植苗，移植1次。

（3）截干苗　用分数式表示，分子为苗干的年龄，分母为苗根的年龄。例如毛白杨截干苗(2/3-1)，即毛白杨移植苗，2年生的干，3年生的根，移植1次。

（4）嫁接苗　用分数表示，分子为接穗年龄，分母为砧木年龄。例如梅花嫁接苗(1/2-1)，即梅花嫁接移植苗，接穗为1年生，砧木为2年生，移植1次。

2.苗木出圃的要求与质量规格

（1）苗木出圃的基本要求　符合国家行业标准《园林绿化木本苗》（CJ/T 24—2018）的基本要求；符合《主要花卉产品等级　第5部分：花卉种苗》（GB/T 18247.5—2000）和《主要花卉产品等级　第6部分：花卉种球》（GB/T 18247.6—2000）（包括鲜切花、盆花、盆栽观叶植物、草坪等）质量分级标准；符合《园林绿化工程施工及验收规范》（CJJ/T 82—2012）植物材料要求。

（2）林业用苗出圃基本要求　符合《主要造林树种苗木质量分级》（GB 6000—1999）标准。

（3）出圃苗木应具备生长健壮、枝叶繁茂、冠形完整、色泽正常、根系发达，无病虫害、无机械损伤、无冻害等基本质量要求。

（4）苗木出圃前应经过移植培育，5年生以下的移植至少1次，5年以上（含5年生）的移植2次以上。

（5）野生和引种驯化苗定植前应经苗圃养护培育一至数年，适应当地环境，生长发育正常后才能出圃。

（6）出圃苗木应经过植物检疫。省、自治区、直辖市之间苗木产品出入境应经法定植物检疫主管部门检验，签发检疫合格证书后，方可出圃。

出圃苗应做到五不出圃，即品种不对、规格不符、质量不合格、有病虫害、有机械损伤不出圃。

3.苗木出圃的质量要求

（1）苗木综合控制指标、土球与根幅符合《园林绿化木本苗》（CJ/T 24—2018）的基本要求。符合《主要花卉产品等级　第5部分：花卉种苗》（GB/T 18247.5—2000）质量分级标准（表2.19）。

表2.19　苗木质量检验证书

编号		供苗单位			
树种		拉丁学名			
苗龄		在圃时长		数量	
起苗日期		发苗日期		假植时间	
主控指标		检验结果		检验时间	
植物检疫证号		检验机构信息			

①形态指标：根系发达，有较多的侧根和须根；苗干粗而直，生长健壮，树形骨架基础良好；苗木的根冠比与高径比适宜；无病虫害与机械损伤；其他特殊用途的苗木，其质量标准视具体要求而定，如桩景要求对其根、茎、枝进行艺术的变形处理。

②生理指标：苗木水势、碳水化合物贮量、导电能力、根系活力等指标，用于科研及生产上仲裁苗木质量纠纷是非常有用的。

（2）出圃苗木的规格要求

符合《园林绿化木本苗》（CJ/T 24—2018）的基本要求。符合《主要花卉产品等级第5部分：花卉种苗》（GB/T 18247.5—2000）质量分级标准等。

（二）材料、用具与设备准备

1. 材料准备

准备以下材料：各类出圃苗木；蒲包片、苫布、网袋、草绳等包装材料；保湿剂；伤口防腐剂；2%～5%的硫酸铜、石硫合剂等消毒剂等。

2. 工具准备

准备以下工具：铁锹、铁镐、修枝剪、手锯、皮尺、钢尺、卡尺、测高仪、喷雾器等。

3. 设备准备

准备以下设备：掘苗机械、吊装设备、运输车辆等。

二、出圃苗木掘取

（一）苗木的掘取

起苗又称掘苗，指利用人工或机械把苗木从圃地中挖掘出来，并妥善包扎，使其适合运输、销售或移植的技术。工作内容包括起挖、土球包扎、修剪整理、出坑、搬运集中、回土填坑、场地清理等。掘苗操作对苗木质量影响很大，也影响到苗木的栽植成活率。

1. 起苗时间

苗木出圃的起苗一般是在休眠期进行，具体的起苗日期要考虑当地气候特点、圃地土壤条件、树种特性和经营管理要求等。

（1）春季起苗　在春季树液开始流动前起苗，主要用于不宜冬季假植的常绿树或假植不便的大规格苗木，应随起苗随栽植。春节掘苗宜早。

（2）秋季起苗　在秋季苗木停止生长，叶片基本脱落，土壤封冻之前进行。此时根系仍在缓慢生长，起苗后及时栽植，有利于根系伤口愈合。秋季起苗适宜大部分树种，尤其是春季开始生长较早的一些树种，如梅、水杉等。

（3）雨季起苗　主要用于常绿树种，雨季带土球起苗，随起苗随栽植。

（4）冬季起苗　主要适用于南方，北方部分地区常进行冬季破冻土带冰坨起苗。

2. 起苗方法

（1）裸根起苗　把苗木从圃地或苗床中不带土壤、裸露掘出的起苗方法。大多数落叶树种和容易成活的常绿树小苗均可采用。

起苗前，应提前2～3 d对起苗地灌水，使苗木充分吸水，土质变软，便于操作。

　　起苗时,保证乔木根幅为胸径的 8～10 倍,灌木根幅为冠幅 1/2～2/3。起苗方法:以树干为中心画圆,在圆周处向外挖沟,垂直挖下至一定深度,切断侧根,然后于一侧向内深挖,并将主根切断,根系全部切断后,将苗取出。挖好的苗木立即打泥浆,如不能及时运走,应在阴凉通风处假植。

　　(2)带土球起苗　把苗木从圃地中掘出时、同时携带一定大小的土球的起苗方法。一般常绿树、名贵树木和较大的花灌木常用带土球起苗。

　　一般乔木的土球直径为胸径的 8～10 倍,土球高度为直径的 4/5 以上。灌木土球直径应为其冠幅的 1/3～2/3,土球高度为其土球直径的 3/5 以上。

　　起苗前先将苗木的枝叶捆扎,称为拢冠。珍贵大苗将主干用草绳或苫布包扎,以免起苗中损伤。起苗方法为铲去表面 3～5 cm 的浮土,在规定土球大小的外围用铁锹等工具垂直下挖,切断侧根,达到所需深度后,向内斜削,使土球呈坛子形。

　　常用的土球打包方式有“橘子式(图 2.49)、井字(古钱)式(图 2.50)和五角式(图 2.51)。

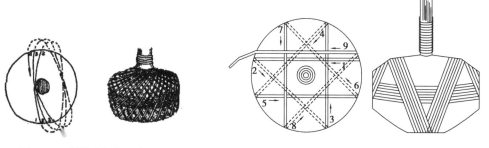

图 2.49　橘子式打包示意图　　　　图 2.50　井字(古钱)式打包示意图

图 2.51　五角式打包示意图

　　(3)机械起苗　目前起苗已逐渐由人工作业向机械作业过渡。

(二)苗木检验分级

1.苗木质量检验

苗木质量检验地点设在苗木出圃地,供需双方同时履行检验手续;珍贵苗木、大规格苗木以及总数量少于 20 株的苗木应全数检验;同批出圃苗木应一次性检验,并按批(捆)量的 10% 以上随机抽样检验。

2.苗木分级

苗木分级应起苗后立即在背阴避风处或搭设的荫棚下进行,并做到随起苗、随分级、随假植或包装,以防风吹日晒或损伤根系。

苗木分级指标有综合控制指标、主控指标与辅助指标等。分级依据为《主要造林树种苗木质量分级》(GB 6000—1999)、《园林绿化木本苗》(CJ/T 24—2018)、《主要花卉产品等级 第5部分:花卉种苗》(GB/T 18247.5—2000)质量分级标准。

整个起苗工作应将人员组织好,起苗、检苗、分级与统计等实行流水作业,提高工效,缩短苗木的暴露时间。

三、苗木检疫与消毒

(一)苗木检疫

苗木检疫是防止危险性病虫害传播和蔓延的一项重要措施,在苗木出圃前,要做好出圃苗木的病虫害检疫工作,并进行严格的消毒。

苗木外运或进行国际交换时,则需专门检疫机关检验,发给检疫证书,才能承运或寄送。

带有"检疫对象"的苗木,不能出圃,病虫害严重的苗木应烧毁(图2.52)。

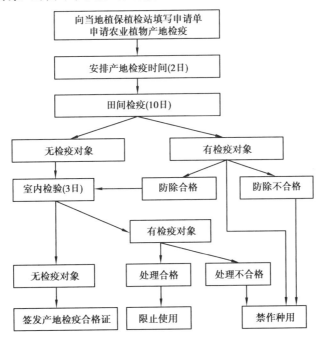

图2.52 种子与苗木等繁殖材料产地检疫流程

(二)苗木的消毒

除了对带有检疫对象的苗木必须进行消毒外,有条件的苗圃对其出圃的苗木都应进行消毒。常用的苗木消毒方法:

(1)石硫合剂消毒 用波美4°~5°石硫合剂水溶液浸苗木10~20 min。

(2)波尔多液消毒 用1:1:100波尔多液浸苗木10~20 min。

（3）硫酸铜水消毒　　用0.1%～1.0%的硫酸铜溶液,处理5 min,然后再将其浸在清水中洗净。

（4）磷化铝、溴甲烷熏蒸消毒　　用磷化铝、溴甲烷等熏蒸处理24～48 h。

四、苗木包装和运输

（一）苗木包装

苗木长途运输或贮藏时,要将苗木细致包装,主要目的是尽量减少苗木失水,便于搬运、装卸,避免机械损伤,提高栽植成活率。

包装前常用蘸根剂、保水剂或泥浆处理根系,喷施蒸腾抑制剂处理苗木。

包装可用包装机也可直接手工包装。现代化苗圃多具有一个温度低、相对湿度较高的苗木包装车间。

苗木包装容器外要系固定的标签,注明编号、种(品种)名称、苗龄、质量指标、苗木数量、起苗时间、供苗单位信息、检疫证明编号、检验机构等信息。

常用的包装材料有聚乙烯袋、聚乙烯编织袋、草包、麻片、苫布等。

1. 裸根苗包扎

裸根小苗如果运输时间超过24 h,一般要进行包装。特别是对珍贵、难成活的树种更要做好包装,以防失水。

短距离的运输,可在车上放一层湿润物,上面放一层苗木,分层交替堆放。苗木装好后,最后再放一层湿润物即可。

包装方法:先将包装材料铺放在地上,放上苔藓、锯末、稻草等湿润物,然后将苗木根对根地放在包装物上,并在根间放些湿润物。当每个包装的苗木数量达到一定要求时,用包装物将苗木捆扎成卷。

捆扎时,在苗木根部四周和包装材料之间,应包裹或填充均匀而又有一定厚度的湿润物。捆扎不宜太紧,以利通气。

2. 带土球苗木包扎

最简易的包扎方法是四瓣包扎,即将土球放入蒲包中或草片上,然后拎起四角包好。简易包装法适用于小土球及近距离运输。

大型土球包装方法:按照土球规格,在树木四周挖一圈,使土球呈圆筒形。用利铲将圆筒体修光后打腰箍。腰箍打好后,随即用铲向土球底部中心挖掘,使土球下部逐渐缩小,然后进行包扎。包扎主要方式有橘子式、井字(古钱)式、五角式三种。

（二）苗木运输

工作内容包括装车、绑扎固定、运输、卸车等。

①苗木装运前应仔细核对苗木的品种、规格、数量、质量。外地苗木应事先办理苗木检疫手续。

②苗木运输量应根据现场栽植量确定,苗木运到现场后应及时栽植,确保当天栽植完毕。

③运输吊装苗木的机具和车辆的工作吨位,必须满足苗木吊装、运输的需要,并

应制订相应的安全操作措施。

④裸根苗木运输时,应进行覆盖,保持根部湿润。装车、运输、卸车时不得损伤苗木。

⑤带土球苗木装车和运输时排列顺序应合理,捆绑稳固,卸车时应轻取轻放,不得损伤苗木及散球。

⑥运输期间,要勤检查包内的湿度和温度。如湿度不够,可适当喷水。

⑦苗木运到现场,当天不能栽植的应及时进行假植。

五、苗木假植与贮藏

起苗后或购买的苗木,如不能及时栽植,应妥善贮藏,最大限度地保持苗木的生命力。主要的贮藏方法有苗木的假植和低温贮藏。

(一)苗木假植

假植是将苗木的根系用湿润的土壤进行暂时的埋植处理。目的为防止根系失水。根据假植时间长短,可将其分为临时假植和越冬假植。

1)临时假植　起苗后或栽植前进行的短期假植。将苗木根部或苗干下部临时埋在湿润的土中即可。时间一般为 5～10 d。

2)越冬假植　秋季起苗后当年不栽植,假植越冬到翌春栽植为越冬假植。

假植技术要点:选择地势高燥、排水良好、土壤疏松、避风、便于管理的地段开假植沟;沟的规格因苗木大小而异,一般深、宽各 35～45 cm,迎风面的沟做 45°的斜壁,顺此斜面将苗木成捆或单株排放,填土压实;长期假植时,一定要做到深埋、单排、踩实,以防止透风干枯;土壤过干时,假植后适量灌水,但切忌过多,以免苗根腐烂。寒冷地区,可用秸秆等覆盖苗木地上部分;假植期间要经常检查,及时培土及灌(喷)水保湿;在早春如苗不能及时栽植时,注意遮阴,降低温度,以推迟苗木的发芽日期。

(二)苗木贮藏

苗木的贮藏能够更好地保存苗木,推迟苗木的发芽期,延长栽植时间,从而为苗木的长期供应创造条件。

苗木贮藏一般是低温贮藏,其关键是要控制温度、湿度和通气条件。一般温度为 1～5 ℃,相对湿度为 85%～90%,并配有通气设备,适合苗木贮藏。为调节出圃销售(供货)时间,建立低温冷藏库贮藏苗木在苗圃业发达国家非常普遍。我国主要是利用地下室、地窖等贮藏。

【综合实训】
园林苗木起苗、包装与运输
● 实训目标

1.根据授课季节等具体情况,以实训小组(5～6 人)为单位,依托某苗圃苗木起苗、包装与运输工作任务,制订园林苗木起苗、包装与运输的技术方案。

2.能依据制订的技术方案和园林苗木起苗、包装与运输的技术规范进行操作。

3.能熟练并安全使用各类园林苗木起苗、包装与运输用具、设备等。

● 实训要求

1.组内同学要分工合作,相互配合,技术方案的制订要依据园林植物物候期观测的技术流程,要保证设备的完整及人员的安全。

2.提交实训报告。实训报告的内容包括实训任务、实训目标、材料与用具、方法与步骤、实训结果等。

3.提交实训总结。实训总结的内容包括对知识的掌握与运用、实训方案的设计、实训过程、实训结果等进行自我评价,分析失误原因,并提出改进措施。

● 考核标准

1.采用过程考核与结果评价相结合的方式,注重实践操作、工作质量、汇报交流等环节的评价。

2.注重职业素养的考核,尤其强调团队协作能力的考核。

表 2.20　园林苗木起苗、包装与运输项目考核与评价标准

实训项目		园林苗木起苗、包装与运输	学时		
评价类别	评价项目	评价子项目	自我评价（20%）	小组评价（20%）	教师评价（60%）
过程性考核（60%）	专业能力（45%）	方案制订能力(10%)			
		方案实施能力　准备工作(5%)			
		起苗、包装等操作(20%)			
		场地清理、设备保养(10%)			
	综合素质（15%）	主动参与(5%)			
		工作态度(5%)			
		团队协作(5%)			
结果考核（40%）	技术方案的科学性、可行性(10%)				
	起苗、包装与运输损耗率等指标(20%)				
	实训报告、总结与分析(10%)				
评分合计					

【巩固训练】

一、课中测试

（一）不定项选择题

1. 苗木出圃前的调查方法有（ ）。
A. 标准行法 B. 标准地法 C. 计数统计法 D. 随机抽样
2. 苗木出圃前的调查要求可靠性达（ ）。
A. 80% B. 85% C. 90% D. 95%
3. 出圃大中型落叶乔木的规格要求为冠形良好，强大的须根系，树干通直，其中落叶针叶乔木地径宜（ ）。
A. ≥40 mm B. ≥50 mm C. ≥60 mm D. ≥100 mm
4. 出圃大中型落叶乔木的规格要求为冠形良好，强大的须根系，树干通直，其中落叶阔叶大乔木胸径宜（ ）。
A. ≥40 mm B. ≥60 mm C. ≥70 mm D. ≥100 mm

（二）判断题（正确的画"√"，错误的画"×"）

1. 苗木出圃前的调查要求质量精度达到95%以上。 （ ）
2. 地径是指苗木主干离地表面0.1~0.2 m处的直径。 （ ）
3. 胸径是指乔木主干离地表面1.2~1.3 m处的直径。 （ ）
4. 苗高为从地表面至苗木自然生长冠顶端的垂直高度。 （ ）
5. 枝下高是指地面至苗木分枝处的高度。 （ ）
6. 冠幅是指苗木树冠垂直投影的最大直径。 （ ）
7. 苗龄的表示一般以苗木主干的年生长周期为计算单位。 （ ）
8. 苗木检疫是防止危险性病虫害传播的一项重要措施。 （ ）
9. 苗木贮藏的关键是控制温度、湿度和通气条件。 （ ）
10. 假植是将苗木的根系用湿润的土壤进行暂时的埋植处理。 （ ）

二、课后拓展

1. 为什么要进行苗木出圃前的调查？调查指标有哪些？苗木出圃的质量标准有哪些？如何正确起苗？苗木运输应注意哪些问题？苗木的假植技术要点有哪些？
2. 解读《植物检疫条例》（2017年修订版）。

《植物检疫条例》

典型工作任务三
园林栽植工程

【工作任务描述】

　　园林栽植工程是园林工程的重要组成部分,是每一位园林工作者必须掌握的基本技能。

　　本工作任务以园林栽植工程的实际工作任务为载体,设置了园林植物常规栽植、大树移植、特殊立地环境园林植物栽植等学习任务,将知识点和技能点融入实际的工作任务中,通过做中学、学中做,使学生掌握园林栽植施工技能。

【知识目标】

　　1.熟知园林植物栽植成活原理与技术关键。

　　2.熟知各类园林植物常规栽植工程技术规范。

　　3.熟知大树移植工程技术规范。

　　4.熟知屋面种植、垂直绿化等特殊立地环境园林栽植工程技术规范。

【技能目标】

　　1.能制订各类园林植物栽植工程技术方案,并依据技术方案进行栽植施工操作。

　　2.掌握各类园林植物栽植施工技能。

　　3.掌握大树移植施工技能。

　　4.掌握特殊立地环境园林植物栽植施工技能。

　　5.熟练并安全使用各类园林植物栽植的用具、仪器。

　　6.通过任务实施提高团队的协作能力,培养独立分析与解决各类园林植物栽植施工实际问题的能力。

【思政目标】

　　1.融入"两山理论",践行尊重自然、顺应自然、保护自然的生态文明理念。

　　2.培养良好的职业道德与精益求精的工匠精神。

　　3.培养严谨的学风及团队合作精神。

任务十二　园林常规栽植工程

【任务描述】

园林常规栽植工程包括起苗、包装与运输、栽植和栽后管理等环节。本任务以新建绿地中园林树木、草坪与地被、花卉、水生植物与竹类等各类园林栽植工程为载体，通过做中学、学中做，使学生掌握各类园林植物常规栽植工程施工规范与操作技能。

【任务目标】

1. 熟知园林植物栽植成活原理与成活关键，能制订各类园林植物常规栽植施工技术方案，并能进行园林植物常规栽植的施工操作。

2. 掌握一般园林树木、草坪与地被、花卉、水生植物、竹类等园林植物栽植施工技能。

3. 能熟练并安全使用各类园林植物栽植的用具、仪器。

【任务内容】

一、栽植施工前的准备

（一）知识准备

1. 园林植物栽植成活的基本原理

1）园林植物栽植的含义　园林植物栽植是指将园林苗木从一个地点移植到另一个地点，并使其继续生长发育的过程，包括起苗、包装与运输、定植和栽后管理 4 个技术环节。

（1）起苗　将要移植的园林苗木从生长地连根（裸根或带土球）掘起的操作。

（2）包装与运输　将掘起的园林苗木包装、运输到栽植地点的过程。

（3）定植　按要求将园林苗木栽入目的地种植穴、种植槽内的操作。

（4）栽植后成活期管理　园林植物栽植后至竣工验收移交期间的养护管理。

（5）假植　将园林苗木根系用湿润土壤进行临时性的埋植。园林苗木运到目的地后，因诸多原因不能及时定植，需作"假植"。

2）园林植物栽植成活的基本原理

（1）保持与恢复生理平衡　保持与及时恢复植物体内以水分代谢为主的生理平衡是栽植成活的关键，一切利于根系迅速恢复再生能力和尽早使根系与土壤建立紧密联系及抑制地上部分蒸腾的技术措施，都有利于提高园林植物栽植的成活率。

（2）促发新根　园林植物栽植时，根系受到损伤，特别是根系先端的须根大量丧失,能否快速促发新根是提高栽植成活率的关键。

（3）使新栽的植物根系和新环境迅速建立密切关系　栽植时应使苗木的根系与土壤紧密接触,并在栽植后保证土壤有充足的水分供应。根系与土壤颗粒密切接触,才能使水分顺利进入植株体内,补充水分的消耗。

一般来说,发根能力和再生能力强的园林植物栽植后容易成活;幼、青年期的园林植物及仍处于休眠期的园林植物容易成活;有充足的土壤、水分和适宜的气候条件的植物成活率高。

科学的栽植技术和高度的责任心可以弥补许多不利因素而大大提高栽植的成活率。

2. 园林植物栽植应把握的几点原则

1）适地适树　立地条件与园林植物生态习性是否相互适应,是栽植是否成功的重要因素。应充分掌握园林植物的光、温等适应性,充分利用栽植地的局部特殊小气候条件;协调土壤营养、质地、结构、pH与地下水位、地形地势等因素。

2）适时适栽　园林植物栽植时期与成活和生长密切相关,并关系到栽植后的养护管理成本。园林植物栽植成活的关键取决于栽植后能否及时恢复体内水分平衡。因此,最适栽植时期应是园林植物蒸腾量最小,又有利于根系恢复生长、保证水分代谢平衡的时期。

落叶树种多在秋季落叶后或在春季萌芽前进行。常绿树种栽植在南方冬暖地区多行秋植;冬季严寒地区,因秋植不能顺利越冬,故以新梢萌发前春植为宜;春旱严重地区可行雨季栽植。

3）适法适栽　裸根栽植、带土球栽植或容器栽植。

（二）材料、工具与设备准备

1. 材料准备

准备以下材料:园林植物种植设计图与施工图;树木、花卉、草坪与地被植物、水生植物、竹类等;农药、伤口防腐剂、生根剂等药剂;肥料类如草炭肥、复合肥等;绳、滑石粉等放线材料;草绳、蒲包片、苫布等树体保护材料;支撑杆、铅丝等支撑材料;遮阳网、无纺布等覆盖材料。

2. 用具准备

准备以下用具:修枝剪、手锯、老虎钳、测茎尺、皮尺、喷壶、锹、镐、扛、绳、筐、车、冲棍、锤、定位桩、水管等工具。

3. 设备准备

准备以下设备:配备满足栽植施工需要的运输设备、吊装设备、灌溉设备、植保设备、测绘设备、常规检测仪器等。

（三）其他准备

1. 施工单位依据合同约定,对园林绿化工程进行施工和管理

①配备与从事工程建设活动相匹配的专业技术管理人员和技术工人,相关人员应具备相应的职业资格。

②建立技术、质量、安全生产、文明施工、环境保护等管理制度。

2. 熟悉图纸,掌握设计意图与要求,参加设计交底

①对施工图中出现的差错、疑问,提出书面建议,若需变更设计,按程序报审,经签证后实施。

②编制施工组织设计(施工方案)、开工申请报告,并报建设单位和监理单位。

3. 组织施工人员熟悉工程合同及与工程项目有关的技术标准

了解现场的地上、地下障碍物、管网、地形地貌、土质、控制桩点设置、红线范围、周边情况及现场水源、水质、电源、交通情况。

4. 施工测量与放线

①按照园林绿化工程总平面或根据建设单位提供的现场高程控制点及坐标控制点,建立工程测量控制网。

②根据建立的工程测量控制网进行测量放线,并做好测量放线记录。

③施工放线时,应进行自检、互检双复核,监理单位应进行复测。

④对原高程控制点及坐标控制点设保护措施。

二、栽植基础工程

(一)栽植土

1. 栽植土检验标准

绿化栽植前对栽植区的土壤理化性质进行化验分析,采取相应的土壤改良、施肥和置换客土等措施,绿化栽植土壤有效土层厚度应符合《园林绿化工程项目规范》(GB 55014—2021)、《园林绿化工程施工及验收规范》(CJJ 82—2012)的有关规定(表3.1)。

表3.1　绿化栽植土壤有效土层厚度

项 次	项 目	植被类型		土层厚度/cm	检验方法
1	一般栽植	乔木	胸径≥20 cm	≥180	挖样洞,观察或尺量检查
			胸径<20 cm	≥150(深根)	
				≥100(浅根)	
		灌木	大、中灌木,大藤本	≥90	
			小灌木、宿根花卉、小藤本	≥40	
		棕榈类		≥90	
		竹类	大径	≥80	
			中、小径	≥50	
		草坪、花卉、草本地被		≥30	
2	设施顶面绿化	乔木		≥80	
		灌木		≥45	
		草坪、花卉、草本地被		≥15	

引自《园林绿化工程施工及验收规范》(CJJ 82—2012)

2. 栽植土基本要求

园林植物栽植土包括原土、客土、栽植基质等。栽植土基本要求为:土壤 pH 值 5.6~8.0;土壤全盐含量 0.1%~0.3%;土壤容重 1.0~1.35 g/cm³;土壤有机质含量应不小于 1.5%;土壤块径不应大于 5 cm;栽植土见证取样,并具有检测报告,结果符合设计要求;栽植土验收批及取样方法符合《园林绿化工程施工及验收规范》(CJJ 82—2012)的有关规定。

(二)绿化栽植前场地清理

绿化栽植前场地清理基本要求:

①有各种管线的区域、建(构)筑物周边的整理绿化用地,应在其完工并验收合格后进行。

②应将现场内的渣土、工程废料、宿根性杂草、树根及其有害污染物清除干净。

③对清理的废弃构筑物、工程渣土、不符合栽植土理化标准的原土等应做好测量记录、签认。

④场地标高及清理程度应符合设计和栽植要求。

⑤填垫范围内不应有坑洼、积水。

⑥对软泥和不透水层应进行处理。

(三)栽植土回填及地形造型

栽植土回填及地形造型基本要求:

①地形造型的测量放线工作应做好记录、签认。

②造型胎土、栽植土应符合设计要求并有检测报告。

③回填土壤应分层适度夯实,或自然沉降达到基本稳定,严禁用机械反复碾压。

④回填土及地形造型的范围、厚度、标高、造型及坡度均应符合设计要求。

⑤地形造型应自然顺畅。

⑥地形造型尺寸和高程允许偏差应符合表 3.2 的规定。

表 3.2　地形造型尺寸和高程允许偏差

项　次	项　目		尺寸要求	允许偏差/cm	检验方法
1	边界线位置		设计要求	±50	经纬仪、钢尺、全站仪测量
2	等高线位置		设计要求	±10	经纬仪、钢尺、全站仪测量
3	地形相对标高/cm	≤100	回填土方自然沉降以后	±5	水准仪、钢尺、全站仪等测量,每 1 000 m² 测定一次
		101~200		±10	
		201~300		±15	
		301~500		±20	

引自《园林绿化工程施工及验收规范》(CJJ 82—2012)

(四)栽植土施肥和表层整理

1. 栽植土施肥基本要求

商品肥料应有产品合格证明,或已经过试验证明符合要求;有机肥应充分腐熟方可使用;施用无机肥料应测定绿地土壤有效养分含量,并宜采用缓释性无机肥。

2. 栽植土表层整理基本要求

栽植土表层不得有明显低洼和积水处,花坛、花境栽植地30 cm深的表土层必须疏松;栽植土的表层应整洁,所含石砾中粒径大于3 cm的不得超过10%,粒径小于2.5 cm的不得超过20%,杂草等杂物不应超过10%;土块粒径应符合表3.3的规定;栽植土表层与道路(挡土墙或侧石)接壤处,栽植土应低于侧石3~5 cm;栽植土与边口线基本平直;栽植土表层整地后应平整略有坡度,当无设计要求时,其坡度宜为0.3%~0.5%。

表3.3　栽植土表层土块粒径

项　次	项　目	栽植土粒径/cm
1	大、中乔木	≤5
2	小乔木、大中灌木、大藤本	≤4
3	竹类、小灌木、宿根花卉、小藤本	≤3
4	草坪、草花、地被	≤2

三、园林树木栽植工程

(一)地形和土壤准备

1. 地形准备

依据设计图纸对种植现场进行地形处理,是提高栽植成活率的重要措施。必须使栽植地与周边道路、设施等的标高合理衔接,排水降渍良好,并清理有碍树木栽植和植后树体生产的建筑垃圾和其他杂物。

2. 土壤准备

土壤测试分析、改良等。

栽植基础应符合《园林绿化工程施工及验收规范》(CJJ 82—2012)的规定。

(二)定点放线

根据园林绿化设计方案、园林植物绿化种植设计图和施工图,基于不同的栽植方式,采用自然式、整体式等方法在现场测出苗木栽植的位置和株行距,明确标示种植穴中心点的种植边线,清楚标注定点位置的树种名称(或代号)、规格。

1. 规则式配置放线法

以绿地的边界、园路、广场和小建筑物等的平面位置为依据,定出行位,再利用皮尺、测绳和标杆(控制行位)量出每株树木的位置。规则式配置放线法适用于成片整齐式种植或行道树的放线。

2. 自然式配置放线法

（1）坐标定点（网格）法　在图上和现场打控制网格，测量坐标尺寸，现场定位。该法适用于范围大、地势平坦而树木配置复杂的绿地。

（2）仪器测量法　用经纬仪或小平板仪根据原有基点引线，定出每株位置。该法适用于范围较大、测量基点准确而植株较稀的绿地。

（3）距离交会法　由建筑平面边上或地物两个点的位置到种植点的距离，以直线相交的方法定出种植交点。该法适用于范围小、现场建筑物或其他标志与设计图相符的绿地。

3. 等距弧线放线法

从弧开始到末尾，以路牙或中心线为准，每隔一定距离分别画与路牙垂直的直线，按设计要求的树与路牙的距离定点，把这些点连接起来就成为近似道路弧度的弧线，在此弧线上再按株距要求定出各种植点。

（三）树穴、槽开挖

树穴、槽开挖注意事项：

①树穴、槽挖掘前，应向有关单位了解地下管线和隐蔽物埋设情况，并做好标记。

②树穴、槽的宽度应大于土球或裸根苗根系展幅 40～60 cm，穴深应大于土球厚度或裸根苗木根系高度 10～20 cm，穴、槽应垂直下挖，上口下底应相等。切忌呈锅底状，以免根系扩展受碍。

③当土壤密实度大于 1.35 g/cm^3 或入渗率小于 5 mm/h 时，应采取扩大树穴、疏松土壤、排渗透气等措施。

④预先挖穴为好，特别是春季栽植，若能提前至秋冬季安排挖穴，则有利于基肥的分解和栽植土的风化。

（四）树木准备与起挖

1. 树木准备

植物材料的有关规定应符合表 3.4 的规定。树木调集应遵循就近采购的原则，要求供货方在树木上挂牌、列出种名，同时加强植物检疫，杜绝重大病虫害的蔓延和扩散，特别是从外省市或境外引进的树木，更应该注意树木检疫、消毒。

表 3.4　苗木质量验收记录

单位工程名称		分项工程名称		验收部位	
施工单位		专业工长		项目负责人	
施工执行标准名称及编号					
分包单位		分包负责人		施工班组长	

续表

单位工程名称			分项工程名称		验收部位	
		质量验收规范的规定		施工单位检查评定结果		监理单位验收记录
主控项目	1					
	2					
	3					
	4					
一般项目	1					
	2					
	3					
施工单位检查 评定结果			项目专业质量检验:　　　　　　　年　　　　月　　　　日			
监理(建设) 单位验收记录			监理工程师: (建设单位项目专业技术负责人)　　年　　月　　日			

引自《园林绿化工程施工及验收规范》(CJJ 82—2012)

2. 树木起挖

(1)裸根起挖　树木挖掘过程中所能携带的有效根系,水平分布幅度通常为主干直径的 8~10 倍,纵径通常为横径的 4/5。树木起出后要注意保持根部湿润,避免因日晒风吹而失水干枯,并做到及时装运、及时种植。运距较远时,根系应打浆保护。

(2)带土球起挖　一般常绿树、名贵树和花灌木的起挖要带土球,土球直径不小于树干胸径的 8~10 倍,土球纵径通常为横径的 4/5;灌木的土球直径约为冠幅的 1/3~2/3。

挖至规定深度,用锹将土球表面及周边修平,使土球上大下小,呈苹果形。在土球下部主根未切断前,不得扳动树干、硬推土球,以免土球破裂和根系裂损。

(3)土球包扎　土球直径在 30 cm 以上一律要包扎,对直径规格小于 30 cm 的土球,可采用简易包扎法。运输距离较近、土壤又黏重的条件下,常采用井字式打包法或五星式打包法。贵重的树木,运输距离较远或土壤的沙性较大时,则用橘子式打包法。

(五)树木的包装与运输

执行"随挖、随运、随栽"的原则,尽量在最短的时间内将其运至目的地栽植。

1)树木包装

①卷包:适宜规格较小的裸根树木远途运输时使用。将枝梢向外、根部向内,并互相错叠重叠摆放,以蒲包片或草席等为包装材料,再用湿润的苔藓或锯末填充树木根部空隙。将树木卷起捆好后,再用冷水浸渍卷包,然后起运。

②装箱:适用于运距较远或规格较小、树体需特殊保护的珍贵树木。在定制好的

箱体内,先铺好一层湿润苔藓或湿锯末,再把待运送的树木分层放好,在每一层树木根部中间,需放湿润苔藓(或湿锯末等)以作保护。可在箱底铺以塑料薄膜。

起苗后不能及时栽植的树木必须注意根系的保护,以防失水。起苗后如气温高,应经常喷水保湿。

2)树木装卸

在装车和卸车时勿造成土球破碎、枝干断裂和树皮磨损等现象。运距较远的裸根苗,为了减少树体的水分蒸发,车装好后应用苫布覆盖。对根部特别要加以保护,保持根部湿润。必要时,可定时对根部喷水。

(六)树木定植

1)冠根修剪

(1)苗冠的修剪   剪除病虫枝、受损伤枝(依情况可从基部剪除或伤口处剪除)、竞争枝、重叠枝、交叉枝以及稠密的细弱枝等,使苗冠内枝条分布均匀,常绿树种为减少水分损失可疏剪部分枝叶。

对于生长势较强、容易抽出新枝的落叶乔木树种,如杨、柳、槐等,可进行强修剪,树冠可减少至1/2以上。

具有明显主干的高大落叶乔木,应保持原有树形,适当疏枝,对保留的主侧枝应在健壮芽上短截,可剪去枝条的1/5～1/3。

常绿针叶树,不宜多修剪,只剪除病虫枝、枯死枝、生长衰弱枝、过密的轮生枝和下垂枝。

(2)根系修剪   带土苗木因包装及泥土保护,根系不易受到损伤,可不作修剪。裸根苗在定植前应剪除腐烂的、过长的根系,受伤的特别是劈裂的主根可从伤口下短截,要求切口平滑,以利愈合。必要时可用激素处理,促发新根。

2)树木定植   苗木入穴前,须检查栽植穴的大小、深浅,以保证苗木入穴后深浅合适;树木入穴后,应注意阴阳面、观赏面的方位,定位妥当后撤除包装材料,回土填埋,并踏实;裸根苗定植时要提苗,使根系舒展,根土密接。浇水后再填虚土,形成上虚下实,以减少水分蒸发;苗干直立,严防歪斜;裸根苗防止窝根;土球苗在定位后拆除包扎材料;苗根入土深度适宜,不可过深。

(七)栽植后的管理

树木栽植后,配备专职技术人员对新植树木进行细致的养护和管理,包括浇定根水、固定支撑、包裹树干、搭设荫棚、设置风障、修剪、剥芽、喷雾、叶面施肥、防暑防寒和病虫害防治等。

1)浇定根水   树木栽植后,在栽植穴周围筑高10～20 cm围堰,堰应筑实;浇灌树木的水质应符合现行国家标准《农田灌溉水质标准》(GB 5084—2021)的规定;浇水时应缓流浇灌,不得高压冲灌或大水漫灌,应在穴中放置缓冲垫;第一次浇水必须浇透,每次的浇灌水量应满足植物成活及生长需要;新栽树木在浇透水后及时封堰,以后根据当地情况及时补水;对浇水后出现的树木倾斜,应及时扶正,并加以固定。

2)固定支撑   根据立地条件和树木规格采取三角支撑、四柱支撑、联排支撑及软牵拉等固定措施;支撑物的支柱应埋入土中不少于30 cm,支撑物、牵拉物与地面连接点的连接应牢固;连接树木的支撑点应在树木主干上,其连接处应衬软垫,绑缚牢固,并应根据树茎生长情况调整支撑圈的径围,严禁在树干上打钉固定;支撑物、牵拉物的强度应能够保证支撑有效;用软牵拉固定时,应设置警示标志。

针叶常绿树的支撑高度应不低于树木主干的 2/3,落叶树的支撑高度应高于树木主干高度的 1/2;同规格、同树种的支撑物、牵拉物的长度、支撑角度、绑缚形式以及支撑材料宜统一。树木支撑物用材应符合安全要求,严禁携带病虫害;树木支撑物应根据树木的长势进行调整,确保树木垂直,树木支撑物应保留 1~3 年。

3)树体裹干　常绿乔木和干径较大的落叶乔木,定植后需进行裹干,即用草绳、蒲包、毡布等具有一定保湿性和保温性的材料,严密包裹主干和比较粗壮的一、二级分枝。裹干处理可避免强光直射和干风吹袭,减少干、枝的水分蒸腾;保存一定量的水分,使枝干经常保持湿润;调节枝干温度,减少夏季高温和冬季低温对枝干的伤害。

4)其他养护管理措施　及时剥芽、去蘖、疏枝整形;对生长不良、枯死、损坏、缺株的园林植物应及时更换或补栽;结合中耕除草,平整树台;根据植物的生长情况及时追肥;主要病虫害及时防控;对人员集散较多的广场、人行道树木种植后,种植池应铺设透气铺装,加设护栏。

(八)假植

树木运到栽种地点后,若不能及时定植,则须假植。假植地点应选择靠近栽植地点、排水良好、凉阴背风处。假植期间须经常注意检查,及时给树体补湿,发现积水要及时排除。

假植的方法:

①开一条横沟,其深度和宽度可根据树木的高度来决定,一般为 40~60 cm。

②将树木逐株单行挨紧斜排在沟内,倾斜角度可控制在 30°~45°,使树梢向南倾斜,然后逐层覆土,将根部埋实;掩土完毕后,浇水保湿。

③假植的裸根树木在挖取种植前,如发现根部过干,应浸泡一次泥浆水后再种植,以提高成活率。

④带土球树木的临时假植,也应尽量集中,树体直立,将土球垫稳、码严,周围用土培好;如假植时间较长,同样应注意树冠适量喷水,以增加空气湿度,保持枝叶鲜挺。

⑤临时假植时间不宜过长,一般不超过 5~10 d。

四、草坪、地被栽植工程

(一)草坪和草本地被播种

草坪和草本地被播种应该符合下列规定:

①选择适合本地的优良品种,种子纯净度应达到 95% 以上;冷地型草坪种子发芽率应达到 85% 以上,暖地型草坪种子发芽率应达到 70% 以上。

②播种前做发芽试验和催芽处理,确定合理的播种量。不同草种的播种量如表 3.5 所示。

表 3.5　不同草种播种量

草坪种类	精细播种量/(g·m⁻²)	粗放播种量/(g·m⁻²)
剪股颖	3～5	5～8
早熟禾	8～10	10～15
多年生黑麦草	25～30	30～40
高羊茅	20～25	25～35
羊胡子草	7～10	10～15
结缕草	8～10	10～15
狗牙根	15～20	20～25

引自《园林绿化工程施工及验收规范》(CJJ82—2012)

③播种前对种子进行消毒,杀菌。

④整地前进行土壤处理,防治地下害虫。

⑤播种时先浇水浸地,保持土壤湿润,并将表层土耧细耙平,坡度应达到0.3%～0.5%。

⑥用等量沙土与种子拌匀进行撒播,播种后均匀覆细土0.3～0.5 cm并轻压。或采用播种机播种,精确控制用种量,提高播种质量。

⑦播种后及时喷水,种子萌发前,干旱地区每天喷水1～2次,水点宜细密均匀,浸透土层8～10 cm,保持土表湿润,不应有积水,出苗后可减少喷水次数,土壤宜见湿见干。

⑧混播草坪基本规定:混播草坪的草种及配合比应符合设计要求;混播草坪应符合互补原则,草种叶色相近,融合性强;播种时宜单个品种依次单独撒播,应保持各草种分布均匀。

(二)草坪和草本地被植物分栽

草坪和草本地被植物分栽应符合下列规定:

①分栽植物应选择强匍匐茎或强根茎生长习性草种。

②各生长期均可栽植。

③分栽的植物材料应注意保鲜,不萎蔫。

④干旱地区或干旱季节,栽植前应先浇水浸地,浸水深度应达10 cm以上。

⑤草坪分栽植物的株行距,每丛的单株数应满足设计要求。设计无明确要求时,可按丛的组行距(15～20)cm×(15～20)cm,呈品字形;或以1 m² 植物材料按1∶3～1∶4的系数进行栽植。

⑥栽植后应平整地面,适度压实,立即浇水。

(三)铺设草块、草卷

铺设草块、草卷应符合下列规定:

①掘草块、草卷前适量浇水,待渗透后掘取。

②草块、草卷运输时用垫层相隔、分层放置,运输、装卸时防止破碎。

③当日进场的草卷、草块数量做好测算，并与铺设进度一致。

④草卷、草块铺设前先浇水浸地细整找平，草地排水坡度适当，并不得有低洼处。

⑤铺设草卷、草块应相互衔接留一指缝，高度一致，间铺缝隙应均匀，并填以栽植土。

⑥草块、草卷在铺设后应进行滚压或拍打，与土壤密切接触。

⑦铺设草卷、草块，应及时浇透水，浸湿土壤厚度应大于 10 cm。

(四)运动场草坪的栽植

运动场草坪的栽植应符合下列规定：

①运动场草坪的排水层、渗水层、根系层、草坪层应符合设计要求。

②根系层的土壤应浇水沉降，进行水夯实，基质铺设细致均匀，整体紧实度适宜。

③根系层土壤的理化性质应符合《园林绿化工程施工及验收规范》第 4.1.3 条的规定：土壤 pH 5.6 ~ 8.0；全盐含量应为 0.1% ~ 0.3%；容重应为 1.0 ~ 1.35 g/cm³；有机质含量不应小于 1.5%。

④铺植草块，大小、厚度应均匀，缝隙严密，草块与表层基质结合紧密。

⑤成坪后草坪层的覆盖度应均匀，草坪颜色无明显差异，无明显裸露斑块，无明显杂草和病虫害症状，茎密度应为 2 ~ 4 枚/cm²。

⑥运动场根系层相对标高、排水坡降、厚度、平整度允许偏差应符合表 3.6 的规定。

表 3.6　运动场根系层相对标高、排水坡降、厚度、平整度允许偏差

项次	项目	尺寸要求 /cm	允许偏差 /cm	检查数量 范围/m²	检查数量 点数	检验方法
1	根系层相对标高	设计要求	+2.0	500	3	测量(水准仪)
2	排水坡降	设计要求	≤0.5%	500	3	测量(水准仪)
3	根系层土壤块径	运动型	≤1.0	500	3	观察
4	根系层平整度	设计要求	≤2	500	3	测量(水准仪)
5	根系层厚度	设计要求	±1	500	3	挖样洞(或环刀取样)量取
6	草坪层草高修剪控制	4.5 ~ 6.0	±1	500	3	观察、检查剪草记录

运动场草坪成坪后基本要求：成坪后覆盖度应不低于 95%；单块裸露面积应不大于 25 cm²；杂草及病虫害的面积应不大于 5%。

五、花卉栽植工程

1. 按设计图定点放线
花卉栽植应按照设计图定点放线，在地面准确画出位置、轮廓线。

2. 花卉栽植要求
花苗的品种、规格、栽植放样、栽植密度、栽植图案应符合设计要求；花卉栽植土

及表层土整理符合《园林绿化工程施工及验收规范》（CJJ 82—2012）的要求；株行距均匀，高低搭配恰当；栽植深度适当，根部土壤压实，花苗不得沾泥污；花苗覆盖地面，成活率不低于95％。

3. 花卉栽植的顺序要求

大型花坛宜分区、分规格、分块栽植；独立花坛应由中心向外顺序栽植；模纹花坛应先栽植图案的轮廓线，后栽植内部填充部分；坡式花坛应由上向下栽植；高矮不同品种的花苗混植时，应按先高后矮的顺序栽植；宿根花卉与一、二年生花卉混植时，应先栽植宿根花卉，后栽植一、二年生花卉。

4. 花境栽植要求

单面花境应从后部栽植高大的植株，依次向前栽植低矮植物；双面花境应从中心部位开始依次栽植；混合花境应先栽植大型植株，定好骨架后依次栽植宿根、球根及一、二年生的草花；设计无要求时，各种花卉应成团成丛栽植，各团、丛间花色、花期搭配合理。

5. 花卉栽植后管理

花卉栽植后应及时浇水，并应保持植株茎叶清洁等。

六、水湿生植物栽植工程

水湿生植物栽植应符合以下要求：

①主要水湿生植物最适栽培水深如表3.7所示。

表3.7　主要水湿生植物最适栽培水深

序　号	名　　称	类　　别	栽培水深/cm
1	千屈菜	水湿生植物	5～10
2	鸢尾（耐湿类）	水湿生植物	5～10
3	荷花	挺水植物	60～80
4	菖蒲	挺水植物	5～10
5	水葱	挺水植物	5～10
6	慈姑	挺水植物	10～20
7	香蒲	挺水植物	20～30
8	芦苇	挺水植物	20～80
9	睡莲	浮水植物	10～60
10	芡实	浮水植物	100
11	菱角	浮水植物	60～100
12	荇菜	漂浮植物	100～200

引自《园林绿化工程施工及验收规范》（CJJ 82—2012）

②水湿生植物栽植地的土壤质量不良时，更换合格的栽植土，使用的栽植土和肥料不得污染水源。

③水景园、人工湿地等水湿生植物栽植槽工程要求：栽植槽的材料、结构、防渗应符合设计要求；槽内不宜采用轻质土或栽培基质；栽植槽土层厚度应符合设计要求，无设计要求的应大于50 cm。

④水湿生植物栽植的品种和单位面积栽植数应符合设计要求。

⑤水湿生植物的病虫害防治应采用生物和物理防治方法，严禁药物污染水源。

⑥水湿生植物栽植后至长出新株期间应控制水位，严防新生苗（株）浸泡窒息死亡。

⑦水湿生植物栽植成活后单位面积内拥有成活苗（芽）数要求如表3.8所示。

表3.8　水湿生植物栽植成活后单位面积内拥有成活苗（芽）数

项次	种类、名称		单位	每平方米内成活苗（芽）数	地下部、水下部特征
1	水湿生类	千屈菜	丛	9～12	地下具粗硬根茎
		鸢尾（耐湿类）	株	9～12	地下具鳞茎
		落新妇	株	9～12	地下具根状茎
		地肤	株	6～9	地下具明显主根
		萱草	株	9～12	地下具肉质短根茎
2	挺水类	荷花	株	不少于1	地下具横生多节根状茎
		雨久花	株	6～8	地下具匍匐状短茎
		石菖蒲	株	6～8	地下具硬质根茎
		香蒲	株	4～6	地下具粗壮匍匐根茎
		菖蒲	株	4～6	地下具较偏肥根茎
		水葱	株	6～8	地下具横生粗壮根茎
		芦苇	株	不少于1	地下具粗壮根状茎
		茭白	株	4～6	地下具匍匐茎
		慈姑、荸荠、泽泻	株	6～8	地下具根茎
3	浮水类	睡莲	盆	按设计要求	地下具横生或直立块状根茎
		菱角	株	9～12	地下根茎
		大漂	丛	控制在繁殖水域以内	根浮悬垂水中

引自《园林绿化工程施工及验收规范》（CJJ 82—2012）

七、竹类栽植工程

（一）竹苗选择

竹苗选择应符合下列规定：

①散生竹应选择1～2年生、健壮无明显病虫害、分枝低、枝繁叶茂、鞭色鲜黄、鞭

芽饱满、根鞭健全、无开花枝的母竹。

②丛生竹应选择竿基芽眼肥大充实、须根发达的 1~2 年生竹丛;母竹应大小适中,大竿竹竿径宜为 3~5 cm;小竿竹竿径宜为 2~3 cm;竿基应有健芽 4~5 个。

(二)竹类栽植最佳时间

竹类栽植最佳时间应根据各地区自然条件确定,一般选在 2 月中旬至 3 月下旬较为适宜。

(三)竹苗的挖掘要求

竹苗的挖掘应符合下列规定:

(1)散生竹母竹挖掘　根据母竹最下一盘枝杈生长方向确定来鞭、去鞭走向进行挖掘;母竹必须带鞭,中小型散生竹宜留来鞭 20~30 cm,去鞭 30~40 cm;切断竹鞭截面应光滑,不得劈裂;沿竹鞭两侧深挖 40 cm,截断母竹底根,挖出的母竹与竹鞭结合应良好,根系完整。

(2)丛生竹母竹挖掘　挖掘时应母竹 25~30 cm 的外围,扒开表土,由远至近逐渐挖深,应严防损伤竿基部芽眼,竿基部的须根尽量保留;在母竹一侧应找准母竹竿柄与老竹竿基的连接点,切断母竹竿柄,连篼一起挖起,切断操作时,不得劈裂竿柄、竿基;每篼分株根数应根据竹种特性及竹竿大小确定母竹竿数,大竹种可单株挖掘,小竹种可 3~5 株成墩挖掘。

(四)竹类的包装运输要求

竹类的包装运输应符合下列规定:

①竹苗采用软包装进行包扎,并喷水保湿。

②竹苗长途运输应用篷布遮盖,中途应喷水或于根部放置保湿材料。

③竹苗装卸时轻装轻放,不得损伤竹竿与竹鞭之间的着生点和鞭芽。

(五)竹类修剪要求

竹类修剪应该符合下列规定:

①散生竹竹苗修剪时,挖出的母竹宜留枝 5~7 盘,将顶梢剪去,剪口应平滑;不打尖修剪的竹苗栽植后应进行喷水保湿。

②丛生竹竹苗修剪时,竹竿应留枝 2~3 盘,应靠近节间斜向将顶梢截除;切口应平滑呈马耳形。

(六)竹类栽植要求

竹类栽植应符合下列规定:

①竹类材料品种、规格应符合设计要求。

②放样定位应准确。

③栽植地应选择土层深厚、肥沃、疏松、湿润、光照充足,排水良好的壤土(华北地区宜背风向阳)。对较黏重的土壤及盐碱土应进行换土或土壤改良并符合《园林绿化工程施工及验收规范》第 4.1.3 条的要求。

④竹类栽植地应进行翻耕,深度宜为 30~40 cm,清除杂物,增施有机肥,并做好隔根措施。

⑤栽植穴的规格及间距可根据设计要求及竹蔸大小进行挖掘,丛生竹的栽植穴宜大于根蔸的 1~2 倍。小型散生竹的栽植穴规格应比鞭根长 40~60 cm,宽 40~50 cm,深 20~40 cm。

⑥竹类栽植,应先将表土填于穴底,深浅适宜,拆除竹苗包装物,将竹蔸入穴,根鞭应舒展,竹鞭在土中的深度宜为 20~25 cm;覆土深度宜比母竹原土痕高 3~5 cm,进行踏实并及时浇水,渗水后覆土。

(七)竹类栽植后的养护

竹类栽植后的养护应符合下列规定:
①栽植后应立柱或横杆互连支撑,严防晃动。
②栽植后应及时浇水。
③发现露鞭时应进行覆土并及时除草松土,严禁踩踏根、鞭、芽。

八、栽植工程养护

(一)栽植植物养护

园林植物栽植后到工程竣工验收前,为施工期间的植物养护时期,应对各种植物进行精心养护管理。园林绿化工程质量竣工验收部分材料,分别如表 3.9、表 3.10、表 3.11、表 3.12 所示。

表 3.9　园林绿化工程质量竣工验收报告

工程名称					
施工单位		技术负责人		开工日期	
项目负责人		项目技术负责人		竣工日期	
工程概况					
工程造价 工作量	万元		构筑物面积	m²	
			绿化面积	m²	
本次竣工验收工程概况描述:					

表 3.10　园林工程质量竣工验收记录

工程名称					
施工单位		技术负责人		开工日期	
项目负责人		项目技术负责人		竣工日期	
序　号	项　目	验收记录			验收结论
1	分部工程	共　分部,经查　分部符合标准及设计要求			
2	质量控制资料核查	共　项,经审查符合要求　项,经核定符合规定要求　项			
3	安全和主要使用功能及涉及植物成活要素核查及抽查结果	共核查　项,符合要求　项,共抽查　项,符合要求　项,经返工处理符合要求　项			
4	观感质量验收	共抽查　项,符合要求　项,不符合要求　项			
5	植物成活率	共抽查　项,符合要求　项,不符合要求　项			
6	综合验收结果				
参加验收单位	建设单位（公章）	监理单位（公章）	施工单位（公章）		勘察、设计单位（公章）
	单位(项目)负责人:	总监理工程师:	单位负责人:		单位(项目)负责人:
	年　月　日	年　月　日	年　月　日		年　月　日

表 3.11　园林工程观感质量检查记录

序　号	项　目		抽查质量状况	质量评价		
				好	一般	差
1	绿化工程	绿地的平整度及造型				
2		生长势				
3		植株形态				
4		定位、朝向				
5		植物配置				
6		外观效果				

续表

序号	项目		抽查质量状况											质量评价		
														好	一般	差
1	园林附属工程	园路:表面洁净														
2		色泽一致														
3		图案清晰														
4		平整度														
5		曲线圆滑														
6		假山、叠石:色泽相近														
7		纹理统一														
8		形态自然完整														
9		水景水池:颜色、纹理、质感协调统一														
10		设施安装:防锈处理、色泽鲜明、不起皱皮及疙瘩														
观感质量综合评价																
检查结论	施工单位项目负责人签字：　　　　　　　　　总监理工程师签字： 　　　　　　　　　　　　　　　　　　　　（建设单位项目负责人） 　　年　月　日　　　　　　　　　　　　　　　年　月　日															

表 3.12　园林工程植物成活覆盖率统计记录

工程名称		施工单位		
序号	植物类型	种植数量	成活覆盖率	抽查结果	核(抽)查人
1	常绿乔木				
2	常绿灌木				
3	绿篱				
4	落叶乔木				
5	落叶灌木				
6	色块(带)				
7	花卉				
8	藤本植物				

续表

序　号	植物类型	种植数量	成活覆盖率	抽查结果	核(抽)查人
9	水湿生植物				
10	竹子				
11	草坪				
12	地被				
13					
14					
15					
16					

结论：

施工单位项目负责人签字：　　　　　　　　　　总监理工程师签字：

　　　　　　　　　　　　　　　　　　　　　　　（建设单位项目负责人）

　　　　　　　　　　年　月　日　　　　　　　　　　年　月　日

注：树木、花卉按株统计；草坪按覆盖率统计。抽查项目由验收组协商确定。

绿化栽植工程养护管理计划编制好后，按计划认真组织实施，栽植工程养护工作内容如下：

①根据植物习性和墒情及时浇水。

②结合中耕除草，平整树台。

③加强病虫害观测，控制突发性病虫害发生，主要病虫害防治应及时。

④根据植物生长情况及时追肥、施肥。

⑤树木应及时剥芽、去蘖、疏枝整形。草坪应适时进行修剪。

⑥花坛、花境应及时清除残花败叶，植株生长健壮。

⑦绿地应保持整洁，做好维护管理工作，及时清理枯枝、落叶、杂草等。

⑧树木应加强支撑、绑扎及裹干措施，做好防强风、干热、洪涝、越冬防寒等工作。

⑨对生长不良、枯死、损坏、缺株的园林植物应及时更换或补栽，用于更换及补栽的植物材料应和原植株的种类、规格一致。

（二）栽植植物工程养护管理施工日志记录

认真做好工程养护管理过程中的物候条件、天气、植物长势、病虫害、浇水、施肥、病虫防治等情况的施工日志记录。

【综合实训】

园林栽植施工

●实训目标

1.根据授课季节等具体情况，以实训小组（5~6人）为单位，制订某小区树木或花卉或草坪或地被或水湿生植物或竹类等栽植施工的技术方案。

2.以小组为单位,能依据制订的技术方案和栽植施工技术规范,进行园林植物栽植施工操作。

3.能熟练并安全使用各类园林植物栽植用具、设备等。

- 实训要求

1.组内同学要分工合作,相互配合,技术方案的制订要依据园林植物物候期观测的技术流程,保证设备的完整及人员的安全。

2.提交实训报告。实训报告的内容包括实训任务、目标、材料与用具、方法与步骤、实训结果等。

3.提交实训总结。实训总结的内容包括对知识的掌握与运用、实训方案的设计、实训过程、实训结果等进行自我评价,分析失误原因并提出改进措施。

- 考核标准

1.采用过程考核与项目作业结果评价相结合的方式,注重实践操作、工作质量、汇报交流等环节的评价。

2.注重职业素养的考核,尤其强调团队协作能力的考核。

表 3.13　园林栽植施工项目考核与评价标准

实训项目		园林栽植施工		学时	
评价类别	评价项目	评价子项目		自我评价（20%）	小组评价（20%）	教师评价（60%）
过程性考核（60%）	专业能力（45%）	方案制订能力（10%）				
		方案实施能力	准备工作（5%）			
			栽植施工操作（20%）			
			栽植工程养护（10%）			
	综合素质（15%）	主动参与（5%）				
		工作态度（5%）				
		团队协作（5%）				
结果考核（40%）	技术方案的科学性、可行性（10%）					
	栽植工程质量、栽植成活率等（20%）					
	实训报告、总结与分析（10%）					
评分合计						

【巩固训练】

一、课中测试

(一)不定项选择题

1. 一般乔木带土球移植时土球直径为地径或胸径的(　　　)倍。
A. 20～25　　　　　B. 15～20　　　　　C. 8～10　　　　　D. 3～5

2. 临时假植时间不宜过长,一般不超过(　　　)。
A. 5～7 d　　　　　B. 10～15 d　　　　　C. 1 个月　　　　　D. 2 个月

3. 常绿及不易成活的树种移栽时,最好采用(　　　)。
A. 裸根起苗　　　　B. 带土球起苗　　　　C. 带宿土起苗　　　　D. 均可

4. 树木绑缚材料应在栽植成活(　　　)年后解除。
A. 1　　　　　　　　B. 3　　　　　　　　C. 5　　　　　　　　D. 7

(二)判断题(正确的画"√",错误的画"×")

1. 乔木的移植包括起苗、包装与运输、栽植和栽后管理等环节。　　　　　(　　　)

2. 绿化栽植前应对栽植区的土壤理化性质进行化验分析,采取相应的土壤改良、施肥和置换客土等措施。　　　　　(　　　)

3. 栽植基础严禁使用含有害成分的土壤,除有设施空间绿化等特殊隔离地带,绿化栽植土壤有效土层下不得有不透水层。　　　　　(　　　)

4. 栽植土的表层应整洁,所含石砾中粒径大于 3 cm 的不得超过 10%。　　(　　　)

5. 保持与及时恢复植物体以水分代谢为主的生理平衡是栽植成活的关键。
　　　　　(　　　)

6. 立地条件与植物生态习性是否相互适应,是影响栽植成活的重要因素。
　　　　　(　　　)

7. 最适栽植时期应是树木蒸腾量最小、又有利于根系恢复生长,保证水分代谢平衡的时期。　　　　　(　　　)

8. 栽植穴、槽的直径应大于土球或裸根苗根系展幅的 40～60 cm。　　(　　　)

二、课后拓展

1. 简述园林植物栽植成活的基本原理,以及如何提高园林栽植工程中植物的成活率。

2. 解读《园林绿化工程项目规范》(GB 55014—2021)。

GB 55014—2021

任务十三　大树移植工程

【任务描述】

大树移植工程在城市园林绿化中被越来越多地应用,掌握科学的移植方法,提高大树移植的成活率,具有重要意义。本任务以新建绿地中大树移植任务为载体,通过在做中学、学中做,使学生掌握大树移植技术规范与操作技能。

【任务目标】

1. 熟知移植大树的种类、规格、历年养护管理情况、生长情况与生态习性等。
2. 熟知大树移植的含义、特点、大树移植成活的原理。
3. 掌握大树移植操作技能与提高大树移植成活率的技术措施。
4. 能制订大树移植技术方案,并进行大树移植施工操作。
5. 掌握大树移植后的养护技术。
6. 能熟练并安全使用大树移植的用具、设备。
7. 通过任务实施提高团队协作能力,培养独立分析与解决大树移植问题的能力。

【任务内容】

一、准备工作

(一)知识准备

1. 大树移植

1)大树移植的含义　大树移植是指胸径 20 cm 以上落叶和阔叶常绿乔木及株高在 6 m 以上或地径在 18 cm 以上针叶常绿乔木的移栽种植[《园林绿化工程施工及验收规范》(CJJ 82—2012)];或胸径大于 20 cm 的落叶乔木和胸径大于 15 cm 的常绿乔木移栽到异地的活动[《风景园林基本术语标准》(CJJ/T 91—2017)]。

一般在城市中心区域或城市绿化景观的重要地段,如城市中心绿地广场、标志性景观绿地、主要景观走廊等,适当进行大树移植,以促进景观效果早日形成。

目前,我国的大树移植多以牺牲局部地区,特别是经济不发达地区的生态环境为代价,故不提倡多用,更不能成为城市绿地建设中的主要方向。

2)大树移植的特点

(1)大树移植成活率低　大树细胞再生能力越弱,损伤的根系恢复慢,给成活造成困难;大树移植所带土球内吸收根很少,极易造成树木失水死亡;大树移植一般根冠比失调,水分平衡破坏等。

（2）大树移植绿化效果快速、显著。

（3）大树移植施工困难。

（4）大树移植成本高。

2.提高大树移植成活率的措施

1）大树移植成活的三大技术关键　移栽过程中要保证树体中充足的含水量;栽后要确保土壤与根系接触紧密;采取措施尽快促生新根,恢复吸收水、肥的能力。

2）提高大树移植成活率的新措施

（1）植物抗蒸腾剂的使用　植物抗蒸腾剂能有效抑制植物体内水分的过度蒸腾和养分的流失,增强植物抗性和自身免疫力;从树体外部进行控水,以保证树体内充足的含水量。最大限度降低因移植、干旱及风蚀所造成的枝叶损伤,提高植物成活率。目前市场上所经营的植物抗蒸腾剂有 3 种形态:成膜型、生理调节型、光反射型。

（2）输液促活　树干注射大树移栽注射液,给树体补充营养和水分。输入的液体以水分为主,可配入微量的植物生长激素和磷、钾矿质元素等。其主要作用:补充水分,使树体水分代谢平衡;打破树体休眠,促进其正常生长活动;补充营养,防止树势削弱;补充抗衰物质,达到衰弱复壮;促进根系发生,达到快速自养。

输液养护操作:

①配制营养注射液。

②打孔位置:输液位置稍低为好,一方面便于操作,另一方面,有利于传导到整株植物。一般以距地面 30 cm 为宜。

③打孔:使用 4.5 mm 钻头的手工电钻,与树干成 30°～45°,斜向下打入 5～10 cm。

④输营养液。

（3）使用保水剂　主要应用的保水剂为聚丙乙烯酰胺和淀粉接枝型。使用时,在有效根层干土中加入 0.1% 拌匀,再浇透水;或让保水剂吸足水成饱和凝胶,以 10%～15% 比例加入,与土拌匀。一般用量 150～300 g/株。

（4）伤口涂抹剂的使用　伤口涂抹剂是大多以农用凡士林为主要原料,搭配消毒剂、渗透剂、表面活性剂等成分制作的一种膏剂。伤口涂抹剂主要用于大树,主干、主枝被截除后伤口过大,使用该剂既可有效防止伤口感染,又能有效防止水分过量蒸发。

（5）使用生根类药物　采用软材包装移植大树时,可选用 ABT-1、ABT-3 号生根粉处理树体根部,有利于树木在移植和养护过程中损伤根系的快速恢复,促进树体的水分平衡,提高移植成活率。

掘树时,对直径大于 3 cm 的短根伤口喷涂 150 mg/L ABT-1 生根粉,以促进伤口愈合。

修根时,若遇土球掉土过多,可用拌有生根粉的黄泥浆涂刷。

（6）设置通气管,促进根部土壤透气　大树栽植后,根部良好的土壤通透条件,能够促进伤口的愈合和促生新根。

设置通气管操作:在土球外围 5 cm 处斜放入 6～8 根 PVC 管,管上要打无数个小孔,以利透气,平时注意检查管内是否堵塞。管内也可填充珍珠岩或蛭石等透气基质。大树移植专用通气管如图 3.1 所示。

图 3.1　大树移植专用通气管

（二）材料、用具与设备准备

1. 材料准备

准备以下材料：园林绿化设计图与种植施工图；待移植大树；伤口愈合剂、营养液吊袋、抗蒸腾剂、生根剂、杀虫杀菌剂等；土壤改良剂、有机肥、复合肥等；支杆、绳、草绳、苫布、铅丝、遮阳网、PVC 通气管等。

2. 用具准备

准备以下用具：修枝剪、手锯、测茎尺、铁锹、铁镐、支撑杆、老虎钳、锤、绷带、扛、筐、车、冲棍、水泵、橡皮管、手持电钻、喷雾器等。

3. 设备准备

准备以下设备：配备满足大树移植施工需要的运输设备、吊装设备、灌溉设备、植保设备、测绘设备、常规检测仪器等。

二、大树移植工程

（一）大树移植前的准备

1. 制订技术方案及安全措施

对移植的大树生长、立地条件、周围环境等进行调研，制订技术方案与安全措施等。

2. 准备相关设施设备

准备移植所需机械、运输设备和大型工具，并具备起重及运输机械等设备能正常工作的现场条件，确保操作安全。

3. 大树选择

根据栽植地的立地条件和设计要求的规格选择适合的树木。

①大树选择的原则：大树规格合适、青壮年树龄，以乡土树种为主、外来树种为

辅等。

②移植的大树不得有明显的病虫害和机械损伤，植株健壮、生长正常，具有较好的观赏面。

③选定的移植大树，在树干南侧做明显标识，标明树木的阴、阳面及出土线。

4.大树移植前断根（或切根或截根或回根）

大树移植前1~3年的春季或秋季，分期切断待移植树木的主要根系，促发须根，便于起掘和栽植，做好移植前的准备。

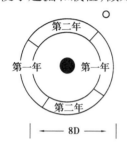

图3.2　大树移植前断根

切根围沟为宽30~40 cm，深60~80 cm。切根挖掘时若遇到粗根，可锯断，切口要平滑，大伤口涂抹防腐剂或碳化防腐。直径5 cm以上的粗根不切断，以防树倒伏。可进行环剥，并在切口处涂抹0.1%的IAA、NAA等。处理好后填埋肥土，定期浇水促发新根（图3.2）。

5.大树移植前的树冠修剪

切根处理后，因根系损伤严重，为维持植物体内水分平衡，需修剪树冠。修剪强度因树种而异，常绿树种宜轻剪，落叶树种休眠期可不剪，生长季可去掉2~3个主枝，甚至50%~70%的枝叶，但应注意保持树形，对萌芽力强的树种可行截干，即剪截全部树冠（不提倡）。

目前国内大树移植主要采用的树冠修剪方式有3种：

（1）全株式（全冠苗）　原则上只将徒长枝、交叉枝、病虫枝、枯弱枝及过密枝剪除。全株式适用于萌芽力弱的树种，如雪松、桂花等。

（2）截枝式　只保留到树冠的一级分枝，将其上部截除。截枝式多用于生长速率和发枝力中等的树种，如香樟等。

（3）截干式　将整个树冠截除，只保留一定高度的主干。截干式多用于生长速率快、发枝力强的树种，如悬铃木、国槐、女贞等。

《国务院办公厅关于科学绿化的指导意见》（国办发〔2021〕19号）指出：选择适度规格的苗木，除必须截干栽植的树种外，应使用全冠苗。

近年来，各类市政工程及园林绿化工程对苗木的要求越来越高，采用原冠苗、容器苗，辅以合适的修剪和养护方式，才能营造更好的园林景观。

（二）大树挖掘与包装

大树挖掘与包装应注意以下事项：

①针叶常绿树、珍贵树种、生长季移植的阔叶乔木必须带土球（土台）移植。

②挖掘前如土壤干旱，应提前1~2 d适度浇水，并清理树木周边障碍物；包扎树身，将树干和树冠用草绳包扎，注意不要折断树枝。

③树木胸径20~25 cm时，可采用土球移栽，进行软包装。当树木胸径大于25 cm时，可采用土台移栽，用箱板包装，并应符合下列要求：

a.挖掘高大乔木前应先立好支柱，支稳树木；

b.挖掘土球、土台时应先去除表土，深度接近表土根；

c.土球规格应为树木胸径的8~10倍，土球高度为土球直径的2/3，土球底部直

径为土球直径的 1/3;土台规格应上大下小,下部边长比上部边长少 1/10;

　　d. 树根应用手锯锯断,锯口平滑无劈裂并不得露出土球表面;

　　e. 土球软质包装应紧实无松动,腰绳宽度应大于 10 cm;

　　f. 土球直径 1 m 以上的应作封底处理;

　　g. 土台的箱板包装应立支柱,稳定牢固。

　　④休眠期移植落叶乔木可进行裸根带护心土移植,根幅应大于树木胸径的 8 ~ 10 倍,根部可喷保湿剂或蘸泥浆处理。

　　⑤带土球的树木可适当疏枝;裸根移植的树木应进行重剪,剪去枝条的 1/2 ~ 2/3。针叶常绿树修剪时应留 1 ~ 2 cm 木橛,不得贴干剪去。

(三)大树吊装与运输

大树吊装与运输应注意以下事项:

　　①大树吊装、运输的机具、设备必须满足苗木吊装、运输的需要,并应制订相应的安全操作措施。

　　②吊装、运输时,应对大树的树干、枝条、根部的土球、土台采取保护措施,防止树木损伤和土球松散。

　　③大树吊装就位时,应注意选好主要观赏面的方向。

　　④大树吊装就位时,应及时用软垫层支撑、固定树体。

(四)大树栽植

1)定点放线　按施工图定点放线,确定栽植点位置,并做出标记。

2)挖栽植穴　栽植穴应根据根系或土球的直径加大 60 ~ 80 cm,深度增加 20 ~ 30 cm。

3)大树栽植

(1)检查树穴大小及深度　栽植前,要求栽植穴大小及深度符合相关标准要求,穴、槽应垂直下挖,上口下底应相等。

(2)吊装就位　吊装就位时,将树冠丰满面朝向主观赏方向。种植带土球树木,应将土球放稳,拆除包装物;栽植前大树修剪应符合有关规范要求。栽植前可对树根喷施生根激素等。

(3)栽植深度　栽植深度应保持下沉后原土痕和地面等高或略高,树干或树木的重心应与地面保持垂直。

(4)栽植回填土　栽植回填土中肥料应充分腐熟,与自然土壤混合均匀。回填土应分层捣实、培土高度恰当。

(5)设立支撑　大树栽植后应设立支撑应牢固,并进行裹干保湿,栽植后应及时浇水。

(五)大树栽植后的养护管理

"三分种,七分管",大树栽植后,应配备专职技术人员对新植树木进行精细的养护和管理(表 3.14)。

表 3.14　大树移植养护管理记录表

科　目	记录内容			
一、日常养护				
浇水				
施肥				
松土、除草				
吊注大树移栽营养液				
剥芽除萌				
防寒保暖				
其他措施				
二、地下环境改良				
土壤改良				
土壤透气措施				
三、有害生物防治				
类别	病虫害种类	防治日期	防治效果	操作人员
虫害的防治				
病害的防治				
四、树体保护(防腐、填充与修补)				
防腐				
填充修补				
五、树体支撑、加固				
支撑	1. 硬支撑　2. 软支撑　3. 活体支撑			
加固	1. 缆绳加固　2. 铁箍加固　3. 螺栓杆加固			
六、围栏保护				

记录员：　　　　　　　　　　　　　　　　　　　　　　　　　日期：

（1）固定支撑　"树怕伤皮""晃树必死"。大树栽植后应设立支撑及围护。大树宜用三角支撑（图 3.3）或井字四角支撑（图 3.4），支撑点以树体高 2/3 处左右为好，并加垫保护层，以防伤皮。

（2）树干包裹　裹干保湿与树体防护,经过 1~2 年的生长周期,树木生长稳定后,方可卸下。

（3）搭棚遮阴,设置风障　移植留有树冠的常绿树木,必要时栽后搭棚遮阴,设置风障,以降低蒸腾失水或保温。

（4）喷抗蒸腾剂　喷抗蒸腾剂可有效抑制植物体内水分的过度蒸腾和养分的流失,增强植物抗性和自身免疫力,提高植物的成活率。

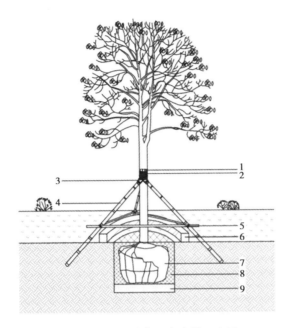

图 3.3　竹竿或木杆三角支撑示意图

1—木板;2—绳子;3—软布;4—竹竿或木杆;5—木棒;6—树盘围堰;7—土球;8—回填种植土;9—基肥

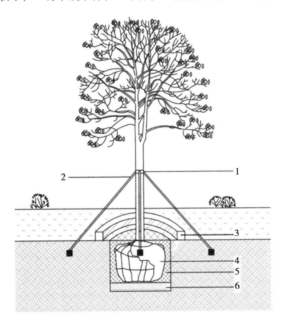

图 3.4　金属四角支撑示意图

1—软质材料垫层;2—金属支撑杆;3—树盘围堰;4—土球;5—回填种植土;6—基肥

（5）树冠喷雾与叶面施肥　栽植后浇透水,2～3 d 内浇复水;如树穴周围出现下沉应及时填平。栽植后应保持至少 1 个月的树冠喷雾和树干保湿。结合树冠水分管理,每隔 20～30 d 用 1 000 mg/L 的尿素+150 mg/L 的磷酸二氢钾喷洒叶面,有利于维持树体养分平衡。入秋后要控制氮肥,增施磷钾肥。在浇定根水的基础上,一定要结合防腐促根技术。

（6）吊注大树移栽营养液　树干注射大树移栽营养液,给树体补充营养和水分。

（7）剥芽除萌　大树移植后,对萌芽能力较强的树木,应定期、分次进行剥芽除萌,以减少养分消耗,及时除去基部及中下部的萌芽,控制新梢在顶端 30 cm 范围内发展成树冠。有些大树移植后发芽是在消耗自身的养分,是一种成活的假象,应及时判断是否为假成活并采取相应措施。

（8）树盘处理　人流量大的地方应铺设透气材料,以防土壤板结。也可在树盘种植地被植物。

（9）其他措施　如松土除草、病虫防治、防寒越冬等。

【综合实训】

大树移植工程

● 实训目标

1. 根据授课季节等具体情况,以实训小组（5～6 人）为单位,制订某绿地大树移植工程的技术方案。

2. 能依据制订的技术方案和大树移植技术规范,进行大树移植施工操作。

3. 能熟练并安全使用各类大树移植的用具、设备等。

● 实训要求

1. 组内同学要分工合作,相互配合,技术方案的制订要依据园林植物物候期观测的技术流程,保证设备的完整及人员的安全。

2. 提交实训报告。实训报告的内容包括实训任务、目标、材料与用具、方法与步骤、实训结果等。

3. 提交实训总结。实训总结的内容包括对知识的掌握与运用、实训方案的设计、实训过程、实训结果等进行自我评价,分析失误原因并提出改进措施。

● 考核标准

1. 采用过程考核与项目作业结果评价相结合的方式,注重实践操作、工作质量、汇报交流等环节的评价

2. 注重职业素养的考核,尤其强调团队协作能力的考核。

表 3.15　大树移植施工项目考核与评价标准

实训项目	大树移植施工				学时	
评价类别	评价项目	评价子项目		自我评价 （20%）	小组评价 （20%）	教师评价 （60%）
过程性考核 （60%）	专业能力 （45%）	方案制订能力（10%）				
		方案实施能力	准备工作（5%）			
			大树移植施工操作（20%）			
			大树移植工程养护（10%）			
	综合素质 （15%）	主动参与（5%）				
		工作态度（5%）				
		团队协作（5%）				

评价类别	评价项目	评价子项目	自我评价 (20%)	小组评价 (20%)	教师评价 (60%)
结果考核 (40%)	技术方案的科学性、可行性(10%)				
	工程质量、移栽成活率等(20%)				
	实训报告、总结与分析(10%)				
评分合计					

【巩固训练】

一、课中测试

(一)不定项选择题

1. 大树移植切根(或围根)应在移植前(　　　)年进行,以促发须根,利于成活。

A. 1～3　　　　　　　B. 3～5　　　　　　　C. 5～7　　　　　　　D. 7～9

2. 大树栽植能否成活的取决于栽植后能否及时恢复体内(　　　)。

A. 营养平衡　　　　B. 树势平衡　　　　C. 水分平衡　　　　D. 结构平衡

3. 大树栽植时期一般(　　　)。

A. 以休眠期栽植为佳　　　　　　　　B. 以冬季栽植为佳

C. 以晚秋和早春为佳　　　　　　　　D. 以初夏为佳

4. 目前国内大树移植主要采用的树冠修剪方式为(　　　)。

A. 全冠苗　　　　　B. 截枝式　　　　　C. 截干式　　　　　D. 截根式

5. 根据当地条件选择种植的树种是一种(　　　)的方法。

A. 选树适地　　　　B. 选地适树　　　　C. 改地适树　　　　D. 改树适地

(二)判断题(正确的画"√",错误的画"×")

1. 大树栽植推广是以抗蒸腾剂为主体的免修剪栽植技术。　　　　　　　(　　　)

2. 大树移植前应对其立地条件等进行调研,并制订移植方案。　　　　　(　　　)

3. 大树移植是指将胸径大于20 cm的乔木移栽到异地的活动。　　　　　(　　　)

4. 抗蒸腾剂能有效抑制植物体内水分的过度蒸腾散失,提高大树移植成活率。

(　　　)

5. 树干注射营养液能有效给树体补充营养和水分,提高大树移植成活率。

(　　　)

6. 现阶段使用的保水剂主要为聚丙烯酰胺和淀粉接枝型。　　　　　　　(　　　)

7. 伤口涂抹剂是一种大多以农用凡士林为主,搭配消毒剂、渗透剂、表面活性剂等成分的膏剂。　　　　　　　　　　　　　　　　　　　　　　　　　　　(　　　)

8. 采用软材包装移植大树时,可选用ABT-1、3号生根粉处理根部,有利于损伤根

系的快速恢复。   (   )

    9. 大树移植一律要比原来的种植深一些,这样才有利于大树的成活。   (   )

    10. 苗木栽植前的修剪应以疏枝为主,适度轻剪,保持树体地上、地下部位生长平衡。   (   )

二、课后拓展

    1. 如何看待"大树热"现象?

    2. 大树移植前的准备工作有哪些? 大树移植过程中保湿的措施有哪些? 降温的措施有哪些? 保温措施有哪些? 大树移植的季节和时间如何选择? 如何保证大树移栽的成活率? 大树移植后的养护管理技术要点有哪些?

    3. 解读《园林绿化工程施工及验收规范》(CJJ 82—2012)。

    4. 解读《绿化种植土壤》(CJ/T 340—2016)。

CJJ 82—2012

CJ/T 340—2016

任务十四　特殊立地环境园林栽植工程

【任务描述】

城市绿地建设中经常需要在一些特殊、极端的立地条件下栽植园林植物,如建(构)筑物顶面与立面、具有大面积铺装表面的立地等。特殊的立地环境条件常表现为一个或多个环境因子处于极端状态下,必须采取一些特殊的措施才能保证栽植植物成活。

本任务以新建绿地中屋顶绿化、垂直绿化工作内容为载体,通过在做中学、学中做,使学生掌握屋顶等特殊立地环境植物栽植技术的规范与操作技能。

【任务目标】

1. 能编制特殊立地环境绿化施工的技术方案。

2. 熟知特殊立地环境的特征及植物选配原则等。

3. 掌握特殊立地环境绿化施工技能,能进行栽植施工。

4. 熟练并安全使用各类屋顶绿化、垂直绿化的用具和设备。

5. 通过任务实施提高团队协作能力,培养独立分析与解决特殊立地环境植物栽植实际问题的能力。

【任务内容】

一、准备工作

(一)知识准备

1. 屋顶绿化

1)屋顶绿化的含义　屋顶绿化是指在高出地面以上,周边不与自然土层相连接的各类建(构)筑物等的顶部、天台、露台的绿化。屋顶绿化是绿色建筑、建筑节能的重要举措,是治理 $PM_{2.5}$、大力推进生态文明建设、建设美丽中国的重要途径。

2)屋顶绿化类型

(1)花园式屋顶绿化　也称为花园式种植屋面,根据屋顶的具体条件,选择小型乔木、低矮灌木和草坪、地被植物进行屋顶绿化植物配置,并设置园路、座椅和园林小品等,提供一定的游览和休憩活动空间的复杂绿化(图3.5)。

(2)简单式屋顶绿化　也称为简单式种植屋面,是指利用低矮灌木或草坪、地被植物进行屋顶绿化,不设置园林小品等设施,一般不允许非维修人员活动的简单绿化(或仅种植地被植物、低矮灌木的屋面)。

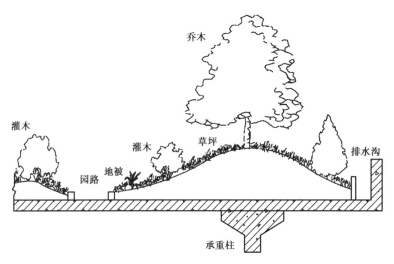

图 3.5　花园式屋顶绿化种植区示意图

①覆盖式绿化:根据建筑荷载较小的特点,利用耐旱草坪、地被、灌木或可匍匐的攀缘植物进行屋顶覆盖绿化。

②固定种植池绿化:根据建筑周边圈梁位置荷载较大的特点,利用植物直立、悬垂或匍匐的特性,在屋顶周边女儿墙一侧固定种植池,种植低矮灌木或攀缘植物。

③可移动容器绿化:根据屋顶荷载和使用要求,以容器组合形式在屋顶上布置观赏植物,可根据季节不同随时变化组合。

3)屋顶绿化植物选择　屋顶绿化环境主要表现为完全人工化的环境,土层薄、营养物质少、缺少水分;屋顶风大,阳光直射强烈,夏季温度较高,冬季寒冷,昼夜温差变化大等。

(1)屋顶绿化植物选择原则

①遵循植物多样性原则,以生长特性和观赏价值相对稳定、滞尘控温能力较强的乡土植物和引种成功的植物为主。

②以小乔木、低矮灌木、草坪、地被植物和攀缘植物等为主。

③选择须根发达的植物,不宜选择根系穿刺性较强的植物,防止植物根系穿透建筑防水层。

④选择易移植、耐修剪、耐粗放管理、生长缓慢的植物。

⑤选择抗风、耐旱、耐高温的植物。

⑥选择抗污性强,可耐受、吸收、滞留有害气体或污染物质的植物。

(2)屋顶绿化常用植物

①乔木类:罗汉松、圆柏、侧柏、龙柏、油松、洒金柏、龙爪槐、金枝槐、桂花、玉兰、山楂、樱花、紫叶李、碧桃、柿树、枣树、龙爪枣、鸡爪槭、红枫等。

②灌木类:山茶、杜鹃、夹竹桃、海桐、珊瑚树、大叶黄杨、小叶黄杨、含笑、紫荆、紫薇、栀子、木槿、石榴、蜡梅、海棠、月季、榆叶梅、黄刺玫、棣棠、平枝枸子、连翘、迎春、锦带花、红瑞木等。

③藤本类:葡萄、紫藤、蔷薇、地锦、凌霄、金银花、扶芳藤、常春藤、牵牛花、茑萝、铁线莲等。

④观花植物类：小菊类、石竹类、美女樱、太阳花、凤仙花、矮牵牛、三色堇、鸢尾、葱兰等。

⑤地被类：菲白竹、箬竹、铺地柏、佛甲草、垂盆草、吉祥草、麦冬等。

2. 垂直绿化

1）垂直绿化的含义　利用植物材料对建筑物或构筑物的墙面及立面进行绿化和美化，称为垂直绿化。涉及的绿化对象包括实体墙面、花架和棚架、篱笆和栏杆、假山和陡坡、桥柱和桥体以及柱体、阳台和窗台以及门廊六大类型。

垂直绿化是园林绿化向空间的延伸，在克服城市绿化面积不足、改善城市环境等方面具有独特的作用。

2）垂直绿化的应用形式

（1）攀缘式垂直绿化　依靠攀缘植物本身特有的吸附作用，对墙壁、柱杆、桥墩、假山等建（构）筑物表面形成覆盖的绿化形式称为攀缘式垂直绿化（图3.6）。攀缘式垂直绿化是垂直绿化工程类型中普遍应用的形式，这类垂直绿化选用的植物材料多为吸附型的攀缘植物，其具有吸盘和气根。

（2）框架式垂直绿化　以依附壁面的网架或独立的支架、廊架和围栏等为依托，利用攀缘植物的攀爬形成覆盖面的绿化方式称为框架式垂直绿化。按框架和拟绿化壁面的关系，框架式垂直绿化可分为独立型框架式和依附型框架式两种（图3.7）。

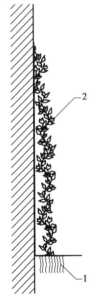

图3.6　攀缘式垂直绿化示意图
1—种植土；2—攀缘植物

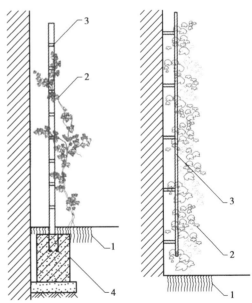

图3.7　独立型框架式与依附型框架式示意图
1—种植土；2—攀缘植物；3—框架；4—框架基础

引自《垂直绿化工程技术规范》（CJJ/T 236—2015）

（3）种植槽式垂直绿化　种植槽式垂直绿化是指将植物种植于种植槽中，利用攀缘或悬垂的形式在壁面形成绿化效果。按种植槽和自然土壤的关系，种植槽式垂直绿化可分为接地型种植槽和隔离型种植槽两种类型（图3.8）。

（4）模块式垂直绿化　将栽培容器、栽培基质、给排水装置和植物材料集合设置成可以拼装的单元，依靠固定的模块灵活组装形成壁面绿化的方式称为模块式垂直绿化(图3.9)。模块式垂直绿化是近年来新兴的一种形式,在展会、绿墙、节日花坛及重要景观节点绿化中应用较多。

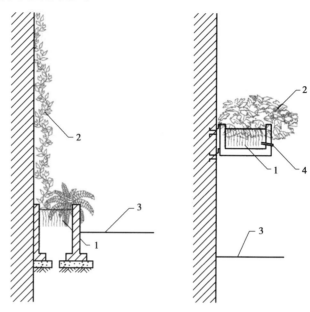

图3.8 接地型种植槽与隔离型种植槽示意图
1—种植土;2—攀缘植物;3—地面;4—排水管
引自《垂直绿化工程技术规范》(CJJ/T 236—2015)

(5)铺贴式垂直绿化 将防水膜材或板材与柔性栽培容器、栽培基质、灌溉装置集合成可现场一次性铺贴安装的卷材,根据墙面尺寸的不同而灵活裁剪并直接固定于墙面的绿化方式称为铺贴式垂直绿化(图3.10)。铺贴式垂直绿化是一种较模块式垂直绿化更具优势的垂直绿化形式。

3)垂直绿化植物的选配原则 综合考虑拟采取的工程形式、要达到的功能要求和观赏效果、栽培基质的水肥条件以及后期养护管理等因素,在色彩搭配、空间大小、工程形式上协调一致;按照中国园林植物区划分区,选择与立地条件相适应的植物;以乡土植物为主,骨干植物应有较强的抗逆性;根据墙面或建(构)筑物的高度来选择攀缘植物等。

4)垂直绿化常用植物种类

(1)缠绕类 依靠自己的主茎或叶轴缠绕他物向上生长的一类藤本,如紫藤、金银花、牵牛花、木通、南蛇藤、五味子、猕猴桃、大血藤、千金藤、鸡血藤、葛藤、茑萝等。该类植物适用于栏杆、棚架等垂直绿化形式。

(2)攀缘类 由枝、叶、托叶的先端变态特化而成的卷须攀缘生长的一类藤本,如葡萄、铁线莲、小木通、葫芦、丝瓜、苦瓜、栝楼、观赏南瓜等。该类植物适用于篱墙、棚架和垂挂等垂直绿化形式。

(3)攀附类 依靠茎上的不定根或吸盘吸附他物攀缘生长的一类藤本,如地锦、扶芳藤、常春藤、络石、凌霄、薜荔等。该类植物适用于墙面等垂直绿化形式。

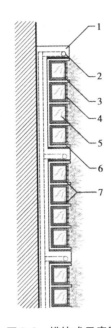

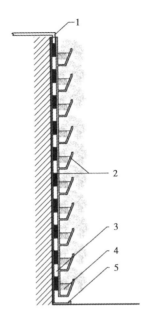

图3.9　模块式示意图

1—支撑主框架;2—滴灌管线;

3—土壤隔离网;4—单体模块;

5—栽培基质;6—模块框架;7—模块固定卡扣

图3.10　铺贴式示意图

1—水和营养液输送系统;

2—柔性栽培容器;3—平面浇灌系统;

4—栽培基质;5—水槽

引自《垂直绿化工程技术规范》(CJJ/T 236—2015)

(4)蔓生类　不具有缠绕特性,也无卷须、吸盘、吸附根等特化器官,茎长而细软,披散下垂的一类藤本,如迎春、云南黄馨、花叶蔓长春、枸杞、藤本月季、多花蔷薇、木香、金樱子、佛甲草、垂盆草、半边莲、活血丹等。该类植物适用于栏杆、篱墙和棚架等垂直绿化形式。

(二)材料、用具与设备准备

1.材料准备

准备以下材料:屋顶(垂直)绿化植物种植设计图与施工图;桂花、海棠、藤本月季、迎春等苗木;水泥、砂石材料;耐根穿刺防水材料;玻纤布或无纺布等材料;隔根材料;排(蓄)水板、陶粒等材料;支撑框架、种植盒、种植槽、可拼装模块式种植单元、铺贴式种植单元、灌溉管道等材料;支撑杆、塑料薄膜、铅丝、草绳、苫布等;生根剂;轻型营养基质、肥料等。

2.用具准备

准备以下用具:修枝剪、手锯、测茎尺、皮尺、铁锹、铁镐、老虎钳、锤、绷带、扛、筐、车、冲棍、橡皮管、手持电钻、喷雾器等。

3.设备准备

准备以下设备:测绘设备、吊装设备、运输设备、智能喷灌或滴灌系统;植保设备等。

二、屋顶绿化工程

(一)施工前准备

施工前的准备包括:

①施工前通过图纸会审,明确细部构造和技术要求,并编制施工方案,进行技术交底和安全技术交底。

②进场防水材料、排(蓄)水板、绝热材料和种植土等按规定抽样复验,并提供检验报告。

③种植土进场后避免雨淋,上屋顶的种植土避免集中堆放,种植土应有防止扬尘的措施。

④进场植物按品种、规格等规定抽样复验。进场的植物宜在 6 h 内栽植完毕,未栽植完毕的植物应及时喷水保湿或采取假植措施。

⑤新建建筑屋顶绿化施工宜按以下工艺流程进行(图 3.11)。

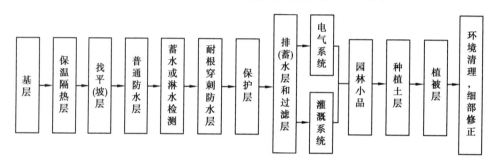

图 3.11　新建建筑屋顶绿化施工工艺流程

(二)屋顶绿化底面处理

1. 保温绝热层铺设

(1)保温层施工法　种植屋面的绝热层采用粘贴法或机械固定法施工。

(2)保温板施工　基层应平整、干燥和洁净,应紧贴基层,并铺平垫稳;保温板接缝应相互错开,并用同类材料嵌填密实;粘贴保温板时,胶黏剂应与保温板的材性相容。

(3)喷涂硬泡聚氨酯保温材料施工　基层应平整、干燥和洁净;喷涂硬泡聚氨酯的配比应准确计量,发泡厚度应均匀一致;施工环境温度宜为 15 ~ 30 ℃,风力不宜大于三级,空气相对湿度宜小于85%。

2. 防水层铺设

种植屋面防水层应满足一级防水等级设防要求,且最上层必须至少设置一道具有耐根穿刺性能的防水材料。防水层铺设时,基层应坚实、平整、干净、干燥,无孔隙、起砂和裂缝。

(1)普通防水层的施工　卷材与基层宜满粘施工;防水层施工前,应在水落口、突出屋面管道根部、天沟、檐沟、变形缝等细部构造部位设防水增强层,增强层材料应与大面积防水层的材料同质或相容;当屋面坡度小于等于15%时,卷材应平行于屋脊铺贴;大于15%时,卷材应垂直于屋脊铺贴;上下两层卷材不得互相垂直铺贴。

（2）高聚物改性沥青防水卷材热熔法施工　铺贴卷材应平整顺直,不得扭曲;火焰加热应均匀,以卷材表面沥青熔融至光亮黑色为宜,不得欠火或过火;卷材表面热熔后应立即滚铺,并应排除卷材下面的空气,辊压粘贴牢固;卷材搭接缝应以溢出热熔的改性沥青为宜,将溢出的5~10 mm沥青胶封边,均匀顺直;采用条粘法施工时,每幅卷材与基层黏结面应不少于两条,每条宽度应不小于150 mm。

（3）自粘类防水卷材施工　铺贴卷材前,基层表面应均匀涂刷基层处理剂,干燥后及时铺贴卷材;铺贴卷材时应排除自粘卷材下面的空气,辊压粘贴牢固;铺贴的卷材应平整顺直,不得扭曲、皱折;低温施工时,立面、大坡面及搭接部位宜采用热风机加热,粘贴牢固;采用湿铺法施工自粘类防水卷材应符合配套技术规定。

（4）合成高分子防水卷材冷粘法施工　基层胶黏剂应涂刷在基层及卷材底面,涂刷应均匀、不露底、不堆积;铺贴卷材应平整顺直,不得皱折、扭曲、拉伸卷材;应辊压排除卷材下的空气,粘贴牢固;搭接缝口应采用材性相容的密封材料封严;冷粘法施工环境温度应不低于5 ℃。

（5）合成高分子防水涂料施工　合成高分子防水涂料可采用涂刮法或喷涂法施工;当采用涂刮法施工时,两遍涂刮的方向宜相互垂直;涂覆厚度应均匀,不露底、不堆积;第一遍涂层干燥后,方可进行下一遍涂覆;屋面坡度大于15%时,宜选用反应固化型高分子防水涂料。

铺设防水材料应向建筑侧墙面延伸,应高于基质表面15 cm以上。绿化施工前应进行蓄水或淋水检验,并及时补漏。

3.耐根穿刺防水层铺设

防水排水是屋顶绿化成功的关键。植物的根系具有很强的穿刺能力,为防止屋面渗漏,应在屋面铺设具有阻根功能的防水材料。

（1）耐根穿刺防水卷材施工　改性沥青类耐根穿刺防水卷材搭接缝应一次性焊接完成,并溢出5~10 mm沥青胶封边,不得过火或欠火;塑料类耐根穿刺防水卷材施工前应试焊,检查搭接强度,调整工艺参数,必要时应进行表面处理;高分子耐根穿刺防水卷材暴露内增强织物的边缘应密封处理,密封材料与防水卷材应相容;高分子耐根穿刺防水卷材"T"形搭接处应作附加层,附加层直径（尺寸）应不小于200 mm,附加层应为匀质的同材质高分子防水卷材,矩形附加层的角应为光滑的圆角;应不采用溶剂型胶黏剂搭接。

耐根穿刺防水层与普通防水层上下相邻,施工应符合下列规定:耐根穿刺防水层的高分子防水卷材与普通防水层的高分子防水卷材复合时,宜采用冷粘法施工;耐根穿刺防水层的沥青基防水卷材与普通防水层的沥青基防水卷材复合时,应采用热熔法施工。耐根穿刺防水层上应设置保护层。

（2）改性沥青类耐根穿刺防水卷材施工　采用热熔法铺贴,并应符合规定。

（3）聚氯乙烯（PVC）防水卷材和热塑性聚烯烃（TPO）防水卷材施工　卷材与基层宜采用冷粘法铺贴;大面积采用空铺法施工时,距屋面周边800 mm内的卷材应与基层满粘,或沿屋面周边对卷材进行机械固定;搭接缝应采用热风焊接施工,单焊缝的有效焊接宽度应不小于25 mm,双焊缝的每条焊缝有效焊接宽度应不小于10 mm

（4）三元乙丙橡胶（EPDM）防水卷材施工　卷材与基层采用冷粘法铺贴；采用空铺法施工时，屋面周边800 mm内卷材应与基层满粘，或沿屋面周边对卷材进行机械固定；搭接缝应采用专用搭接胶带搭接，搭接胶带的宽度应不小于75 mm；搭接缝应采用密封材料进行密封处理。

（5）聚乙烯丙纶防水卷材和聚合物水泥胶结料复合防水材料施工　聚乙烯丙纶防水卷材应采用双层叠合铺设，每层由芯层厚度不小于0.6 mm的聚乙烯丙纶防水卷材和厚度不小于1.3 mm的聚合物水泥胶结料组成；聚合物水泥胶结料应按要求配制，宜采用刮涂法施工；施工环境温度应不低于5 ℃；当环境温度低于5 ℃时，应采取防冻措施。

（6）高密度聚乙烯土工膜施工　采用空铺法施工，单焊缝的有效焊接宽度应不小于25 mm，双焊缝的每条焊缝的有效焊接宽度应不小于10 mm，焊接应严密，不应焊焦、焊穿；焊接卷材应铺平、顺直；变截面部位卷材接缝施工应采用手工或机械焊接；采用机械焊接时，应使用与焊机配套的焊条。

（7）喷涂聚脲防水涂料施工　基层表面应坚固、密实、平整和干燥；基层表面正拉黏结强度不宜小于2.0 MPa；喷涂聚脲防水涂料施工工程所采用的材料之间应具有相容性；采用专用喷涂设备，并由经过培训的人员操作；两次喷涂作业面的搭接宽度应不小于150 mm，间隔6 h以上应进行表面处理；喷涂聚脲作业的环境温度应大于5 ℃、相对湿度应小于85%，且在基层表面温度比露点温度至少高3 ℃的条件下进行。

（8）隔根层铺设　隔根层应向建筑侧墙面延伸，应高于基质表面15～20 cm。

4.保护层铺设

保护层应符合下列规定：

①简单式种植屋面和容器种植宜采用体积比为1∶3、厚度为15～20 mm的水泥砂浆作保护层；或采用土工布或聚酯无纺布作保护层，单位面积质量应不小于300 g/m²。

②花园式种植屋面宜采用厚度不小于40 mm的细石混凝土作保护层。

③地下建筑顶板种植应采用厚度不小于70 mm的C20细石混凝土作保护层。

④采用水泥砂浆和细石混凝土作保护层时，保护层下面应铺设隔离层。

⑤采用聚乙烯丙纶复合防水卷材作保护层时，芯材厚度应不小于0.4 mm。

⑥采用高密度聚乙烯土工膜作保护层时，厚度应不小于0.4 mm。

5.排（蓄）水层和过滤层铺设

排（蓄）水层用于改善基质的通气状况，迅速排出多余水分，有效缓解瞬时压力，并可蓄存少量水分。过滤层用于阻止基质进入排（蓄）水层。

（1）排（蓄）水层施工　排（蓄）水层应与排水系统连通；排（蓄）水层施工前应根据屋面坡向确定整体排水方向；排（蓄）水层应铺设至排水沟边缘或水落口周边；铺设排（蓄）水材料时，不应破坏耐根穿刺防水层；凹凸塑料排（蓄）水板宜采用搭接法施工，搭接宽度应不小于100 mm；网状交织、块状塑料排水板宜采用对接法施工，并应接茬齐整；排水层采用卵石、陶粒等材料铺设时，粒径应大小均匀，铺设厚度应符合设计要求。

（2）无纺布过滤层施工　空铺于排（蓄）水层之上，铺设应平整、无皱折；搭接宜采用黏合或缝合固定，搭接宽度应不小于150 mm；边缘沿种植挡墙上翻时应与种植土高度一致。

（三）栽植工程

1. 基质层铺填

基质层亦称种植土层，是指满足植物生长条件，具有一定的渗透性能、蓄水能力和空间稳定性的轻质材料层。

基质包括改良土和超轻量基质两种类型。其中改良土由田园土、排水材料、轻质骨料和肥料混合而成。常用改良土配制比例参考表 3.16。

表 3.16　常用改良土配制比例

主要配比材料	配制比例	饱和水密度/（kg·m⁻³）
田园土：轻质骨料	1：1	≤1 200
腐叶土：蛭石：沙土	7：2：1	780～1 000
田园土：草炭：（蛭石和肥料）	4：3：1	1 100～1 300
田园土：草炭：松针土：珍珠岩	1：1：1：1	780～1 100
田园土：草炭：松针土	3：4：3	780～950
轻砂壤土：腐殖土：珍珠岩：蛭石	2.5：5：2：0.5	≤1 100
轻砂壤土：腐殖土：蛭石	5：3：2	1 100～1 300

注：基质湿容重一般为干容重的 1.2～1.5 倍。

引自《种植屋面工程技术规范》（JGJ 155—2013）

屋顶绿化基质荷重应根据湿容重进行核算，且不应超过 1 300 kg/m³。在建筑荷载和基质荷重允许的范围内，根据实际情况酌情配比。

屋顶绿化施工种植土进场后不得集中码放，应及时摊平铺设、分层踏实，平整度和坡度应符合竖向设计要求。

2. 栽植施工（植被层）

通过移栽、铺设植生带和播种等形式种植的各种植物，包括小型乔木、灌木、藤木、花卉、草坪与地被植物等（图 3.12）。

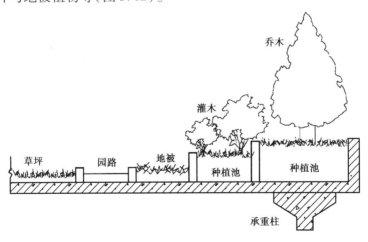

图 3.12　屋顶绿化植物种植示意图

（1）明确屋顶结构，屋顶平面布局　　屋面种植区域可根据屋面建筑荷载、植物种类、种植土厚度、景观要求，进行局部微地形处理（图3.13），并根据设计图纸要求放样，种植规范符合屋顶施工标准。

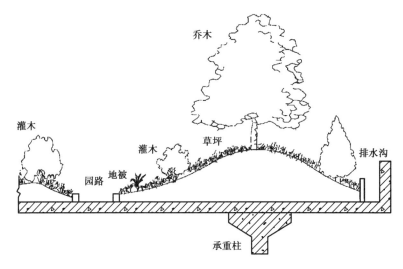

图3.13　屋顶绿化植物种植微地形处理方法示意图

（2）植物材料的选择　　植物材料的种类、品种和植物配置方式应符合设计要求；不宜种植大乔木、速生树、根系穿刺能力强的植物；高层建筑屋面和坡屋面宜种植草坪和地被植物。植物材料首选容器苗、带土球苗和苗卷、生长垫、植生带等全根苗木。

（3）乔灌木栽植施工　　树木定植点与屋面边墙的安全距离应大于树高；移植带土球的树木入穴前，穴底松土应踏实，土球放稳后，拆除不易腐烂的包装物；树木根系应舒展，填土应分层踏实；常绿树栽植时土球宜高出地面50 mm，乔灌木种植深度应与原种植线持平，易生不定根的树种栽深宜为50～100 mm。

（4）草本植物栽植施工　　根据植株高矮、分蘖多少、冠丛大小确定栽植的株行距，成品字形栽植；种植深度应为原苗种植深度，并保持根系完整，不得损伤茎叶和根系；高矮不同品种混植，按先高后矮的顺序种植。屋面栽植前先浇水浸土，浸水深度应达100 mm以上；栽植完成后平整种植土表面，适度压实，并立即浇透水。

（5）草坪块、草坪卷铺设施工　　周边平直整齐，高度一致，并与种植土紧密衔接，不留空隙；铺设后及时浇水，并碾压、拍打、踏实，保持土壤湿润。

（6）植被层灌溉　　根据植物种类确定灌溉方式、频次和用水量；宜选择滴灌、微喷灌、渗灌等灌溉系统；乔灌木种植穴周围做灌水围堰，直径应大于种植穴直径200 mm，高度宜为150～200 mm；新植植物宜在当日浇透第一遍水，三日内浇透第二遍水，以后依气候情况适时灌溉。

（7）树木的防风固定　　根据设计要求树木的防风固定可采用地上固定法（图3.14）和地下固定法（图3.15）；树木绑扎处宜加软质保护衬垫，不得损伤树干。

（8）防冻、防晒、降温保湿　　根据设计和当地气候条件，对植物采取防冻、防晒、降温保湿等措施。防冻可采用无纺布、麻布片等包缠干茎或搭防寒风障；防晒采用遮阳网等材料搭建遮阳棚，并适时喷淋保湿。

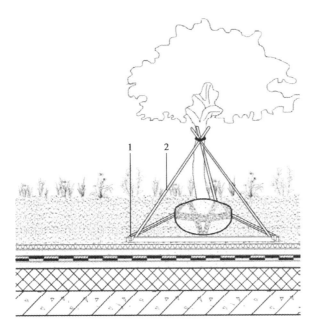

图 3.14　地上支撑法示意图

1—稳固支架;2—支撑杆

引自《种植屋面工程技术规范》(JGJ 155—2013)

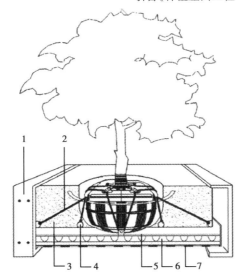

图 3.15　地下固定法示意图

1—种植池;2—绳索牵引;3—种植土;4—螺栓固定;

5—过滤层;6—排(蓄)水层;7—耐根穿刺防水层

引自《种植屋面工程技术规范》((JGJ 155—2013))

(四)施工后维护管理

实现常态化的植物养护和设施维护,是屋顶绿化成功的关键。

1. 植物养护管理

屋顶绿化工程交付使用后,管理单位要建立养护管理的制度,定期修剪、灌溉、施肥、病虫害防治、定期检查并及时补充种植土、除草、补植等,以保证屋顶绿化效果处于良好状态。

(1)修剪　根据设计要求及不同植物的生长习性,适时或定期对植物进行修剪,及时清理死株,更换或补植老化及生长不良的植株。

屋顶绿化的植物修剪非常重要,通过定期修剪控制屋顶绿化植物生长。若忽略修剪的问题,植物会生长过旺,从而增加建筑屋面的荷载,且逐年增长,易形成安全隐患。屋顶草坪植物剪留高度如表 3.17 所示。

表 3.17　屋顶草坪植物剪留高度

草　种	全光照剪留高度/mm	树荫下剪留高度/mm
野牛草	40 ~ 60	50 ~ 70
结缕草	30 ~ 50	60 ~ 70
高羊茅	50 ~ 70	80 ~ 100
黑麦草	40 ~ 60	70 ~ 90
西伯利亚剪股颖	30 ~ 50	80 ~ 100
草地早熟禾	40 ~ 50(3—11 月)/80 ~ 100(6—8 月)	80 ~ 100

(2)灌溉　根据植物种类、生育期、生长季节、土壤墒情、天气状况、植株长势长相等,确定适宜的灌溉时期与灌溉量,做到科学用水。灌溉方式宜选用喷灌系统、滴灌系统或水肥一体化系统。

(3)施肥　根据植物种类、生育期、生长季节、土壤肥力、天气状况、植株长势长相等,适时适量补充环保、长效的有机肥或复合肥或缓释肥,并可通过控制施肥控制植物生长。

(4)病虫害防治　植物病虫害防治应采用物理或生物防治措施,也可采用环保型农药防治。

(5)定期检查并及时补充种植土　种植屋面土壤厚度有限,会随着时间流逝而发生水土流失,有机质含量逐渐降低,土层厚度逐渐变薄,土壤成分变瘠薄,造成土壤板结的现象。因此,在后期养护中,要根据实际情况定期检查并及时补充种植土,防止种植土厚度不够而影响植物正常生长。

(6)除草与补植　在植物生长季节应及时除草,并及时清运。屋顶绿化养护中,野生杂草的过快生长,威胁屋面荷载和建筑防水的安全,因此,野生杂草的及时清理拔除至关重要。屋顶绿化若屋面上有生长不良的或者已经死亡的植株,要及时更换并补植,以免影响景观效果。

(7)防寒、防晒、防风、防火措施　根据植物种类、地域和季节不同,采取防寒、防晒、防风、防火措施。根据植物种类、地域和季节不同等,对屋顶绿化植物采取冬季防寒、夏季防晒及防风、防火等其他措施。

2. 设施维护

屋顶面具有日照时间长、紫外线强度大、昼夜温差大等特点,较之于地面绿化,园林设施的破损速度快、程度大。为保障屋顶绿化的各项功能,要定期对给排水设施、照明设施及园林附属设施等进行维护,以消除安全隐患。

①定期检查排水沟、水落口和检查井等排水设施,及时疏通排水管道,给排水设施维护是确保种植屋面安全的关键点。

②园林小品应保持外观整洁,构件和各项设施完好无损。

③保持园路、铺装、路缘石和护栏等的安全稳固、平整完好。

④定期检查、清理水景设施的水循环系统,保持水质清洁,池壁安全稳固,无缺损。

⑤保持外露的给排水设施清洁、完整,冬季应采取防冻裂措施。

⑥定期检查电气照明系统,保持照明设施正常工作,无带电裸露。

⑦保持导引牌及标识牌外观整洁、构件完整;应急避险标识应清晰醒目。

⑧设施损坏后应及时修复。

三、垂直绿化施工

(一)施工前的准备

施工前的准备包括:

①通过图纸会审,确定拟采取的垂直绿化工程形式,明确细部构造和技术要求,并编制施工方案,进行技术交底。

②勘察现场,对场地条件(栽植地点的朝向、光照、土壤、种植带宽度等)和需要进行绿化的建(构)筑物的墙面及立面状况进行勘察,协调好与相关水电设施的关系,制订材料进场计划,预订植物和工程材料。

③将拟实施垂直绿化工程的建筑墙面损坏部分整修好,确保建筑物的外墙开展绿化前墙面的防水良好。

(二)垂直绿化施工

(1)垂直绿化施工的顺序　按照先灌溉给水、排水、电气设备,再支撑构架和植物栽植工程,最终运转调试,竣工验收的顺序,实施垂直绿化工程。在建筑外墙面安装植物支撑材料,如需与墙体连接,不应对外墙保温系统和防水层造成破坏。

(2)垂直绿化施工要点

①苗木直接栽植于自然土壤的,种植或播种前对栽植区域的土壤理化性质进行化验分析,根据化验结果,确定消毒、施肥和疏松翻耕土壤或客土等土壤改良措施。

②种植点的土壤含有建筑垃圾及其他有害成分,以及强酸性土、强碱土、盐土、盐碱土、重黏土、沙土等,采用客土或改良土壤的技术措施。

③植物栽植于人工栽培基质的,宜采用保水性强的基质,并按照植物的生长习性配比栽培基质。

④苗木运至施工现场前先验收苗木,规格不足、损伤严重、干枯、有病虫害等植株不得验收入场。

⑤苗木栽植工序紧密衔接,做到随挖、随运、随栽、随浇,不能立即栽植时及时

假植。

⑥种植穴的挖掘、苗木运输和假植、植物栽植应符合《园林绿化工程施工及验收规范》(CJJ 82—2012)的规定。

⑦苗木植物栽植前,结合整地,向栽植穴和种植槽中的栽培基质施腐熟的有机肥。

⑧栽植前对苗木进行根、冠修剪。

⑨苗木栽植的深度以覆土至根茎为准,根系必须舒展,填土分层压实。

⑩栽植带土球的树木入穴前,穴底松土必须压实,土球放稳后,清除不易腐烂的包装物。

(三)不同类型垂直绿化施工要点

1. 攀缘式垂直绿化工程

①宜选用茎节有气生根或吸盘的速生藤本植物,采用地栽形式。

②栽植植物沿墙体种植,栽植带宽度为 50 ~ 100 cm,土层厚度宜大于 50 cm,植物根系距墙体应不小于 15 cm,栽植苗稍向墙面倾斜。

③植株枝条根据长势进行固定与牵引。固定点的设置,根据植物枝条的长度、硬度确定。

2. 框架式垂直绿化工程

①宜选用地栽形式。攀缘植物依附的框架基础应坚固,铁质框架应进行防锈处理。

②框架式垂直绿化的框架同建筑物墙面的间距不小于 15 cm,框架网眼最大尺寸不宜超过 50 cm×50 cm。

③依附式框架嵌入建筑墙体的锚固设施应牢固,实施过程中对外墙保温系统和防水层造成破坏的须及时采取修复措施。

3. 种植槽式垂直绿化工程

①种植槽式垂直绿化的植物栽植宜选用接地型种植槽。接地型种植槽种植点有效土层下方有不通气透水废基的,应打碎,不能打碎的应钻穿,使土壤上下贯通。

②隔离型种植槽绿化植物应选择抗旱性强、管理粗放、须根发达的浅根性植物或选用中小型攀缘植物或灌木,不宜选用带尖刺、有毒性和枝叶繁茂的大型攀缘植物。

③隔离型种植槽的大小应保证在不同气候条件下,满足植物生长的最小栽培基质体积。种植槽底部或侧部应有排水孔,栽植木本植物的种植槽深度不得低于 45 cm,种植槽净宽度应大于 40 cm。栽植草本植物的种植槽深度不得小于 25 cm。

④隔离型种植槽应确保灌溉排水设施的通畅,必要时可在种植槽底部设蓄排水层。

4. 模块式垂直绿化工程施工

①植物栽培基质必须考虑绿墙的整体设计及其搭配的系统结构,宜采用轻质材料。

②模块式垂直绿化工程施工应保证灌溉系统、排水系统和支撑构架组合的一体化实施。

③较大面积的模块式垂直绿化的植物材料宜采用草本、木本混合配植,观花种类

与观叶种类结合的方式,以保证景观效果。

5.铺贴式垂直绿化工程

①铺贴式垂直绿化应铺设耐根穿刺防水材料,并应符合《种植屋面工程技术规范》(JGJ 155—2013)中相关材料的规定。

②铺贴式垂直绿化工程的植株,应保证在其安装到支撑框架上时,长势健康,栽培基质宜采用轻质材料。

③铺贴式垂直绿化工程应保证水平灌溉系统和垂直灌溉系统形成网络化的连接,确保灌溉的均匀度。

(四)施工后的养护管理

1.植物养护管理

垂直绿化植物的养护管理包括修剪、灌溉、施肥、有害生物防治和植物修整与补植等。

(1)植物的修剪　框架上的攀缘植物,应及时牵引,疏剪过密枝、干枯枝,使枝条均匀分布架面;吸附类攀缘植物,应及时剪去未能吸附且下垂的枝条;匍匐于种植槽的攀缘植物应视情况定期翻蔓,清除枯枝,疏除老弱藤蔓;钩刺类攀缘植物,可按灌木修剪方法疏枝,生长势衰弱时,应及时回缩修剪;观花攀缘植物应根据开花习性适时修剪,并注意保护和培养着花枝条。

(2)灌溉　根据当地气候特点、垂直绿化工程类型、栽培基质性质、植株需水规律等,适时、适量并以适宜的方式进行灌水和排涝;灌溉用水要符合园林灌溉用水标准的规定;应采用节水灌溉设备和措施,并根据季节与气温调整灌溉量与灌溉时间;若采用自动控制或智能化控制灌溉设施,则可精准灌溉与施肥,充分满足植物生长要求,是垂直绿化首选的灌溉方式。

(3)施肥　应根据植物生长需要和土壤肥力情况,合理进行施肥;应使用卫生、环保、长效的肥料;应根据植物种类采用沟施、撒施、穴施、孔施或叶面喷施等施肥方式(表3.18)。

表3.18　各种垂直绿化工程类型的施肥方式

施肥方式	垂直绿化工程类型				
	攀缘式	框架式	种植槽式	模块式	铺贴式
沟施	√	√	×	×	×
撒施	√	√	×	×	×
穴施	√	√	×	×	×
孔施	√	√	√	√	×
叶面喷肥施	√	√	√	√	√

注:"√"为宜采用的方式;"×"为不宜采用的方式。

(4)有害生物防治　遵循"预防为主,科学防控"的原则,做到安全、经济、及时、有效。采用生物防治、物理防治、农业防治等绿色防控措施；结合修剪剪除病虫枝，及时清理残花落叶和杂草；若采用化学防治，应选用符合环保要求及对有益生物影响小的农药，不同药剂应交替使用，并避开人流活动高峰期喷洒药剂。

（5）植物的改植与补植　植株过密可进行移植或间伐；对人或构筑物构成危险的植株应去除；对自然死亡的植株应移除后补植；改植时，宜选用与原有种类一致，规格、形态相近的苗木。

2.辅助设施的维修与保养

（1）灌溉排水和设施的养护管理　定期对灌溉排水等设备检修，防止上下水设施老化、损坏，进排水口堵塞。

（2）定期检查修缮辅助设施　定期检查修缮支撑框架的主体结构等，防止搭接部分、螺钉和螺母的松动；随时清理框架角落的枯枝落叶，清除易燃物，杜绝火灾隐患。

【综合实训】

屋顶绿化施工

● 实训目标

1.根据授课季节等具体情况，以实训小组（5～6人）为单位，制订某小区屋顶绿化栽植施工的技术方案。

2.以小组为单位，能依据制订的技术方案和屋顶绿化技术规范，进行屋顶绿化施工操作。

3.能熟练并安全使用各类屋顶绿化植物栽植用具、设备等。

● 实训要求

1.组内同学要分工合作，相互配合，技术方案的制订要依据园林植物物候期观测的技术流程，保证设备的完整及人员的安全。

2.提交实训报告。实训报告的内容包括实训任务、目标、材料与用具、方法与步骤、实训结果等。

3.提交实训总结。实训总结的内容包括对知识的掌握与运用、实训方案的设计、实训过程、实训结果等进行自我评价，分析失误原因并提出改进措施。

● 考核标准

1.采用过程考核与项目作业结果评价相结合的方式，注重实践操作、工作质量、汇报交流等环节的评价。

2.注重职业素养的考核，尤其强调团队协作能力的考核。

表 3.19　屋顶绿化施工项目考核与评价标准

实训项目	屋顶绿化施工			学时	
评价类别	评价项目	评价子项目	自我评价（20%）	小组评价（20%）	教师评价（60%）
过程性考核（60%）	专业能力（45%）	方案制订能力（10%）			
		方案实施能力　准备工作（5%）			
		底面处理与栽植施工（20%）			
		施工后养护（10%）			
	综合素质（15%）	主动参与（5%）			
		工作态度（5%）			
		团队协作（5%）			
结果考核（40%）	技术方案的科学性、可行性（10%）				
	工程质量与验收等（20%）				
	实训报告、总结与分析（10%）				
评分合计					

【巩固训练】

一、课中训练

（一）不定项选择题

1.屋顶绿化的环境特点表现为（　　　　）。

A.完全人工化的环境　　　　　　　　B.阳光直射强烈

C.昼夜温差大　　　　　　　　　　　D.风大

2.栽植工序应紧密衔接，做到（　　　　）。

A.随挖　　　　　　B.随运　　　　　　C.随种　　　　　　D.随浇

3.屋顶绿化类型有（　　　　）。

A.花园式　　　　　B.简单覆盖式　　　C.固定种植池式　　D.可移动容器式

4.垂直绿化形式有（　　　　）。

A.攀缘式　　　　　B.框架式　　　　　C.种植槽式　　　　D.模块与铺贴式

5.屋顶绿化基质荷重应根据湿容重进行核算，不应超过（　　　　）。

A.1 100 kg/m³　　B.1 200 kg/m³　　C.1 300 kg/m³　　D.1 500 kg/m³

（二）判断题（正确的画"√"，错误的画"×"）

1.特殊的立地环境条件常表现为一个或多个环境因子处于极端状态下。（　　　　）

2.屋顶绿化宜选用根系穿刺性较强的植物,以加强附着固定。　　　（　　）

3.屋顶防水排水工程质量的好坏是屋顶绿化能否成功的关键。　　　（　　）

4.屋顶绿化宜选择抗风、耐旱、耐高温的植物。　　　（　　）

5.种植槽式垂直绿化的植物栽植宜选用接地型种植槽。　　　（　　）

6.模块式垂直绿化的技术关键在于将灌溉、排水及种植槽栽培基质和植物系统化地统筹于支撑构架上。　　　（　　）

7.屋顶绿化树木的防风固定一般采用地上固定法或地下固定法。　　　（　　）

8.攀缘式垂直绿化工程宜选用茎节有气生根或吸盘的速生藤本植物,采用地栽形式。　　　（　　）

二、课后拓展

1 通过实地调查或查阅文献等方法,了解本地区屋顶绿化与垂直绿化常用植物种类？有哪些绿化形式？如何合理配置屋顶绿化与垂直绿化植物？

2.解读《垂直绿化工程技术规范》（CJJ/T 236—2015）。

3.解读《种植屋面工程技术规范》（JGJ 155—2013）。

CJJ/T 236—2015

JGJ 155—2013

【工作任务描述】

    园林植物以其独特的生态、景观、文化传承、科普教育等综合功能造福于城市居民,维护城市的生态平衡。园林植物栽植之后,为了促使其生长良好,保持旺盛的生长量,促进生态效益能正常而持久地发挥,养护工作必须科学规范。

    园林植物养护包括整形修剪、灌溉与排水、施肥、有害生物防治、中耕除草、植物补植、绿地防护等。园林绿地管理包括绿地清洁与保洁、附属设施管理、景观水体管理、技术档案管理、安全保护等。

    本任务以园林植物养护管理的实际工作内容为载体,将知识点和技能点融入实际的工作任务中,使学生在做中学、学中做,从而掌握园林植物养护管理技能。

【知识目标】

    1.熟知园林植物养护管理的内容,明确不同类型园林植物养护管理技术要点。

    2.熟知园林植物整形修剪作用、依据、形式与方法。

    3.熟知园林植物绿地土壤、水分与营养管理的任务、内容与方法。

    4.熟知园林植物常见病虫害种类、发生规律及绿色防控技术等。

    5.熟知园林植物常见自然灾害的危害、成因及防护方法。

    6.熟知树木危险性的测评方法、树木伤口处理方法与树洞修补方法。

    7.熟知古树名木的生物学特点、衰老原因及养护与复壮方法。

    8.熟知园林绿地养护管理的机械、工具及特点。

【技能目标】

    1.能独立分析园林植物生长发育特点、立地环境特点等,编制园林植物管理工作月历与园林植物养护管理技术方案。

    2.掌握园林植物整形修剪技能。

    3.掌握园林绿地土壤、水分与营养管理技能。

    4.掌握园林植物病虫害绿色防控技能。

    5.掌握常见自然灾害防护技能。

    6.掌握树木安全性管理与树木腐朽的诊断技能。

    7.掌握古树名木的养护与复壮技能。

    8.掌握园林绿地养护管理常用机械、工具的使用方法。

9.能独立开展园林植物的养护管理工作,有一定的组织协调能力。

【思政目标】

1.融入"两山理论",树立正确的"三观"。

2.融入中华优秀传统文化元素,增强文化自信,激发爱国热情。

3.培养良好的职业道德与精益求精的工匠精神。

4.培养严谨的学风及团队合作精神。

5.培养劳动观念与吃苦耐劳精神。

任务十五 园林绿地土壤、水分与营养管理

【任务描述】

园林绿地土壤、水分与营养管理的根本任务是通过多种综合措施,提高土壤肥力,改善土壤结构和理化性质,保证园林植物健康生长所需养分、水分、空气等不断有效供给。

本任务以园林植物养护管理项目的实际工作内容为载体,将知识点和技能点融入实际的工作任务中,使学生在做中学、学中做,从而掌握园林绿地土壤、水分与营养管理技能。

【任务目标】

1. 能依据园林绿地立地环境特点等,制订土壤、水分与营养管理技术方案,并按技术方案与技术规范进行具体操作。

2. 熟知园林绿地土壤改良的方法,掌握园林绿地土壤与营养管理的方法。

3. 熟知园林绿地合理灌溉的依据,掌握园林绿地土壤水分管理的方法。

4. 熟知园林绿地合理施肥的依据,掌握园林绿地土壤营养管理的方法。

5. 掌握园林绿地土壤、水分与营养管理常用的机械、工具使用方法。

6. 通过任务实施提高团队协作能力,独立分析与解决园林绿地土壤、水分与营养管理实际问题的能力。

【任务内容】

一、准备工作

(一)知识准备

1. 肥料种类

1)无机肥料　无机肥料是指由无机物组成的肥料,亦称合成肥料或化学肥料(图4.1)。无机肥料主要包括氮肥、磷肥、钾肥等单质肥料和复合肥料,具有成分单纯、含有效成分高、易溶于水、分解快、易被根系吸收等特点。

2)有机肥料　有机肥所含营养元素全面,除含有各种大量元素外,还含有微量元素和多种生理活性物质如激素、维生素、氨基酸等(图4.2)。有机肥料能有效地供给园林植物生长需要的营养,增加土壤的腐殖质含量,改善土壤的结构,提高土壤的保水、保肥能力,缓冲土壤的酸碱度,从而改善土壤的水、肥、气、热状况。

图4.1　无机肥料

图4.2　有机肥料

3）微生物肥料　微生物肥料是指由一种或数种有益微生物、经工业化培养发酵而成的生物性肥料（图4.3），具有提高土壤肥力、改善土壤结构、分泌植物激素、维生素类物质，调节植物生长发育等功能。

图4.3　微生物肥料

4）稀土微肥　稀土微肥主要用于叶面喷施。

2. 植物的矿质营养

植物对矿物质的吸收、转运和同化，称为植物的矿质营养。矿质元素主要存在于土壤中，被根系吸收而进入植物体内，运输到需要的部分，加以同化利用，满足植物的需要。

1）植物必需的矿质元素　植物从土壤中所摄取的无机元素有13种，对任何植物的正常生长发育都是不可缺少的，其中大量元素7种（氮、磷、钾、硫、钙、镁和铁）、微量元素6种（锰、锌、铜、钼、硼和氯）（图4.4）。

2）植物对矿质元素的吸收　植物根系是吸收矿质元素的主要部位，根毛区是吸收离子最活跃的区域。植物对矿质元素的吸收过程与吸水有关，矿质元素必须溶于水中才能被吸收，但具有选择性与独立性。

土壤因素可通过影响根系的发育、根的呼吸作用、矿质的浓度、矿质的扩散速率、矿质元素的存在状态而影响矿质元素的吸收。

3）合理施肥的依据　根据矿质元素对园林植物所起的生理作用，结合不同园林植物的需肥规律和特点，适时适量地施肥，达到"少肥高效"目的的科学施肥方法。

（1）园林植物的需肥特性　不同园林植物对各种矿质元素的吸收是不同的，因此，在施肥管理中必须"看苗"，即根据苗木生长特点并结合树种、苗龄、生长期和密度等确定施肥措施。阔叶树苗木一般对氮的吸收量最多,钾次之,磷最少,但针叶树苗木对氮、磷都比较敏感,尤其对磷最为敏感。

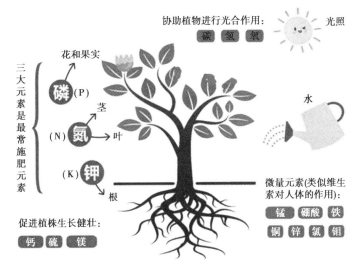

图4.4　矿质元素与植物营养关系示意图

（2）土壤肥力　土壤肥力是指土壤为苗木生长提供并协调水分、养分、空气与热量的能力,是土壤各种特性的综合表现。通过土壤分析评价土壤营养水平,指导施肥。

（3）气候条件　气候条件是一定地区多年天气特征的总情况,是施肥需考虑的重要因素。

（4）形态指标　根据园林植物的生长发育状况,是否有生长和发育障碍,长势长相、叶色是否异常,有无组织坏死（缺素症）等来判断苗木是否缺乏某种营养元素,以此指导施肥。

（5）生理指标　通过测定植株体内营养元素含量、叶绿素含量、可溶性糖含量、酰胺、淀粉含量以及某些酶的活性等来判断植物营养的丰缺情况,以此指导施肥。

3. 植物的水分代谢

水是植物的重要组成物质,植物组织含水量一般为70% ～90%,分别以束缚水和自由水状态存在于植物体内,园林植物对水分的需要包括生理需水和生态需水。

1）植物的水分代谢　植物在生命活动中对水分的吸收、运输、散失与利用过程,称为植物的水分代谢。植物根系是其吸水的主要器官,根毛区为吸水的主要区域。植物吸水的方式有主动吸水和被动吸水,吸水动力为根压和蒸腾拉力。植物体内的水分主要通过蒸腾作用散失,叶片蒸腾是蒸腾作用的主要形式,蒸腾作用具有重要的生理意义。

土壤因素可通过影响根系的发育、根的呼吸作用等影响水分的吸收。

2）合理灌溉的依据　合理灌溉是指综合考虑园林植物需水规律、气象因子、土壤含水量、园林植物形态指标及生理指标等,以最少量的水分消耗,获得的最大效果。也就是说,灌溉要适时、适量、适法。

（1）园林植物的需水规律　园林植物需水量与园林植物类型、生育期等相关。灌溉用水不仅要满足园林植物生理用水,还要满足其生态用水,并考虑土壤蒸发、水分流失和向深层渗漏等。因此,园林植物的需水量不等于灌水量,灌水量常是其需水量的 2 ~ 3 倍。

（2）气候条件　根据未来天气变化情况判定是否需要灌水。

（3）土壤墒情　根据土壤墒情判定是否需要灌水。一般园林植物生长较好的土壤含水量为田间持水量的 60% ~ 80% ,但常随许多因素的改变而变化。

（4）形态指标　包括生长速率下降、幼嫩叶的凋萎、茎叶颜色变红等指标判断植物体内水分供求状况。

（5）生理指标　包括叶水势、细胞汁液浓度或渗透势、气孔开度等判断植物体内水分供求状况。

（二）材料、用具与设备准备

1）材料准备　园林绿地或施工地准备;有机肥、复合肥、生物肥料;无机土壤改良剂、有机土壤改良剂等。

2）工具准备　铁锹、铁镐、锄头、粗齿耙、细齿耙、筛子、手推车、塑料软管等。

3）设备准备　土壤水分速测仪、土壤 pH 测定仪、土壤营养速测仪等;中耕机、旋耕机等土地耕整设备;喷、滴灌设备;排水设备等。

二、园林绿地土壤管理

园林绿地土壤管理的核心问题是提高土壤肥力。土壤改良是指通过机械或物理、化学与生物的方法,人为改善土壤结构及其水、气、热等条件,以提高土壤肥力,使其更适合或更有利于园林植物的健壮生长。

（一）土壤耕作改良

土壤耕作是通过机具的机械作用调节土壤肥力条件和肥力因素的措施。对改善土壤环境,协调土壤中各肥力因素间的矛盾,充分发挥土地潜力起着重要作用。

采取适宜的土壤耕作措施和方法,对土壤进行调节和管理,以利园林植物正常生长发育,是实现园林景观与生态功能的需要。

土壤耕作按其对土壤作用的性质和范围,可分为两大类,即基本耕作和表土耕作。

1. 基本耕作

基本耕作是对土壤各种性状作用大、影响深的措施,包括翻耕、深松土、旋耕。

1）翻耕　用有壁犁进行耕地,可翻转土层。翻耕对土壤具有 3 个方面的作用,即翻土、松土和碎土。首先将土壤上下层换位,在换位的同时将肥料、植物残茬、杂草等一并翻至土壤下层;其次是使耕层土壤散碎、疏松,改善土壤通气透水性能,熟化土壤和强化土壤微生物活动(图 4.5)。

2）深松土　深松土是指用无壁犁、凿形犁、深松铲等对土壤进行全面或局部松土。深松土的特点是只松土不翻土,上下层不乱,松土深厚,松土深度可达 30 ~ 50 cm,能打破不透水黏质层,对接纳雨水、防止水土流失、提高土壤透水性有良好效果。

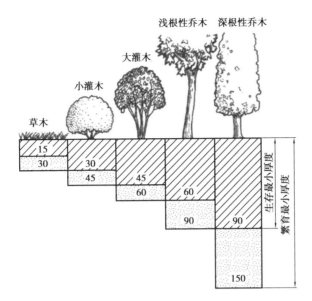

图 4.5　不同植物根系的分布深度示意图

3）旋耕　利用犁刀片的旋转,把土切碎,同时使残茬、杂草和肥料随土翻转并混拌。旋耕后地表平整松软,一次作业能达到耕松、搅拌、平整的效果,节省劳力。

2.表土耕作

表土耕作是在基本耕作基础上采取的措施,影响土壤表层结构(0～10 cm),包括中耕、耙地、耱地、镇压等。

1）中耕　中耕是在园林植物生育期间进行的一项表土耕作。中耕有松土、改善土壤通气、保墒、除草和调节土温的作用。中耕的深度应遵循"浅、深、浅"的原则。

2）耙地　耙地是应用极为普遍的一项表土耕作措施,耙地有疏松表土、耙碎土块、破除板结、透气保墒、平整地面、混合肥料、耙碎根茬、清除杂草等作用。耙地的深度一般为 3～10 cm。

3）耱地　耱地也叫耢地等。耱地主要有平土、碎土和轻微压土的作用,也能减少地面蒸发,起到保墒的作用。

4）镇压　以重力作用于土壤,其作用为破碎土块,压紧栽植层,平整地面和提墒。

5）起垄培土　起垄培土是某些园林植物或某些地区在某些时期特需的一种表土耕作。其作用是为园林植物地下部分生长创造深厚的土层,保温保墒。

(二)土壤化学改良

1.施肥改良

施肥改良是指通过施用充分腐熟的厩肥、堆肥、禽肥、鱼肥、饼肥、粪肥、土杂肥、绿肥等改良土壤。

有机肥所含营养元素全面,除含有各种大量元素外,还含有微量元素和多种生理活性物质,能有效地供给园林植物生长需要的营养,增加土壤的腐殖质,改良土壤的结构,提高土壤保水、保肥能力,缓冲土壤的酸碱度,从而改善土壤的水、肥、气、热状况。

2. 土壤酸碱度调节

1）土壤酸化　通过向土壤中施加草炭、泥炭、木屑、松针等酸性有机介质或硫铵、氯化铵、硫酸钾、氯化钾等生理酸性肥料和过磷酸钙等化学酸性肥料或硫磺粉等释酸物质,降低土壤的 pH。

2）土壤碱化　通过向土壤中施加石灰、草木灰等碱性物质,提高土壤的 pH。

（三）土壤疏松剂改良

土壤疏松剂改良是指将土壤疏松剂按照一定体积比与土壤混合,拌匀后回填。土壤疏松剂分为有机、无机和高分子 3 种类型。其主要作用是疏松土壤,促进微生物活动,协调保水与通气,促使土壤粒子团粒化等。

1）有机型　我国大量使用的疏松剂以有机类型为主,如泥炭、锯末、谷糠、腐叶土、腐殖土、家畜厩肥等,要注意腐熟,混合均匀。

2）无机型　如蛭石、珍珠岩、石灰石等。

3）高分子型　如树脂等。

（四）土壤生物改良

1）植物改良　绿地中种植三叶草、萱草、麦冬、沿阶草、酢浆草、二月兰等地被植物,特别提倡种植固氮豆科植物改良土壤。

2）动物改良　蚯蚓等。

三、园林绿地水分管理

维持园林植物体内的水分动态平衡是其正常生长的基础。但在自然条件下,园林植物常处于水分亏缺或水涝状态,需进行灌溉补水或排涝。

（一）灌溉

1. 园林植物灌溉对水质的要求

城市绿地灌溉的水源主要有自来水、河水、雨水、地下水、湖泊水、废污水、再生水等。灌溉水质应符合《农田灌溉水质标准》（GB 5084—2021）的有关规定。采用处理后的城市污水灌溉的,其水质应符合《城市污水再生利用 农田灌溉用水水质》（GB 20922—2007）的有关规定;采用再生水灌溉的,其水质应符合《再生水水质标准》（SL 368—2006）的有关规定。

针对可能引起灌溉系统堵塞的原因,要对进入灌溉管网的水进行过滤净化处理。

2. 灌溉方式的选择

各地社会经济发展水平不一,即使在同一城市中,因绿地所处位置不同,对灌溉系统的要求差别也极大,故应选择适合当地条件的绿地节水灌溉系统配置模式。

园林绿地灌溉常采用地埋式喷灌、微喷灌、滴灌、涌泉灌、渗灌等多种形式,它们有共同的节水、节能的优点,但也有各自的特点和适用条件。因此,在规划时应根据水源、气象、地形、土壤、植物种植等自然条件,以及经济、劳力状况、生产管理、技术力量等社会因素,因地制宜并通过技术经济对比优化选择灌溉形式,可以是一种,也可以是几种形式组合使用。

喷灌、微喷灌因在灌水的同时可营造良好的水景造型效果,故发展较快,灌水设备也多种多样。而滴灌、涌泉灌、渗灌等直接将水送到灌溉植物的根区,灌水效率高但景观效果差。

喷灌系统适用于植物集中连片的种植条件,微灌系统适用于植物小块或零碎种植条件的局部灌溉,为最大限度地发挥其综合效益,应尽量与当地供水情况相结合。

在灌溉系统供输水方式上,有的直接采用市政管网的水源,有的利用水泵加压,有的采用变频恒压供水。

在灌水管理方面,有的采用人工手动控制,有的采用基于传感器的全自动或半自动化程序控制进行灌溉。各种灌水方式的投资差别较大,在选用时应根据绿地所处地点、对灌水技术和景观要求、投资、运行管理费用等,经技术经济比较后确定。

1)喷灌　利用专门灌溉设备将有压水送到灌溉地段,以均匀喷洒方式进行灌溉的方法。喷灌系统是由水源取水并加压后输送、分配到田间而实行喷洒灌溉的灌溉系统。

2)微灌　利用专门设备,将有压水流变成细小水流或水滴,湿润植物根区土壤的灌水方法,包括滴灌、微喷灌、涌泉灌等。微灌系统是由水源、控制首部、输配水管网和微灌灌水器组成的低压微量灌溉的工程设施。

(1)微喷灌　利用微喷头等设备,以喷洒的方式,实施灌溉的灌水方法。

(2)滴灌　利用滴头、滴灌管(带)等设备,以细流或滴水的方式,湿润植物根区附近部分土壤的灌水方法。

(3)涌泉灌　利用涌水器等设备,以细小水流湿润土壤的灌水方法。

3)渗灌　将灌溉水引入地下,通过土壤毛细管作用,湿润根区土壤,以供园林植物生长需要灌溉方法。

4)其他灌溉方式　如地面漫灌法,一种比较粗放的灌水方法,灌水时任水在地面漫流,借重力作用浸润土壤。

3.灌溉时间的选择

高温季节灌溉宜在 10:00 之前或 18:00 之后进行,城市交通较繁忙地段可选在夜间灌溉,同时与居民用水时间错开;冬季及早春,常绿树种灌溉宜在 10:00—16:00 进行;进入休眠的树种不灌溉或减少灌溉,并与叶面降尘相结合;新栽植物应连续 3~5 年充足灌溉。

(二)排水

园林植物种类不同,其耐涝性亦不同。当土壤中水分过多致使土壤缺氧时,土壤中微生物的活动、有机物的分解、根系的呼吸作用都会受到影响,严重时根系腐烂,植物体死亡。因此,在雨季大雨或暴雨降水集中时,为避免发生涝灾需采取排除绿地积水的措施。

1.排水方法

排水方法如下:

①地表径流法:园林绿地常用的排水方法,即将地面改造成一定坡度,以 0.1%~0.3% 为宜,保证雨水顺畅流走。

②明沟排水:地面挖掘明沟排水,沟底坡度以 0.1% ~ 0.5% 为宜。

③暗沟排水:绿地下埋设管道或挖暗沟,以排出积水。

④滤水层排水:填埋粗砂、碎石、陶粒、网状交织或块状塑料排水板等材料铺设等形成滤水层。

⑤推广海绵城市发展理念,对雨水进行收集、沉淀后应用于绿化灌溉。

2. 排水其他注意事项

绿地排水系统在设计时要有统一部署与安排;大雨前后都应该做好排水沟的检查和疏通;对不耐水湿的园林植物避免低洼地配植;雨季过后应及时对绿地进行中耕;注意污水排放,避免污染周围环境等。

四、园林绿地土壤养分管理

自然条件下,植物所吸收的养分通常又以有机物的形式归还土壤,再经矿化作用转化为植物能利用的无机养分,即生物循环。园林绿地中,通常为保持卫生和美观,清扫树木落物,切断了养分的生物循环途径,因此,绿地土壤养分需通过施肥补充。

土壤养分管理是指通过对绿地土壤的综合调查,对园林植物的养分需求的精确把握,制订一套适宜的施肥处置方案,促使植物健壮生长,并达到节约资源和维护环境的目的。

(一)施肥的方式选择

1. 基肥

基肥亦称底肥,在播种或栽植前等,将大量的肥料翻耕埋入地下。多以迟效的有机肥为主,如堆肥、厩肥等,适当配合 P、N、K 肥。

1)施用时间　栽植前与春、秋季结合土壤深耕进行。

2)施用深度　根据园林植物根系分布深度及施肥量大小决定,要求施在根系主要分布层,以利吸收。

2. 追肥

追肥是在园林植物生长发育期施用的肥料,根据园林植物的长势长相、树体强弱、物候期等具体情况来决定追肥的种类、数量和时期。以速效肥料为主,常用尿素、碳酸氢铵、过磷酸钙等。

1)土壤追肥　其方法与基肥施用大致相同,所用肥料多为速效性。为提高肥效可结合浇水。其他按《园林绿化养护标准》(CJJ/T 287—2017)的有关规定执行。

2)根外追肥　用速效性肥料或微量元素溶液直接喷洒于苗木茎叶上或注射于树干内的施肥方法。

3. 种肥

种肥是在播种和定植时施用的肥料。种肥含营养成分完全,如腐熟的堆肥、复合肥料等。

(二)施肥方法选择

1. 撒施法

撒施法是将肥料均匀地撒布于栽植区域的土面上,施用方便,但肥料容易流失,利用率低。

2. 灌施法

灌施法是把水溶性的化肥溶解于灌溉水中,使肥料随灌溉水进入绿地土壤。灌施主要有喷灌施肥和滴灌施肥等,目前园林绿地水肥管理推广水肥一体化技术。

水肥一体化技术是通过借助压力系统,将可溶性肥料配兑的肥液,随灌溉水通过可控管道系统向植物供水、供肥,是一项可同步控制植物水分供给和肥料施用的技术。一套完整的水肥一体化喷灌系统的设备构成包括水源、水泵、配套输水管道系统及配件、喷头及其附属设备与肥水一体化中央管控装备系统。

3. 沟施法

沟施法包括环状沟施肥、弧形沟施肥、条状沟施肥与放射状沟施肥等。施肥部位在树冠垂直投影线区域。

1)环状沟或弧形沟施肥　在树冠投影线外围挖一环状沟或弧形沟,沟宽30～50 cm,深20～40 cm,把肥料施入沟中,与土壤混合后覆盖。此法具有操作简便、经济用肥等优点,但挖沟时易切断水平根,且施肥范围较小(图4.6)。

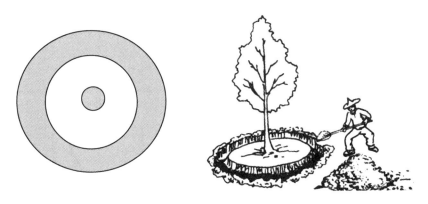

图4.6　环状或弧形沟施肥

2)条状沟施肥　在树木的两侧各挖一条宽约40 cm、深约40 cm的施肥沟,长度根据树的大小决定,把肥料施入沟中,与土壤混合后覆盖(图4.7)。

3)放射状沟施肥　在树冠下,距主干1 m以外处,顺水平根生长方向放射状挖5～8条施肥沟,宽30～50 cm、深20～40 cm,将肥施入。为减少大根被切断,应内浅外深。可隔年或隔次更换位置,并逐年扩大施肥面积,以扩大根系吸收范围(图4.8)。

4. 穴施法

穴施法多环状穴施肥(图4.9)。在树冠垂直投影线区域,每隔50 cm左右环状挖穴3～5个,直径30 cm左右,深20～30 cm。此法可减少与土壤的接触面,免于土壤固定。

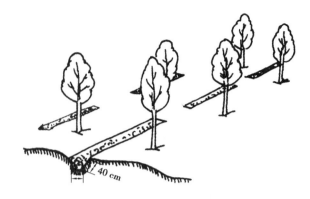

图4.7　条状沟施肥示意图

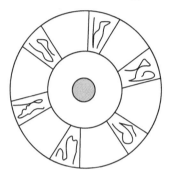

图4.8　放射状沟施肥

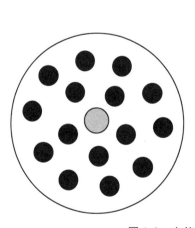

图4.9　穴状施肥示意图

5.根外喷施法

根外喷施法是指把速效肥料配制成稀溶液,喷洒到植物枝叶上(叶面施肥)或涂抹、注射于树干内(枝干施肥)的施肥方法。根外喷施法用肥量小,肥效高,见效快,但不能代替土壤追肥。

除上述施肥方法外,还有液体输液等其他方法。

（三）注意事项

园林植物施肥时应注意：

①基肥肥效发挥较慢应深施；追肥肥效较快，则宜浅施。

②有机肥料要经过充分发酵和腐熟，化肥不宜成块施用。

③施肥后（尤其是追化肥），及时适量灌水，以提高肥料的利用率。

④园林树木根群分布广，吸收养料和水分在须根部位，因此，施肥位置宜在树冠投影线周围，不要过于靠近树干。

⑤氮肥在土壤中移动性较强，因此浅施后渗透到根系分布层内被树木吸收；钾肥的移动性较差，磷肥的移动性更差，宜深施至根系分布最多处。

⑥叶面喷肥要严格掌握浓度，以免烧伤叶片。

【综合实训】

园林绿地土壤、水分与营养综合管理

● 实训目标

1.根据授课季节等具体情况，以实训小组（5～6 人）为单位，依托某小区园林绿地土壤、水分与营养管理工作任务，制订园林绿地土壤、水分与营养管理的技术方案。

2.能依据制订的技术方案和技术规范，进行园林绿地土壤、水分与营养管理操作。

3.能熟练并安全使用各类园林绿地土壤、水分与营养管理的用具、设备等。

● 实训要求

1.组内同学要分工合作，相互配合，技术方案的制订要依据园林植物物候期观测的技术流程，保证设备的完整及人员的安全。

2.提交实训报告。实训报告的内容包括实训任务、目标、材料与用具、方法与步骤、实训结果等。

3.提交实训总结。实训总结的内容包括对知识的掌握与运用、实训方案的设计、实训过程、实训结果等进行自我评价，分析失误原因并提出改进措施。

● 考核标准

1.采用过程考核与结果评价相结合的方式，注重实践操作、工作质量、汇报交流等环节的评价。

2.注重职业素养的考核，尤其强调团队协作能力的考核。

表4.1 园林绿地土壤、水分与营养综合管理项目考核与评价标准

实训项目		园林绿地土壤、水分与营养综合管理		学时	
评价类别	评价项目	评价子项目	自我评价（20%）	小组评价（20%）	教师评价（60%）
过程性考核（60%）	专业能力（45%）	方案制订能力（10%）			
		方案实施能力 准备工作（5%）			
		方案实施能力 土壤改良、水分与营养管理操作（20%）			
		方案实施能力 场地清理、器具养护（10%）			
	综合素质（15%）	主动参与（5%）			
		工作态度（5%）			
		团队协作（5%）			
结果考核（40%）	技术方案的科学性、可行性（10%）				
	园林植物长势长相、土壤有效水含量、绿地排水通畅、土壤 pH、EC 值、有机质含量等指标（20%）				
	实训报告、总结与分析（10%）				
评分合计					

【巩固训练】

一、课中测试

（一）不定项选择题

1. 合理灌溉的依据为（　　　）。
A. 植物的需水规律　　　　　　　　　　B. 土壤墒情
C. 气候条件　　　　　　　　　　　　　D. 形态与生理指标

2. 灌溉方法有（　　　）。
A. 漫灌　　　　　　B. 喷灌　　　　　　C. 滴灌　　　　　　D. 渗灌

3. 土壤酸化是指通过向土壤中施加（　　　）等物质降低土壤的 pH 值。
A. 泥炭等酸性有机介质　　　　　　　　B. 硫铵等生理酸性肥料
C. 过磷酸钙等化学酸性肥料　　　　　　D. 硫磺粉

4. 土壤碱化是指通过向土壤中施加（　　　）等碱性物质提高土壤 pH 值。
A. 石灰　　　　　　B. 草木灰　　　　　　C. 过磷酸钙　　　　　　D. 硫磺粉

5.园林植物的一般施肥原则是(　　　)。

A.薄肥少施　　　　　B.浓肥少施　　　　　C.薄肥勤施　　　　　D.浓肥勤施

(二)判断题(正确的画"√",错误的画"×")

1.土壤不仅要不断满足园林植物生长所需的养分和水分,还要为其根系生长创造良好环境。　　　　　　　　　　　　　　　　　　　　　　　　　　　　(　　　)

2.土壤是由固体、液体和气体组成的三相系统,其中固相颗粒约占土壤总量的95%以上。　　　　　　　　　　　　　　　　　　　　　　　　　　　　　　(　　　)

3.土壤质地对土壤的通透性、保蓄性、耕性以及养分含量等有很大的影响。

(　　　)

4.大多数园林植物在中性或微酸碱性的土壤里生长良好。　　　　(　　　)

5.中耕具有切断土壤表层的毛细管、减少土壤水分蒸发、防止土壤泛碱的作用。

(　　　)

6.肥料按其成分性质分类为有机肥料、无机肥料和微生物肥料3种类型。

(　　　)

7.微生物肥料是由一种或数种有益微生物,经工业化培养发酵而成的生物性肥料。

(　　　)

8."看苗施肥"是指根据苗木生长状况,并结合树种、苗龄、生长期和密度等确定施肥时期与施肥量的措施。　　　　　　　　　　　　　　　　　　　　(　　　)

二、课后拓展

1.园林绿地土壤管理的根本任务是什么? 土壤改良措施有哪些? 园林植物养护管理中如何做到合理灌溉与合理施肥?

2.解读《园林绿化养护标准》(CJJ/T 287—2018)。

CJJ/T 287—2018

任务十六　园林植物整形修剪

【任务描述】

　　整形修剪是调节树体结构,促进生长平衡,消除树体隐患,恢复树木生机的重要手段,技术性强。

　　本任务以园林植物养护管理中的实际工作内容为载体,通过对常见乔木类、灌木类、藤本类及竹类等园林植物的整形修剪进行现场教学,使学生熟练掌握园林植物整形修剪操作技能。

【任务目标】

　　1.能制订不同类型园林植物整形修剪的技术方案,并运用各种不同技法对其进行整形修剪。

　　2.熟知园林植物整形修剪的作用、主要依据与形式等。

　　3.熟练掌握整形修剪方法与步骤。

　　4.熟练掌握各类园林植物整形修剪技艺。

　　5.能熟练使用各类整形修剪的机械与工具,并能进行维护保养。

　　6.通过任务实施提高团队协作能力,培养独立分析与解决园林植物整形修剪实际问题的能力。

【任务内容】

一、准备工作

(一)知识准备

1.整形修剪的含义

　　整形是指为了提高园林植物的观赏价值,依据不同植物的生物学特性和人为意愿,将树冠修整成各种优美的形状和姿态。修剪是指对植株的某些器官(如芽、干、枝、叶、花、果、根等)进行剪截、疏除或其他处理的具体操作。

　　修剪是手段,整形是目的。

2.整形修剪的作用

　　1)调控园林植物的生长势与体量　修剪时应全面考虑其对园林植物的双重作用,是以促为主,还是以抑为主,应根据植株情况而定。

　　2)创造各种艺术造型与最佳环境美化效果　通过整形修剪将树冠培养成各种符

合要求的形态。自然式庭院中讲究树木的自然姿态,崇尚自然意境。规则式庭院中常将植物修剪成塔形、圆球形等几何形。

3)合理的整形修剪,能调节生长的平衡关系　包括主茎与侧枝、地上部分与根系、营养生长与生殖生长平衡。

4)改善透光条件,提高植物抗逆能力　修剪改善树冠内通风透光条件,提高其抗逆性,降低其发病率,保障植物健康生长。

5)促使园林植物多开花结实　通过修剪调节树体内营养合理分配,防止徒长,使养分更多地供给花芽分化,形成更多的花果枝。

6)其他作用　使衰老的植株或枝条更新复壮,提高栽植成活率等。

3.园林植物枝芽生长特性与整形修剪

1)芽的生长特性与整形修剪

(1)芽的类别与整形修剪　芽按着生位置分为顶芽、侧芽与不定芽;按芽的性质分为叶芽与花芽;按芽的萌发情况分为活动芽与休眠芽。侧芽可用来控制或促进枝条的长势。不定芽、休眠芽常用来更新复壮老树或老枝。休眠芽在发育上比一般芽年轻,易萌发出强壮旺盛的枝代替老树。

(2)芽的异质性与整形修剪　芽在形成的过程中,由于树体内营养物质和激素的分配差异和外界环境条件的不同,同一个枝条上不同部位的芽,在质量上和发育程度上存在着差异,这种现象称为芽的异质性。

芽的质量直接影响芽的萌发和萌发后新梢生长的强弱,修剪中可利用芽的异质性来调节枝条的长势,平衡树木的生长和促进花芽的形成萌发。

(3)萌芽率、成枝率与整形修剪　一年生枝上芽的萌发能力,称为萌芽力。一年生枝上芽萌发抽梢成长枝的能力,称为成枝力(图4.10)。

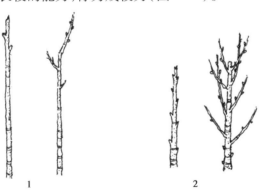

图4.10　萌芽率与成枝力示意图
1—萌芽率、成枝力都低;2—萌芽率、成枝力都高

一般萌芽力和成枝力都强的园林植物(如黄杨、紫薇、桃、月季等)枝条多,树冠容易形成,耐修剪,修剪时“多疏轻截”,避免树冠内膛枝过密。

对萌芽力与成枝力弱的树种(如梧桐、松等),树冠多稀疏,应注意少疏,适当短截,促其发枝。

2)枝条的生长习性与整形修剪

(1)枝条的类型与整形修剪　枝条按功能不同,分为营养枝与开花结果枝;按抽生时间不同,分为春梢、夏梢与秋梢;按枝龄不同,分为当年生枝条、两年生枝条与多年生枝;按枝条级别不同,分为主枝、侧枝和若干级侧枝。另外,根据枝条之间的相互关系还可分重叠枝、平行枝、并生枝、轮生枝、交叉枝等,修剪时应选择疏、截。

(2)植物的分枝方式与整形修剪　植物的分枝方式包括单轴分枝、合轴分枝与假二叉分枝3种(图4.11)。以单轴分枝的园林植物,适宜自然式整形修剪。以合轴分枝、假二叉分枝为主的植物,则既可以进行整形式修剪,也可以进行自然式修剪。

图4.11　单轴分枝、合轴分枝与假二叉分枝示意图

(3)干性、层性与整形修剪　植物主干生长的强弱及持续时间长短,称为植物干性。由于植物顶端优势与芽的异质性,主枝在中心主干分布或二级侧枝在主枝上分布形成明显层次,称为植物树冠的层性(图4.12)。

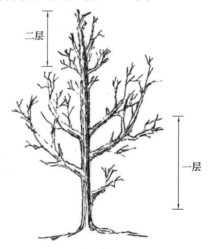

图4.12　树木层性示意图

整形修剪时,干性和层性都好的植物树形高大,适合整形成有中心主干的分层树形,如雪松、水杉、银杏等。干性弱的植物,树形一般较矮小,树冠披散,多适合整形成自然形或开心形,如桃、紫薇、丁香、石榴、合欢等。

4.园林植物整形修剪的依据

1)植物的生长习性　耐修剪植物萌芽力、成枝力及伤口的愈合能力强,其修剪方式可以根据组景的需要及植物的搭配而定。不耐修剪的植物,应以自然冠形为宜,只能轻剪、少剪,仅剪除过密枝、病虫枝及干枯枝。

2）树龄树势　幼龄期园林植物,以促进植物健壮生长发育为目标,以便尽快形成树冠,宜进行轻剪;壮龄期园林植物,以均衡树势、延长壮龄期为目标;对观花、观果园林植物,以促使植物保持中庸树势,利于花芽分化为目标;生长衰弱的老龄期园林植物,以促进更新复壮为目标,应回缩、重剪刺激休眠芽的萌发,以达到更新复壮的目的。

不同生长势的植物,其修剪方法不同。生长势旺盛的宜轻剪,以防破坏树木的平衡;生长势弱的应进行重短剪,剪口下留饱满芽,以促弱为强,恢复树势。

3）园林功能　以观花为主的植物,应以自然式或圆球形为主,使上下花团锦簇;绿篱类则采取规则式的整形修剪,以展示植物群体组成的几何图形美;庭荫树以自然式树形为宜,树干粗壮挺拔,枝叶浓密,发挥其游憩休闲的功能。

游人众多的主景区或规则式园林中,整形修剪应当精细。游人较少的地方,应当采用粗剪的方式,保持植物的粗犷。

整形目的是达到园林立意要求。

5. 整形修剪形式

1）自然式整形修剪　自然式整形修剪是指在保持植物自然冠形基础上,适当修剪,充分体现园林植物自然美。常见的自然式整形修剪形式:尖塔形(图4.13)、圆柱形、圆锥形、卵圆形、圆球形、伞形、垂枝形、拱枝形、丛生形、匍匐形等。

图4.13　尖塔形结构示意图及实景图

2）规则式整形修剪　根据园林观赏的需要,将植物树冠强行修剪成各种特殊形式,称为规则式整形修剪(或整形式整形修剪)(图4.14)。一般适宜规则式整形修剪的植物萌芽力与成枝力都强,耐修剪。常见的规则式整形修剪形式:古树盆景式、几何体形式、动物形式、建筑物形式等。

3）混合式整形修剪　常见的混合式整形修剪形式:杯形(图4.15)、自然开心形、中央领导干形、多领导干形、棚架形等。

（二）材料、用具与设备准备

1. 材料准备

准备以下材料:各类乔、灌、草本植物;伤口保护剂;安全隔离桩、安全隔离带、交通安全锥、安全警示标识;劳动保护用品包括警示服、安全帽、护目镜、工作服、手套、胶鞋、安全带、安全绳等。

2. 工具准备

准备以下工具:修枝剪、电动修枝剪、长柄修枝剪、大平剪、高枝剪、手锯、高枝锯、

图 4.14　云片与蘑菇头造型修剪

图 4.15　杯状形结构示意图及实景图

人字梯、三角梯、伸缩指示杆、激光笔、齿耙、刷子等。

　　3.设备准备

　　准备以下设备:剪草机、割灌机、绿篱修剪机、电动链锯、油锯、电动吹叶机、电动吸叶机等。

二、整形修剪的时期

　　1.休眠期修剪(冬季修剪)

　　休眠期修剪的具体时间应根据当地的寒冷程度和最低气温决定(一般为12月—翌年2月)。休眠期修剪一般采用截、疏、伤、放等修剪方法。休眠期修剪对树冠构成、枝梢生长、花果枝的形成等有重要作用。

　　2.生长期修剪(夏季修剪)

　　植物生长期(一般为4—10月)枝叶茂盛,影响到树体内部通风和采光,因此需要进行修剪。生长期修剪一般采用抹芽、摘心、除蘖、扭梢、曲枝、疏剪等方法。

三、整形修剪方法

　　1.休眠期修剪方法

　　修剪的基本方法有"截、疏、伤、变"等。

　　1)截　将植物的一年生或多年生枝条的一部分剪去,以刺激剪口下的侧芽萌发,抽发新梢,增加枝条数量。

（1）短截 截取一年生枝条的一部分（图4.16）。

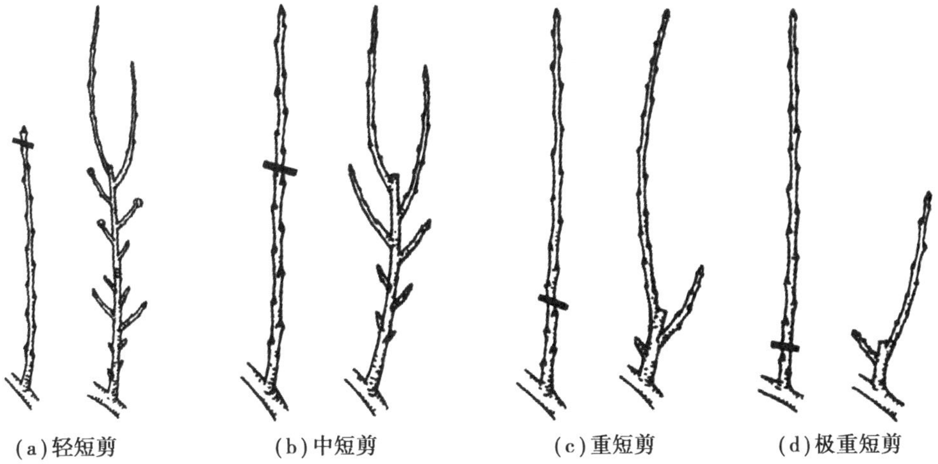

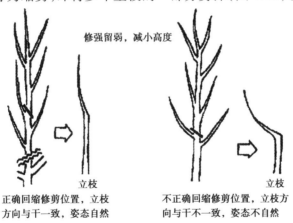

（a）轻短剪　　（b）中短剪　　（c）重短剪　　（d）极重短剪

图4.16　各种类型的短截示意图

①轻短剪：一般剪去枝条的1/4～1/3。

②中短剪：一般剪去枝条的1/3～1/2。

③重短剪：在梢的中下部短剪，一般剪去枝条的2/3～3/4。

④极重短剪：在梢基部仅留3～5个芽，其余剪去。一般多用于处理竞争枝或降低枝位。

（2）回缩 又称为缩剪，即将多年生枝的一部分剪掉（图4.17）。

修强留弱，减小高度

立枝　　　　　　　　　　立枝

正确回缩修剪位置，立枝　　不正确回缩修剪位置，立枝方
方向与干一致，姿态自然　　向与干不一致，姿态不自然

图4.17　回缩示意图

2）疏 又称为疏剪或疏删，即把枝条从分枝点基部全部剪去。按疏剪强度不同，可分为轻疏、中疏和重疏。

①轻疏：疏枝量占全树枝条的10%以下。

②中疏：疏枝量占全树枝条的10%～20%。

③重疏：疏枝量占全树枝条的20%以上。

3)伤　用各种方法损伤枝条,以缓和树势。

（1）目伤　在芽或枝的上方或下方进行刻伤,伤口形状似眼睛而称为目伤。伤的深度达木质部。

（2）横伤　对树干或粗大主枝横砍数刀,深及木质部。

（3）纵伤　在枝干上用刀纵切,深及木质部。

4)变　改变枝条生长方向,控制枝条生长势的方法称为变。例如用曲枝、拉枝、支枝、撑枝、吊枝等方法,将直立或空间位置不理想的枝条,引向水平或其他方向,可以加大枝条开张角度,使顶端优势转位、加强或削弱(图4.18)。

2.生长期修剪方法

1)摘心、抹芽和除蘖　疏的一种形式(图4.19)。

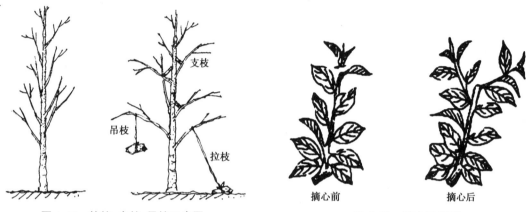

图4.18　拉枝、支枝、吊枝示意图　　　　　　图4.19　摘心示意图

2)扭梢与折梢　将生长过旺的枝条,在中上部将其扭曲下垂,称为扭梢。或只将其折伤但不折断(只折断木质部),称为折梢(图4.20)。扭梢与折梢阻止了水分、养分向生长点输送,从而削弱枝条生长势。

3)折裂　为了曲折枝条,形成各种艺术造型,对枝条实行折裂处理。

4)圈枝　幼树整形时常采用的技术措施。

5)环剥　在发育期,用环剥刀在枝干或枝条基部适当部位剥去一定宽度的环状树皮,称为环剥(图4.23)。

图4.20　扭梢与折梢示意图　　　　　　　图4.21　环剥示意图

6)摘蕾　将主蕾旁的小花蕾摘除,使营养集中于主蕾。

7)摘花　将凋谢、残缺、僵化及因病虫损害而影响美观的花朵及时摘去。

8)摘果　摘除不需要的小果或病虫果。

9)摘叶　摘除基部消耗养分的老叶、病虫叶等。

四、整形修剪程序

1. 整形修剪程序

整形修剪的程序:一知、二看、三剪、四检查、五处理、六保护。

1)一知　知道修剪操作规范;知道修剪对象的主要情况,包括种类、规格、树龄、生长习性、枝芽的发育特点、植株的生长情况、冠形特点、园林景观功能要求等;知道修剪对象周边的主要环境情况,包括位置、交通、电缆管线、指示牌、建筑物、相邻植物、环境特点等,结合实际进行修剪。

2)二看　修剪前应对植物进行仔细观察,因"树"制宜,合理修剪。

3)三剪　修剪时,首先要观察分析树势是否平衡,在疏枝前先要决定选留的大枝数及其在骨干枝上的位置,去弱留强,去老留新。修剪顺序:先剪掉大枝,再修剪小枝;先剪下部,后剪上部;先剪内膛枝,后剪外围枝。修剪切忌无次序。

4)四检查　检查修剪是否合理,有无漏剪与错剪,以便修正或重剪。

5)五处理　对剪下的枝叶、花果等集中进行无害化处理;对修剪工具进行清洗、消毒与保养。

6)六保护　对 4 cm 以上的剪口采用伤口保护剂处理等。

2. 整形修剪需注意的问题

1)剪口与剪口芽　剪口平滑、整齐,不留残桩。剪口的形状可以是平剪口或斜切口,采用斜切口较多。剪口芽留内向芽斜切口,剪口芽留外向芽平剪口(图4.22)。

正确的剪法:平行于芽上方5~10 mm,芽生长后的枝较直,平滑

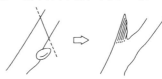
错误的剪法:大斜剪口,枝上留下尖茬

错误的剪法:平剪口离芽太远,枝上留下平茬

错误的剪法:平行剪口离芽太近,芽容易枯死

图4.22　剪口和留芽位置示意图

2)大枝的剪除　回缩多年生大枝时,应防止枝重下落,撕裂树皮。如果多年生枝较粗,必须用锯子锯除,可先从下方浅锯伤,然后从上方锯下,再修去残桩(图4.23)。

3)剪口的保护　对直径大于 2 cm 的剪口应进行消毒和保护处理。

①保护蜡:用松香、黄蜡、动物油按 5:3:1 比例熬制而成。

②豆油铜素剂:用豆油、硫酸铜、熟石灰按 1:1:1 比例制成。

4)修剪工具应锋利　修剪时不能造成树皮撕裂、折枝断枝。修剪病枝的工具,需要消毒以防交叉感染。

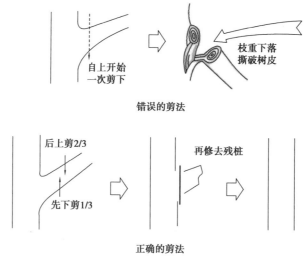

错误的剪法

正确的剪法

图4.23 大枝疏剪方法示意图

5)注意安全 上树修剪时,所有用具、机械必须灵活、牢固,防止发生事故。树上作业应选择无风晴朗天气;穿戴应符合安全要求;高压线附近作业,应避免触电。

五、各类园林植物整形修剪

(一)乔木类的整形修剪

乔木类修剪主要修除徒长枝、病虫枝、交叉枝、并生枝、下垂枝、扭伤枝、枯残枝。主干明显的树种,应注意保护中央主干。无明显主干的树种,应注意调配各级分枝,端正树形(图4.24)。

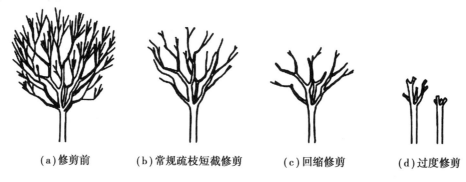

(a)修剪前   (b)常规疏枝短截修剪   (c)回缩修剪   (d)过度修剪

图4.24 修剪枝干去留示意图

1.成片树林的整形修剪

成片树林的整形修剪比较粗放,主要是维持树木良好的冠形,解决通风透光问题。

树林应修剪主干下部侧生枝,逐步提高分枝点,相同树种分枝点的高度应一致,林缘树分枝点应低于林内树木。

2.孤植树(或庭荫树)的整形修剪

一般以自然树形为宜,应以疏剪过密枝和短截过长枝为主,造型树应按预定的形状逐年进行整形修剪。

3.行道树的整形修剪

行道树是指在道路两旁整齐列植的树木,一般树干通直,干高以3~4 m 为宜。公园内园路或林荫路上的树木枝下高在2 m 左右。

①整条道路应做到修剪手法统一、协调一致,保持树冠圆整、树形美观、骨架均匀、疏密适中、通风透光。同路段同品种的行道树树型和分枝点高度应保持基本一致。

②树冠下缘线的高度应保持基本一致,以不影响车辆行人通过为宜。道路两侧的树冠边缘线应基本在一条直线上,顶部高度应基本一致。

③路灯、交通信号灯、架空线、变压设备等附近的枝叶应保留出足够的安全距离,并符合《城市道路绿化规划与设计规范》(CJJ/T 75—2023)。

4.古树名木的整形修剪

以保持原有树形为原则,修剪衰老枝、枯死枝、病虫枝,保持树冠通风透光;或重剪严重衰老的树冠,回缩换头,促使其萌发健壮的新枝。

(二)灌木类的整形修剪

1)短截　突出灌木丛外的徒长枝应短截,使灌丛保持整齐均衡,下垂细弱枝及地表萌生的地蘖应及时疏除;灌木内膛的小枝应疏剪,强壮枝应进行短截。

2)剪除残花、残果　花落后形成的残花、残果,无观赏价值或其他需要时,宜尽早剪除。

3)疏剪　栽植多年的丛生灌木应逐年更新衰老枝,疏剪内膛密生枝,培育新枝。栽植多年的有主干的灌木,每年应交替回缩主枝主干,控制树冠。

4)单株灌木或灌丛修剪

①单株灌木修剪应保持内高外低、自然丰满形态。

②单树种灌木丛,应保持内高外低或前低后高形态。

③多品种的灌木丛,应突出主栽品种,并留出生长空间。

④造型的灌木丛,应使外形轮廓清晰,外缘枝叶紧密。

5)花灌木修剪

(1)早春开花种类　此类植物花芽(或混合芽)着生在一年生枝条上,休眠期只做适当的整形修剪,疏去枯枝、过密枝、病虫枝等。花后对已开花枝剪截,促发健壮的新梢,为下年形成花芽打下基础。

(2)夏秋开花的种类　如木槿、紫薇等,在当年新梢上开花。一般于早春萌芽前进行短截与疏剪。为控制树高将生长健壮的枝条保留3~5 个芽进行重截,剪后可萌发一些健壮的新枝,有利于形成花芽开花。一般不在秋季修剪,以免枝条受到刺激后发生新梢,遭受冻害。

(3)一年多次开花的种类　此类灌木如月季等,在休眠期对当年生枝条进行短剪或多年生枝回缩,同时剪除交叉枝、病虫枝、弱枝等。生长期可多次修剪,促萌发抽梢,形成花蕾开花。

（4）观果类　如金银木、枸杞、火棘、沙棘、南天竹、石榴、构骨、金橘等。其修剪时期和方法与早春开花的种类大体相同，但需特别注意及时疏除过密枝，确保通风透光，减少病虫害，促果实着色。为提高其坐果率和促进果实生长发育，在夏季常采用环剥、绞缢、疏花、疏果等修剪措施。

（5）观枝类　如红瑞木、金枝柳、金枝槐、棣棠等。一般冬季不剪，到早春萌芽前重剪，以后轻剪，使萌发多数枝叶，充分发挥其观赏作用，并逐步疏除老枝，不断更新。

（三）藤本类的整形修剪

藤本类整形修剪以加速覆盖和攀缘速度为目标，定期翻蔓，修剪过密的侧枝，使其覆盖均匀。

（1）棚架式　近地面处重剪，使发生数条强壮主蔓，然后垂直诱引主蔓至棚架的顶部，并使侧蔓均匀地分布在架上。

（2）凉廊式　常用于卷须类及缠绕类植物。因凉廊有侧方格架，所以主蔓勿过早诱引至廊顶，否则易形成侧面空虚。

（3）篱垣式　多用于卷须类及缠绕类植物。将侧蔓进行水平诱引后，每年对侧枝进行短截，以形成整齐的篱垣。

（4）附壁式　将藤蔓引于墙面即可自行靠吸盘或吸附根而逐渐布满墙面，常见的附壁式植物有爬山虎、凌霄、扶芳藤、常春藤等。常见的附壁式整形方式有 U 字形、叉形、肋骨形、扇形等。

（四）绿篱及色带的整形修剪

绿篱萌芽力强、耐修剪。绿篱按使用功能分为绿墙（160 cm 以上）、高篱（120 ~ 160 cm），中篱（50 ~ 120 cm）和矮篱（50 cm 以下）。

①绿篱及色带的修剪应轮廓清晰，线条流畅，基部丰满，高度一致，侧面上下垂直或上窄下宽。

②道路交叉口及分车绿化带中的绿篱的修剪高度应符合《城市道路绿化设计标准》（CJJ/T 75—2023）的有关规定。

③生长旺盛的植物，每年整形修剪至少 4 次，生长缓慢的植物每年整形修剪至少 3 次。

④绿篱及色带高度在符合安全要求的前提下，每次修剪高度较前一次应有所提高；当绿篱及色带修剪控制高度难以满足要求时，则应进行回缩修剪。

⑤修剪后残留在绿篱面的枝叶应及时清除干净。

（五）花卉的修剪

①一、二年生花卉应根据分枝特性摘心；观花植株应摘除过早形成的花蕾或过多的侧蕾；叶片过密影响开花结果时应摘去部分老叶和过密叶；花谢后应去除残花和枯叶。

②球根花卉、宿根花卉应根据生长习性和用途进行摘心、抹芽；休眠期应剪除残留的枯枝、枯叶。

③修剪不宜在雨后立即进行。

④修剪工具应消毒。

(六)草坪的修剪

草坪修剪应注意以下事项：

①修剪时,剪掉的部分不应超过自然高度的1/3。

②修剪次数应根据草坪草的种类、养护质量要求、气候条件、土壤肥力及生长状况确定,进行不定期修剪。

③修剪前草坪应保持干爽,阴雨天、病害流行期不宜修剪;修剪前应清除草坪上的石砾、树枝等杂物,以消除隐患。修剪工作应避免在正午阳光直射时进行。

④修剪前宜对刀片进行消毒,并应保证刀片锋利,防止撕裂茎叶。

⑤修剪后应及时对修剪草坪进行一次杀菌防病虫害处理。

⑥同一草坪,不应多次在同一行列、同一方向修剪。

⑦修剪下的草屑应进行清理。

⑧草坪不得延伸到其他植物带内。切草边作业,边线应整齐或圆滑,与植物带距离不应大于0.15m。

(七)地被植物的修剪

地被植物包括多年生低矮草本植物及适应性较强的低矮、匍匐型的灌木和藤本植物。其修剪参照花卉、草坪、灌木与藤本植物修剪技术标准。

(八)水生植物的修剪

水生植物的修剪应注意以下事项：

①生长期阶段应清除水面以上的枯黄部分,应控制水生植物的景观范围,清理超出范围的植株及叶片。

②同一水池中混合栽植的,应保持主栽种优势,控制繁殖过快的种类。

(九)竹类的间伐修剪

竹类的间伐修剪应注意以下事项：

①按照去老留幼、去弱留强的原则,根据生长状况和景观要求,于晚秋或早春进行合理间伐或间移。

②笋期阶段及时去除弱笋和超出景观范围的植株。

③将衰弱、已死亡和已开花的竹兜挖除,及时清除枯死竹竿和枝条,砍除病竹和倒伏竹。

④降雪和台风活动频繁地区,过密竹林宜钩梢。

(十)其他特殊树形的整形修剪

其他特殊树形的整形修剪包括：

①图案式绿篱的整形修剪。

②绿篱拱门的制作与修剪。

③造型植物的整形修剪。

【综合实训】

园林植物整形修剪

- 实训目标

1.根据授课季节等具体情况,以实训小组(5~6人)为单位,依托某小区绿地各类园林植物整形修剪任务,制订园林植物整形修剪的技术方案。

2.能依据制订的技术方案和整形修剪的技术规范,进行整形修剪操作。

3.能熟练并安全使用各类整形修剪的用具、设备等。

- 实训要求

1.组内同学要分工合作,相互配合,技术方案的制订要依据园林植物物候期观测的技术流程,保证设备的完整及人员的安全。

2.提交实训报告。实训报告的内容包括实训任务、目标、材料与用具、方法与步骤、实训结果等。

3.提交实训总结。实训总结的内容包括对知识的掌握与运用、实训方案的设计、实训过程、实训结果等进行自我评价,分析失误原因并提出改进措施。

- 考核标准

1.采用过程考核与项目作业结果评价相结合的方式,注重实践操作、工作质量、汇报交流等环节的评价。

2.注重职业素养的考核,尤其强调团队协作能力的考核。

表4.2　园林植物整形修剪项目考核与评价标准

实训项目		园林栽植施工		学时	
评价类别	评价项目	评价子项目	自我评价（20%）	小组评价（20%）	教师评价（60%）
过程性考核（60%）	专业能力（45%）	方案制订能力（10%）			
		方案实施能力 准备工作（5%）			
		整形修剪操作（20%）			
		用具、设备使用与保养（10%）			
	综合素质（15%）	主动参与（5%）			
		工作态度（5%）			
		团队协作（5%）			
结果考核（40%）	技术方案的科学性、可行性（10%）				
	整形修剪效果等（20%）				
	实训报告、总结与分析（10%）				
评分合计					

【巩固训练】

一、课中训练

（一）不定项选择题

1. 园林植物整形修剪的依据为（　　　）。
   A. 植物的生长习性　　B. 树龄树势　　　　　C. 气候条件　　　　　D. 园林功能
2. 园林植物整形修剪形式有（　　　）。
   A. 自然式　　　　　　B. 规则式　　　　　　C. 中央领导干形　　　D. 混合式
3. 休眠期修剪的基本办法有（　　　）。
   A. 截　　　　　　　　B. 疏　　　　　　　　C. 伤　　　　　　　　D. 变
4. 短截按枝条截取程度分为（　　　）。
   A. 轻短剪　　　　　　B. 中短剪　　　　　　C. 重短剪　　　　　　D. 极重短剪
5. 短截修剪有轻、中、重之分，一般轻短剪是剪去枝条的（　　　）。
   A. 顶芽　　　　　　　B. 1/3 以内　　　　　C. 1/2 左右　　　　　D. 2/3 左右
6. 为减少落花落果，提高坐果率，环状剥皮应在（　　　）进行。
   A. 花芽分化期　　　　B. 开花前　　　　　　C. 盛花期　　　　　　D. 落花后
7. 修剪主、侧枝延长枝，剪口芽应选在（　　　）。
   A. 任意方向　　　　　B. 枝条内侧　　　　　C. 枝条外侧　　　　　D. 枝条左、右侧
8. 非移植季节移植树木，应对树冠进行强度修剪，但其修剪量应控制在保留原树冠的（　　　）以上。
   A. 1/4　　　　　　　　B. 1/3　　　　　　　　C. 1/2　　　　　　　　D. 2/3

（二）判断题（正确画"√"，错误的画"×"）

1. 整形修剪是调节树体结构，促进生长平衡，消除树体隐患，恢复树木生机的重要手段。　　　　　　　　　　　　　　　　　　　　　　　　　　（　　　）
2. 月季和梅花均宜在秋季进行强修剪，以利次年开花。　　　　　　　　（　　　）
3. 不定芽、休眠芽常用来更新复壮老树或老枝。　　　　　　　　　　　（　　　）
4. 修剪中常利用芽的异质性来调节枝条的长势。　　　　　　　　　　　（　　　）
5. 萌芽力与成枝力弱的树种，修剪时应少疏，适当短截，促发枝。　　　（　　　）
6. 单轴分枝的园林植物，适宜自然式整形修剪。　　　　　　　　　　　（　　　）
7. 合轴分枝为主的植物，既可进行整形式修剪，也可进行自然式修剪。　（　　　）
8. 干性和层性都好的植物，适合整形成有中心主干的分层树形。　　　　（　　　）
9. 短截修剪时间的早晚、修剪量的大小对树木生长有不同的影响。　　　（　　　）
10. 当年生枝条开花的树种，一般在花后进行短截修剪，而在 2 年生枝条上开花的树种，一般应在休眠期进行。　　　　　　　　　　　　　　　　　　　　（　　　）

二、课后拓展

1. 讨论园林植物整形修剪的目的、依据、时期、方法、步骤及各类园林植物整形修剪的技术要点。

2. 解读《全国园林绿化养护概算定额》ZYA 2（Ⅱ-21-2018）。

任务十七　园林植物病虫害绿色防控

【任务描述】

　　病虫害导致花草树木生长不良,出现非正常状态,使其失去观赏价值与绿化效果,影响园林功能的发挥。病虫害绿色防控是园林绿地养护管理的重要任务之一,主要包括园林植物病虫害种类、防控途径与绿色防控技术等内容。

【任务目标】

　　1.熟知园林植物病虫害主要种类。
　　2.熟知园林植物病虫害绿色防控技术途径。
　　3.掌握园林植物病虫害绿色防控技能。
　　4.熟练并安全使用各类园林植物病虫害防治的用具、设备。
　　5.通过任务实施提高团队协作能力,培养独立分析与解决园林植物病虫害绿色防控实际问题的能力。

【任务内容】

一、准备工作

(一)知识准备

　　1.园林植物病虫害主要种类
　　1)园林植物病害主要种类
　　(1)侵染性病害　由生物性病原引起的病害都能相互传染,称为侵染性病害。生物性病原主要包括真菌、细菌、病毒、线虫、支原体、寄生性植物、寄生藻类等(图4.25、图4.26)。

图4.25　槐树溃疡病

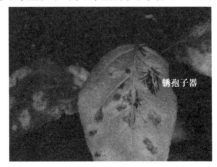

图4.26　海棠锈病

（2）非侵染性病害　由非生物性病原引起的病害,不能互相传染的,故称为非侵染性病害或生理性病害,主要由不良环境因子、缺素等引起（图4.27）。

图4.27　植株缺磷症状

2）园林植物虫害主要种类　我国已知的城市园林害虫有5 000多种,主要害虫有100多种。

（1）根部害虫　又称为土壤害虫或地下害虫,直接嚼食根系、萌芽的种子和幼苗。根部害虫主要有蛴螬、蝼蛄、蛴蝓、蜗牛、小地虎、白蚂蚁等。其中,蛴螬和白蚂蚁的危害较为普遍。

（2）刺吸性害虫　刺吸性害虫以蚜虫、蚧虫、蓟马、粉虱、叶螨（简称"五小虫"）为园林植物的最大隐患。其中,介壳虫发生最为普遍（图4.28、图4.29）。

图4.28　绒蚧对紫薇的危害　　　　　图4.29　木虱对香樟的危害

（3）食叶害虫　食叶害虫食性杂、寄主广,且虫口密度大、虫龄高、抗药性强,防治困难。食叶害虫主要有蛾类、蝶类、蝗虫类等。

（4）钻蛀性害虫　钻蛀性害虫取食危害活动均在植物器官内部,主要伤害主梢和主杆。钻蛀性害虫主要有天牛、吉丁类、小蠹类、木蠹蛾、透翅蛾和国槐小卷蛾等（图4.30）。

2.园林植物病虫害绿色防控原则

（1）栽培健康园林植物　主要措施为农业措施培育健康土壤生态环境;选用抗性或耐性品种;平衡施肥;合理养护管理;生态环境调控;合理使用植物免疫诱抗剂（植物疫苗）,目前正式登记的植物免疫诱抗剂有康壮素（蛋白质激发子）、益微菌（枯草芽孢杆菌）、壳寡糖和脱落酸等药物品种。

（2）利用生物多样性　主要措施为提高城市园林生态系统的多样性;提高园林植物品种的多样性。

图4.30　光肩星天牛幼虫、成虫

（3）应用有益生物　主要措施为采用对有益生物种群影响最小的防治技术防控病虫；人工繁殖和释放天敌；为有益生物建立繁衍走廊或避难所等。

（4）科学使用农药　优先使用生物农药或高效、低毒、低残留农药；对症施药；有效低量无污染；交替轮换用药等。

（二）材料、用具与设备准备

（1）材料准备　各类乔、灌、草本植物；农药；劳动保护用品包括口罩、工作服、手套、胶鞋等。

（2）植保用具准备　手持式喷药器、自动喷雾器等。

（3）植保设备准备　牵引式风送弥雾机等。

二、园林植物病虫害防控途径

园林植物病虫害防治原则：预防为主、综合防治。预防为主是指通过多种预防性技术措施，把病虫害抢先消除在集中危害发生期之前的防治方法。综合防治是指将植物检疫、农业措施、物理防治、人工灭除、生物防治与化学防治等多种技术途径结合起来，在各个时期和各种场所全面控制多种病虫害的防治方法。

（一）植物检疫途径

植物检疫是指设立专门机构，对引进或输出的植物种子、苗木、插条等繁殖材料进行全面的检疫，以防止某种危险性病虫害从病区向无病区进行传播。

（1）主要检疫病害　樱花细菌性根癌病、榆枯萎病、菊花叶枯线虫病、香石竹枯萎病、香石竹斑驳病毒病、菊花白锈病、松叶褐斑病、松叶红斑病、落叶松枯梢病、松材线虫病、杨树花叶病毒病等。

（2）主要检疫虫害　松突圆蚧、日本松干蚧、湿地松粉蚧、梨园蚧、美国白蛾、日本金龟子、柳扁蛾等。

（二）农业防治途径

农业防治途径有：①选择抗病虫优良园林植物品种；②做好园地、绿地环境管理工作;③加强肥水营养管理;④改善生态环境条件等。

(三)物理防治途径

物理防治途径:①光波诱杀;②色板诱杀;③性信息素诱杀;④设饵诱杀等。

(四)人工灭除途径

人工灭除是指人类利用一定的辅助器具直接进行诱捕灭杀、设障阻杀和剪除烧毁等。例如,用牙签剔除受精雌介壳虫外壳,人工摘除枝条上的刺蛾茧,刮除在树皮缝、枝杈处的越冬害虫等。清理植株基部枝干上的腐朽孔、洞,以防害虫在内越冬。对有下树越冬习性的害虫可在其下树前绑草诱集,集中杀灭。

(五)生物防治途径

生物防治途径如下:

(1)以菌治菌　利用微生物间的拮抗作用或某些微生物的代谢产物,抑制有害微生物生长发育甚至致死的方法。

(2)以菌治虫　将害虫的病原微生物人工培养,制成粉剂后喷洒于害虫体表,而使其得病致死的防治方法。

(3)以虫治虫　利用扑食性或寄生性天敌昆虫来防治植物害虫的方法。

(六)化学防治途径

化学防治是指利用喷洒化学药剂的方法进行病虫害防治。其特点是效率高、速度快、效果稳定、方法简单、不受地区和季节限制,适合大规模突发性病虫害的防治。但化学防治易引发环境污染和人畜安全问题,长期使用同一种农药容易使病虫产生抗药性。

三、园林植物病虫害绿色防控

园林植物病虫害绿色防控是指以减少化学农药使用量为目标,采取生态控制、生物防治、物理防治等环境友好型措施来控制有害生物的行为。中国化学农药用量是世界平均水平的 2.5～3 倍,社会与环境成本巨大,因此,必须大力推进园林植物生态控害与绿色防控工作。

园林植物病虫害绿色防控主推技术有以下 3 种。

1. 理化诱导

(1)光波诱控　频振式诱虫灯、投射式诱虫灯等诱杀。

(2)色板诱控　黄板、蓝板及色板与性诱剂组合的色诱产品诱杀(图4.31)。

(3)性信息素诱控　性诱剂诱捕和昆虫信息素迷向等诱杀。

(4)食源诱剂诱控　诱食剂诱杀。

图4.31　色板诱杀害虫效果图

2．生物防治

（1）保护利用天敌　青蛙、益鸟等天敌保护利用。

（2）繁育释放天敌　捕食螨、赤眼蜂、丽蚜小蜂、平腹小蜂等天敌繁育和释放。

（3）使用生物农药　如春雷霉素、多抗霉素、多杀菌素等抗生素。

（4）使用植物源农药　如除虫菊素、蛇床子素、苦参碱、小檗碱、印楝素、鱼藤酮等植物源农药。

3．生态防控

生态防控是一种以农业防治为主的灭虫技术，属于生态治虫技术。

生态防控进行的是病虫害源头治理。

四、园林树木病虫害化学防治方法

1．树干涂白法

树干涂白剂常用的配方为：水 10 份、生石灰 3 份、石硫合剂原液 0.5 份、食盐 0.5 份与油脂（动、植物油均可）少许配制而成。

涂白高度自地径以上 1～1.5 m 处为宜（图 4.32）。

图 4.32　树干涂白实景

树干涂白可防天牛、吉丁虫等蛀干害虫在树干上产卵；可预防腐烂病和溃疡病；可延迟芽的萌动期，避免枝芽受冻害，还可预防日灼等。

2．农药埋施法

农药埋施法是指在树木吸收根系密集分布区挖穴、打孔，施入内吸性较强颗粒剂（如呋喃丹颗粒等），根部吸收后输送到地上部分的干、枝、叶中，害虫取食后中毒死亡。此法不受温度、降水、树高等因素的影响，且药效持久，主要用于防治介壳虫、蛀干害虫等。

3．树干注药法

树干注药法是指在树干周围钻孔注药，使全树体都具有农药的有效成分（图 4.33）。此法操作简便、省工、省药、不污染空气、不伤害天敌，防治效果好，常用于防治天牛、木蠹蛾、吉丁虫等蛀干害虫和蚜虫、介壳虫、螨类等刺吸式口器害虫。

（1）注药的时期及药剂　在树木萌芽至落叶前的生长期内，选用内吸性较强的药剂，如 50% 甲胺磷乳油等。

（2）注药方法　采用直径 0.8～1 cm 电钻，距地面 15～50 cm 的树干上，呈 45°角向下斜钻 8 ~ 10 cm 深的注药孔,深达木质部。树干四周呈螺旋上升钻孔 3 ~ 5 个孔,孔中的锯末掏净注入药液。注药完毕后,用蜡或胶布等封口。

（3）注药量根据树木大小确定。

图 4.33　树干注药实景图

4.树干涂胶法

树干涂黏虫胶将其粘住致死。方法一是直接将黏虫胶涂在树干上;方法二是先用胶带在主干光滑的部位缠绕一圈,然后将黏虫胶均匀地涂在上面。树干涂胶法黏着力强、药效长、无毒、无污染、成本低,有着广泛的应用前景。树干涂胶法适宜防治具有上、下树迁移习性的害虫,例如,危害杨、柳、榆、槐等的春尺蠖、杨毒蛾,危害松树的松毛虫等。

5.其他方法

在日常的养护管理中,将常规的喷雾法、喷粉法、熏蒸法、诱杀法等与以上介绍的几种方法相结合,可提高园林树木病虫害的防治效果。

【综合实训】

园林植物病虫害绿色防控

● 实训目标

1.根据授课季节等具体情况,以实训小组（5 ~ 6 人）为单位,依托某小区绿地园林植物病虫害绿色防控任务,制订园林植物病虫害绿色防控的技术方案。

2.能依据制订的技术方案和园林植物病虫害绿色防控的技术规范,进行园林植物病虫害绿色防控操作。

3.能熟练并安全使用各类园林植物病虫害绿色防控的用具、设备等。

● 实训要求

1.组内同学要分工合作,相互配合,技术方案的制订要依据园林植物物候期观测的技术流程,保证设备的完整及人员的安全。

2.提交实训报告。实训报告的内容包括实训任务、目标、材料与用具、方法与步骤、实训结果等。

3.提交实训总结。实训总结的内容包括对知识的掌握与运用、实训方案的设计、实训过程、实训结果等进行自我评价,分析失误原因并提出改进措施。

● 考核标准

1. 采用过程考核与项目作业结果评价相结合的方式,注重实践操作、工作质量、汇报交流等环节的评价。

2. 注重职业素养的考核,尤其强调团队协作能力的考核。

表 4.3　园林植物病虫害绿色防控项目考核与评价标准

实训项目	园林植物病虫害绿色防控			学时	
评价类别	评价项目	评价子项目	自我评价（20%）	小组评价（20%）	教师评价（60%）
过程性考核（60%）	专业能力（45%）	方案制订能力（10%）			
		方案实施能力	准备工作（5%）		
			病虫害防控操作（20%）		
			场地清理与器具保养（10%）		
	综合素质（15%）	主动参与实践（5%）			
		工作态度（5%）			
		团队协作（5%）			
结果考核（40%）	技术方案的科学性、可行性（10%）				
	病虫害防控效果等（20%）				
	实训报告、总结与分析（10%）				
评分合计					

【巩固训练】

一、课中测试

(一)不定项选择题

1. 下列选项中危害园林植物根部的害虫是(　　　　)。

A. 蛴螬　　　　　　　B. 蝼蛄　　　　　　　C. 小地虎　　　　　　D. 蓟马

2. 下列选项中,主要危害园林植物叶部的害虫是(　　　　)。

A. 蛾类　　　　　　　B. 蝶类　　　　　　　C. 蛞蝓　　　　　　　D. 蝗虫类

3. 下列选项中,主要危害园林植物茎干部的害虫是(　　　　)。

A. 天牛　　　　　　　B. 吉丁类　　　　　　C. 木蠹蛾　　　　　　D. 透翅蛾

4. 园林植物病虫害绿色防控主推技术包括(　　　　)。

A. 理化诱导　　　　　B. 树干涂白法　　　　C. 生态防控　　　　　D. 生物防治

(二)判断题(正确的画"√",错误的画"×")

1. 园林植物主要叶部病害有霜霉病、白粉病、锈病、炭疽病、叶斑病等。   (   )

2. 预防根癌病可对病土进行热力或药剂处理。   (   )

3. 植物病害都有病状,但不是所有病害都有病征。   (   )

4. 通常寄生性强的病原物致病性强,反之则弱。   (   )

5. 病原物在植物体潜育期短,则再侵染次数多,对病害流行影响大。   (   )

6. 一般说来,局部侵染引起局部性病害,而系统侵染则引起系统性病害。 (   )

7. 凡是被列入植物检疫对象的都是危害性强的病虫杂草。   (   )

8. 土壤处理主要用于防治地下害虫或某一时期在地面活动的昆虫。   (   )

二、课后拓展

1. 园林植物病虫害绿色防控技术有哪些?

2. 解读《农药合理使用准则(十)》(GB/T 8321.10—2018)。

任务十八　园林植物自然灾害防护

【任务描述】

我国地域辽阔,自然条件复杂,园林植物种类繁多,常会遭遇各种自然灾害,必须做好防护才能保证园林植物健康生长。常见的自然灾害包括冻害、冷害、霜害、日灼、旱害、涝害、风害、雪害等。

本任务以园林植物自然灾害防护实际工作内容为载体,通过对各类园林植物自然灾害防护进行现场教学,使学生熟练掌握园林植物自然灾害防护的基本技能。

【任务目标】

1.能根据当地的主要自然灾害类型,制订适应当地特点的防护技术方案。

2.能识别园林植物自然灾害类型,并掌握其防护措施。

3.熟练并安全使用各类自然灾害防护的用具、设备。

4.通过任务实施提高团队协作能力,培养独立分析与解决园林植物自然灾害防护实际问题的能力。

【任务内容】

一、准备工作

(一)知识准备

1.低温危害

1)冻害　0 ℃以下的低温对作物造成的危害称为冻害。植物对冰点以下低温逐渐形成的一种适应能力称为抗冻性。冻害发生的温度限度,因植物种类、生育时期、生理状态以及器官的不同,经受低温的时间长短而有很大差异。

严格说冻害就是冰晶的伤害,低温使植物组织细胞外结冰与胞内结冰,细胞膜或细胞壁破裂,引起代谢失调。植物受冻害时,细胞失去膨压,组织柔软、叶色变褐,严重者干枯死亡(图4.34)。

与冻害相关因素包括:

(1)抗冻性与树种有关　如油松比马尾松抗冻。

(2)抗冻性与植物体内糖分有关　可溶性糖是植物抵御低温的重要保护性物质。

(3)抗冻性与植物休眠程度有关　一般处在休眠状态的植株抗寒力强。

(4)抗冻性与植物树龄有关　幼树易受冻害,而大树则相对抗寒。

图 4.34 柑橘冻害的症状

（5）抗冻性与温度的变化有关 降温幅度过大，低温持续时间长，升温幅度又过快，会导致植物出现毁灭性的伤害。

（6）抗冻性与种植土壤有关 种植在黏性土壤较沙质土壤的树种抗寒。

2）冷害 冰点以上的低温对植物的伤害称为冷害。而植物对 0 ℃以上低温的适应能力称为抗冷性。冷害导致膜脂发生相变，膜透性增大，基本代谢紊乱等。

3）霜害 园林植物在生长期内，由于急剧降温，空气中的饱和水汽与植物体表面接触，凝结成霜，使植物体幼嫩部分受冻的现象，称为霜害。早秋及晚春寒潮入侵时，易形成霜害，分别称为早霜与晚霜。

2. 日灼

1）概念 由太阳辐射热引起的非侵染性生理病害称为日灼。在夏季，由于温度高，水分不足，蒸腾作用减弱，树体温度难以调节，造成树干的皮层或果实的表面局部温度过高而灼伤，严重者引起局部组织死亡。日灼常发生于山茶、茶梅、杜鹃、金丝桃、桃叶珊瑚等喜阴性园林植物上。当夏季温度连续处于 35 ℃以上又长期不下雨时，就容易发生日灼病。

2）日灼症状 植物叶片边缘或中间部分因高温致组织死亡，外观表现为灼伤部位焦枯发黄。干皮变色、变粗糙，严重时韧皮坏死脱落、木质部开裂，严重影响观赏价值（图 4.35）。

图 4.35 植物日灼症状

3. 涝害

1) 概念　土壤水分过多对园林植物产生的伤害,称为涝害。水涝的危害并不在于水分本身,而在于土壤含水量持续维持饱和状态引起植物根系缺氧,从而产生一系列生理伤害。在缺氧条件下,根系无氧呼吸会产生大量无氧呼吸(发酵)产物,如丙酮酸、乙醇、乳酸等,使代谢紊乱。土壤厌气性微生物活动活跃,使土壤内形成大量有害的还原性物质(如硫化氢等),导致根系腐烂甚至死亡,进而导致植株生长不良甚至死亡。在低湿地、沼泽地带、河湖边,发生洪水或暴雨过后,常有涝害发生。

2) 涝害的症状　出现叶卷曲、叶萎蔫、黄叶、落叶、嫩梢发黄干枯。根系生长受抑,根发黑腐烂与根窒息死亡。如果时间过长,则皮层易脱落,木质变色。落果、裂果,树冠出现枯枝等现象,严重时全株枯死(图4.36)。

图 4.36　植物根的生长与涝渍(图中数字代表涝渍的天数)

园林植物对淹水低氧环境的适应能力与其形态结构及代谢相关。园林植物按耐涝力强弱分类为:

(1)耐淹力强的树种　如落羽杉、池杉、水松、柳树、枫杨、紫穗槐、紫藤等。

(2)耐淹力较强的树种　如棕榈、丝棉木、悬铃木、重阳木、榔榆、桑树、三角枫、乌桕、枫香、紫藤、乌桕等。

(3)耐淹力中等的树种　如侧柏、圆柏、龙柏、广玉兰等。

(4)耐淹力较弱的树种　如罗汉松、刺柏、樟树、合欢等。

(5)耐淹力弱的树种　如马尾松、杉木、玉兰、梧桐等。

4. 旱害

1) 概念　土壤水分缺乏或大气相对湿度过低对园林植物造成的危害称为旱害。植物抵抗旱害的能力称为抗旱性。

根据引起水分亏缺的原因,干旱可分为:

(1)大气干旱　指空气过度干燥,相对湿度过低,伴随高温和干风,这时园林植物蒸腾过强,根系吸水补偿不了失水。

(2)土壤干旱　指土壤中没有或只有少量的有效水,严重降低植物吸水,使其水分亏缺引起永久萎蔫。

（3）生理干旱　土壤中的水分并不缺乏，只是因为土温过低或土壤溶液浓度过高或积累有毒物质等原因，妨碍根系吸水，造成植物体内水分平衡失调。

2）症状　干旱对园林植株影响的外观表现，最易直接观察到的是萎蔫，即因水分亏缺，细胞失去紧张度，叶片和茎的幼嫩部分出现萎蔫下垂的现象。萎蔫可分为两种：暂时萎蔫和永久萎蔫。

干旱引起了一系列生理生化变化而伤害植物，原生质脱水是旱害的核心。干旱造成园林植物生长不正常，延迟萌芽与开花，严重时发生落花、落果和新梢过早停止生长、加速其衰老等现象，严重影响园林树木的观赏效果（图4.37）。

图4.37　植物旱害症状

园林植物按耐旱力强弱分类为：

（1）耐旱力强的树种　如垂柳、旱柳等。

（2）耐旱力较强的树种　如马尾松、油松、广玉兰等。

（3）耐旱力中等的树种　如白杨、连翘、山梅花等

（4）耐旱力较弱的树种　如金钱松、柳杉、玉兰等。

（5）耐旱力弱的树种　如银杏、水杉、水松等。

（二）材料、用具与设备准备

1. 材料准备

准备以下材料：各类乔、灌、草本类园林植物；2%～5%硫酸铜溶液、石硫合剂原液等消毒剂；树木伤口专用涂抹剂、豆油铜素剂、液体接蜡、桐油、虫胶清漆、树脂乳剂等保护剂；涂白剂；专用复壮的营养注射液；多效唑、S-诱抗素、B9、乙烯利、青鲜素、顺丁烯二酰肼等其他试剂；安全隔离桩、安全隔离带、安全警示标志；劳动保护用品，包括安全带、安全绳、安全帽、工作服、手套、胶鞋；无纺布、遮阳网；有机肥、复合肥或磷钾肥；苫布等裹干材料；等等。

2. 用具准备

准备以下用具：枝剪、园艺锯、铁锹、不锈钢油灰刀套件（带毛刷）、手锤等。

3. 园林设备

准备以下设备：灌溉设备；植保设备等。

二、园林植物自然灾害的防护

1.园林植物防冻措施

1)抗冻锻炼　逐步降低温度,通过锻炼之后,植物会发生各种生理生化变化,使植物的抗冻能力显著提高。

2)适地适树的种植原则　选用乡土树种从一定程度上可避免冻害危害;少配置外来树种或边缘树种。

3)化学调控

(1)提前喷施"控梢剂"　喷布多效唑等方法控制秋梢生长,增加树体贮藏养分,提高抗寒力。

(2)使用"抗逆剂"诱导植物抗性　S-诱抗素是启动植物体内抗逆基因表达的"第一信使",可有效激活植物体内抗逆免疫系统,增强植物抗寒抗冻能力。

4)养护管理措施

(1)科学浇灌防冻水和返青水　在土壤封冻前浇一次防冻水,浇返青水一般在早春进行。

(2)合理施越冬肥,"强树健体"　树木进入秋季时施用,以增强植株抵抗力。以磷钾肥为主,可促进糖类物质代谢,使植物组织充实。针对弱树、古树的防寒,应提前吊注"专用复壮的营养注射液"等。

(3)物理保护措施　采用秋末根颈培土防寒、适当深耕或地面覆盖、树干缠绕保温材料、树干涂白、搭建风障等。

2.园林植物霜害预防措施

1)选择抗寒品种。

2)低温锻炼　植物对低温的抵抗是一个适应锻炼过程。

3)化学诱导　B9、乙烯利、青鲜素、顺丁烯二酰肼等在树木萌芽前或秋末喷洒,抑制树体萌动预防晚霜等。

4)养护管理措施

(1)合理施肥　增加氮磷钾肥的比例,能提高园林植物的抗冷性。

(2)加强物理保护措施　采用树干涂白、遮盖法等。

(3)创造良好的小气候　采用喷水法、烟熏法等。

3.日灼防护措施

1)适地适树　园林植物配置时充分考虑其生态习性,少用或不用日灼严重的树种,是避免日灼发生的根本措施。

2)化学调控　喷施蒸腾抑制剂,减少蒸腾量,维持园林植物体内水分平衡,提高其抗日灼能力。

3)加强养护管理,提高植株的抗日灼能力:

(1)喷水降温增湿或设置遮阳棚　高温干燥时,喷水降温增湿或设置遮阳棚,减少日光直射防日灼。

(2)适度修剪　园林植物修剪时,注意在向阳面保留尽量多的枝条,有叶遮阴,可降低日灼程度。幼树若修枝过重,主干暴露,因皮层薄易在夏季受高温伤害发生日灼。

（3）合理施肥，补充植物体营养　生长势弱的树木、新移栽树木尚未完全恢复生命力，炎热高温侵袭，体内养分快速流失，易干枯死亡。及时补充树体营养，可提高植株的抗日灼能力。

（4）树干涂白或裹干　树干涂白或裹干或树下栽植观赏草或小灌木等措施，可减少日灼伤害。

4. 涝害防护措施

（1）绿地规划设计时，合理利用地形地势　栽植施工时，做好微地形，从根本上减少绿地积水现象的发生。

（2）选用抗涝性强和耐水湿的树种、品种　落叶树种抗涝性优于常绿树种，在低洼地或地下水位过高的地段少种常绿树。

（3）改良土壤　注意选用排水性好的砂性土壤。对于通透性较差的黏性土壤以及低洼易积水和地下水位高的地段，栽植施工时做好排水设施。

（4）涝害发生后的养护管理：

①及时、及早地排除积水，及早使植株恢复原状。

②翻土晾晒，使土壤中水分很快散发，同时施用有机肥。

③对植物进行遮阳，减少植株地上部分的水分蒸腾作用等。

④修剪，通过修剪减少植株水分的消耗，修剪以疏枝、疏叶和短截为主，可视受涝后树势确定修剪量，树势越弱，修剪量就越大。

⑤加强树体保护，对倒树、危树、浸泡松动的大树要及时扶正，并进行加固支撑。

⑥其他养护管理措施：土壤消毒并配合生根剂的使用，促进涝害后植株根系的修复生长；待根系恢复后，适时适量追肥，促进植株恢复长势；做好涝害后植物病虫害预防等。

5. 旱害预防措施

①选用抗旱性强的园林植物。

②进行抗旱锻炼，通过抗旱锻炼处理后植株根系发达，保水能力增强。

③绿地配套灌溉系统，及时满足园林植物对水分的需求。

④进行适当的化学调控，如利用生长延缓剂矮壮素、B9 等能增加细胞的保水能力，抗蒸腾剂的使用，能减少蒸腾失水，提高植物抗旱性。

⑤养护管理措施：增施磷、钾肥能促进根系生长，提高根冠比，提高园林植物抗旱性；及时中耕、除草、培土保墒；覆盖或遮阴抗旱。

【综合实训】

园林植物自然灾害防护

● 实训目标

1. 根据授课季节等具体情况，以实训小组（5～6 人）为单位，依托某小区绿地园林植物自然灾害防护任务，制订园林植物自然灾害防护的技术方案。

2. 能依据制订的技术方案和园林植物自然灾害防护的技术规范，进行园林植物自然灾害防护操作。

3. 能熟练并安全使用各类园林植物自然灾害防护的用具、设备等。

● 实训要求

1. 组内同学要分工合作,相互配合,技术方案的制订要依据园林植物物候期观测的技术流程,保证设备的完整及人员的安全。

2. 提交实训报告。实训报告的内容包括实训任务、目标、材料与用具、方法与步骤、实训结果等。

3. 提交实训总结。实训总结的内容包括对知识的掌握与运用、实训方案的设计、实训过程、实训结果等进行自我评价,分析失误原因并提出改进措施。

● 考核标准

1. 采用过程考核与项目作业结果评价相结合的方式,注重实践操作、工作质量、汇报交流等环节的评价。

2. 注重职业素养的考核,尤其强调团队协作能力的考核。

表 4.4 园林植物自然灾害防护项目考核与评价标准

实训项目	园林植物自然灾害防护			学时	
评价类别	评价项目	评价子项目		自我评价(20%)	小组评价(20%)	教师评价(60%)
过程性考核(60%)	专业能力(45%)	方案制订能力(10%)				
		方案实施能力	准备工作(5%)			
			冻害、寒害防护操作(20%)			
			场地清理、器具维护(10%)			
	综合素质(15%)	主动参与(5%)				
		工作态度(5%)				
		团队协作(5%)				
结果考核(40%)	技术方案的科学性、可行性(10%)					
	自然灾害发生程度、灾后恢复等指标(20%)					
	实训报告、总结与分析(10%)					
评分合计						

【巩固训练】

一、课中测试

（一）不定项选择题

1.树木进入秋季时施用（　　）可以增强植株抵抗力。

A.以磷钾肥为主肥料　　　　　　　　B.以氮肥为主肥料

C.以生物菌肥为主肥料　　　　　　　D.以稀土元素为主肥料

2.喷布（　　）等方法可控制秋梢生长，增加树体贮藏养分，提高抗寒力。

A.赤霉素　　　　　B.多效唑　　　　　C.激动素　　　　　D.生长素

3.下列选项中，属于树木防寒保护措施的是（　　）。

A.秋末根颈培土　　　　　　　　　　B.树干涂白

C.地面覆盖　　　　　　　　　　　　D.树干缠绕保温材料

4.在树木萌芽前或秋末喷洒（　　），可抑制树体萌动，预防晚霜。

A.B9　　　　　B.乙烯利　　　　　C.青鲜素　　　　　D.顺丁烯二酰肼

（二）判断题（正确的画"√"，错误的画"×"）

1.冻害是指温度降到0 ℃以下造成的植物伤害。　　　　　　　　（　　）

2.溶性糖是植物抵御低温的重要保护性物质。　　　　　　　　　（　　）

3.一般处于休眠状态的植株抗寒力强。　　　　　　　　　　　　（　　）

4.幼树易受冻害，而大树则相对抗寒。　　　　　　　　　　　　（　　）

5.降温幅度过大，低温持续时间长，升温幅度又过快，会导致植物出现毁灭性的伤害。　　　　　　　　　　　　　　　　　　　　　　　　　　　（　　）

6.种植在黏性土壤的树种较种植在沙质土壤的树种抗寒。　　　　（　　）

7.土壤水分过多对园林植物产生的伤害并不在于水分本身，而是由于水分过多引起根系缺氧，从而产生一系列危害。　　　　　　　　　　　　　　（　　）

8.选用乡土树种从一定程度上可避免冻害危害。　　　　　　　　（　　）

二、课后拓展

1.园林植物冻害预防与防护措施有哪些？

2.园林植物霜害预防与防护措施有哪些？

3.园林植物日灼预防与防护措施有哪些？

4.园林植物涝害预防与防护措施有哪些？

5.园林植物旱害预防与防护措施有哪些？

任务十九　园林树木的安全性管理

【任务描述】

园林树木特别是一些大树、古树及不健康的树木,常因外力诸如风、雨、雪等作用,造成折断、倒伏、落枝等现象,危及周围的建筑或其他设施,甚至对人群安全构成威胁。

园林植物养护管理中的一个重要任务,就是确保树木不会构成对设施、人身与财产的造成损失。

【任务目标】

1. 熟知园林树木的安全性问题、树木危险性的测评与安全性管理等。

2. 掌握树木腐朽诊断方法、树木危险性诊断方法与树木安全性管理措施。

3. 熟练并安全使用树木腐朽诊断、树木危险性诊断、安全性管理的用具、设备。

4. 通过任务实施提高团队协作能力,培养独立分析与解决园林树木安全性管理问题的能力。

【任务内容】

一、准备工作

(一)知识准备

1. 园林树木的安全性问题

园林树木是城市景观的重要组成部分,同时承担着改善城市生态环境的重要使命。然而,受多种原因的影响,树木会出现树冠偏斜、枝叶干枯、树体倾斜、树干腐朽、根系受损等不健康状况,特别是强风、台风、暴雨雪等极端恶劣的天气更容易导致枝条坠落、树干断折、树体倒伏等风险,威胁人民群众的生命与财产安全。

园林树木安全性与树种特性、树龄与树势、栽培技术、立地条件等相关。

树体结构异常且有可能危及目标的树木,称为危险性树木。危险性树木常对其周边的建筑,各种设施、车辆,各种通信设施、人群等危及目标造成损失。因此,要求对人行道、公园、广场、街头绿地及重要建筑物附近的树木进行监管,消除安全隐患。

危险性树木树体结构异常表现:

(1)树干部分　树尖削度不合理,树冠比例过大、严重偏冠;具有多个直径几乎相同的主干;木质部发生腐朽、空洞;树体倾斜;树木在一个分支点形成轮生状的大枝等。

（2）树枝部分　大枝上的枝叶分布不均匀；大枝呈水平延伸，过长；前端枝叶过多、下垂，侧枝基部与树干或主枝连接处腐朽，连接脆弱；树枝木质部纹理扭曲、腐朽等。

（3）根系部分　根系分布过浅导致裸出地表，根系缺损和腐朽；侧根环绕主根影响并抑制其他根系的生长；市政工程造成树木侧根受损等。

2. 园林树木腐朽与诊断

1）树木腐朽　活立木由于病原微生物的感染导致木质部的组织分解转化的现象，称为树木腐朽。树木腐朽会直接降低树干和主枝的机械强度，构成树木安全问题。

（1）树木腐朽的发生阶段　许多因素与树木腐朽有关，其中最重要的原因是树木创伤感染，特别是真菌感染。受到感染的部位因昆虫、鸟及动物的活动，水分的渗入等而加剧腐朽。

①腐朽初期：木质组织略有变色或不变色，腐朽表象不明显，木质部组织的细胞壁变薄，导致机械强度降低。

②腐朽早期：外观能看出腐朽表象，木质组织明显变色，质地变得粗糙，机械强度明显下降。

③腐朽中期：腐朽表象十分明显，木质的宏观构造虽然保持完整，但组织松软，丧失了机械强度。

④腐朽后期：木质组织的构造受到破坏，呈粉末状或纤维状。

（2）树木腐朽类型　树木腐朽主要是真菌感染所致，而不同菌种的腐朽方式不同。菌种的腐朽方式包括褐腐、白腐、心腐、边腐等。

2）树木腐朽的诊断

（1）表观测诊断法　观察树干和树冠的外观特征来估计树木内部的腐朽情况。

（2）真菌子实体观测诊断法　真菌子实体观测法是判断树木腐朽的主要方法，但不同树种、不同真菌的情况具有较大差别。

（3）直接诊断法

①敲击听声法：用木槌或橡皮槌敲击树干，可诊断树干内部是否有空洞，或树皮是否脱离。

②生长锥法：用生长锥在树干的横断面上抽取一段木材，直接观察木材的腐朽情况。

③小电钻法：用钻头直径为3.2 mm的木工钻在检查部位钻孔，根据钻头进入时感觉承受到的阻力差异和钻出木屑的色泽变化，来判断木材物理性质的可能变化，确认是否有腐朽发生。

④仪器探测法：如超声波腐朽探测仪、树木针测仪等。从德国引进的超声波树木断层画像诊断装置常用于为古树"会诊"。树木针测仪通过电子传感器控制钻刺针测量树木或木材的阻抗测量记录，可精确探测树木内部结构，如腐烂或空洞情况、材质状况、生长状况（年轮分析）等。

（二）材料、用具与设备准备

1.材料准备

准备以下材料:危险性树木等;钢管、钢板、橡胶垫、防锈漆、螺栓杆、铁箍、支杆、托板、铁箍、钢丝绳、螺栓、螺母、紧线器、弹簧等;伤口保护剂、防腐消毒剂、聚氨酯、防水胶、仿真树皮;硅胶、水泥、无纺布、铁丝网、PVC 管、铁钉、木板、木条;安全隔离桩、安全隔离带;劳动保护用品,包括安全带、安全绳、安全帽、工作服、手套等。

2.用具准备

准备以下用具:不锈钢油灰刀、锤子、凿子、刷子、电钻、生长锥等。

3.设备准备

准备以下设备:3D 树木成像评价系统、超声波腐朽探测仪、树木针测仪等。

二、园林树木危险性的测评与安全性管理

（一）园林树木危险性的测评

（1）观测内容　立地环境、树木生长表现、树体平衡性能与机械结构合理性等。
诊断顺序:先环境后树体,先叶枝后干根,从宏观到微观。

（2）危险性树木的测评(图 4.38)　确定树木安全性指标,通过观测或测量树木的各种表现,并通过与正常树木进行比较来诊断潜在危险性的大小,划分安全性等级。

图 4.38　树木危险性诊断测评

（二）园林树木安全性管理

1.建立树木安全性管理体系

建立树木安全性的定期检查制度,定期调查城市树木,正确评估树木风险水平,因地制宜地采取相应的养护管理措施,进行城市树木精细化管理。

2.建立树木安全性管理信息系统

对重要地段的树木,古树名木的安全管理建立信息管理系统;配电子身份牌;记录日常检查、处理等基本情况,遇到问题及时处理。

3.树木安全管理措施

1)树干支撑法　树干倾斜不稳、大枝下垂有劈裂趋势,在树木主干或主枝的下方或侧方设立硬质支杆,承托上方的重量,减轻主枝或树干的压力(图 4.39)。

图4.39　树木支撑法实景图

常用支杆材料有金属杆、木桩、钢筋混凝土桩等。下部立在坚固的地基上,上端与树干连接处有适当形状的托杆和托碗,并加以软垫,以免伤害树皮。

2)悬吊(吊枝)　利用树木的中央领导干或在树冠中央设立支柱,用螺丝杆(或绳索)固定,一端固定于大枝的着力点上,另一端固定在中央领导干或支柱上。

3)缆绳加固法　主枝有轻微劈裂时,常用缆绳将几个主枝连接起来,拉、吊后转移重量。缆绳可以从中心主干、大枝,辐射连接周围的主枝,提供直接和侧向支撑(图4.40)。

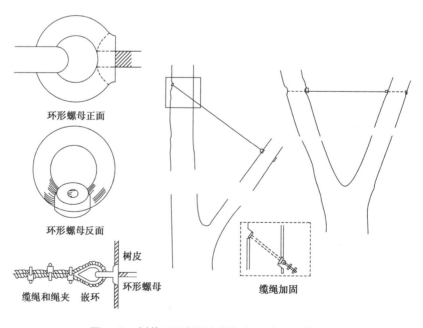

图4.40　树体环形螺母加缆绳加固方法示意图

4）螺栓杆加固法　用螺栓、螺钩或金属杆将相邻的主枝连接起来，为弱杈或劈裂杈提供直接支撑（图4.41）。

5）铁箍加固法　古树枝干扭裂，对扭裂的枝干打箍，以防枝干断裂。

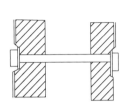

图4.41　树体螺栓杆固定方法示意图

【综合实训】

园林树木腐朽诊断与安全性管理

● 实训目标

1.根据授课季节等具体情况，以实训小组（5～6人）为单位，开展某小区绿地园林树木腐朽诊断与安全管理工作，制订绿地园林树木腐朽诊断与安全性管理的技术方案。

2.能依据制订的技术方案和绿地园林树木腐朽诊断与安全管理的技术规范，进行绿地园林树木腐朽诊断与安全管理操作。

3.能熟练并安全使用各类绿地园林树木腐朽诊断与安全管理的用具、设备等。

● 实训要求

1.组内同学分工合作，相互配合，依据园林植物物候期观测的技术流程制订技术方案，保证设备的完整及人员的安全。

2.提交实训报告。实训报告的内容包括实训任务、目标、材料与用具、方法与步骤、实训结果等。

3.提交实训总结。实训总结的内容包括对知识的掌握与运用、实训方案的设计、实训过程、实训结果等进行自我评价，分析失误原因并提出改进措施。

● 考核标准

1.采用过程考核与项目作业结果评价相结合的方式，注重实践操作、工作质量、汇报交流等环节的评价。

2.注重职业素养的考核，尤其强调团队协作能力的考核。

表4.5　园林树木腐朽诊断与安全性管理项目考核与评价标准

实训项目		园林植物树木腐朽诊断与树体修补		学时	
评价类别	评价项目	评价子项目	自我评价（20%）	小组评价（20%）	教师评价（60%）
过程性考核（60%）	专业能力（45%）	方案制订能力（10%）			
		准备工作（5%）			
		方案实施能力　树体诊断与安全性管理操作（20%）			
		场地清理、器具保养（10%）			
	综合素质（15%）	主动参与（5%）			
		工作态度（5%）			
		团队协作（5%）			
结果考核（40%）	技术方案的科学性、可行性（10%）				
	诊断准确性、安全性管理效果等指标（20%）				
	实训报告、总结与分析（10%）				
评分合计					

【巩固训练】

一、课中测试

（一）不定项选择题

1. 诊断树木是否有潜在危险的观测内容有（　　　）。

A. 树木生长表现　　　　　　　　　　B. 树体平衡性能

C. 机械结构合理性　　　　　　　　　D. 树木冠径

2. 树木腐朽类型包括（　　　）。

A. 褐腐　　　　　B. 白腐　　　　　C. 心腐　　　　　D. 边腐

3. 树木腐朽的过程包括（　　　）。

A. 腐朽初期　　　B. 腐朽早期　　　C. 腐朽中期　　　D. 腐朽后期

4. 下列方法可用于树木腐朽诊断的是（　　　）。

A. 仪器探测法　　B. 生长锥法　　　C. 直接诊断法　　D. 敲击听声法

(二)判断题(正确的画"√",错误的画"×")

1.树木腐朽是指活立木由于病毒的感染导致木质部的组织分解转化的现象。

（　　）

2.许多因素与树木腐朽有关,其中最重要的是树木创伤感染。（　　）

3.树木针测仪可精确探测树木内部结构如腐烂或空洞情况、材质状况、生长状况等。

（　　）

二、课后拓展

1.简述树木安全管理的内容。

2.简述树木腐朽过程与诊断方法。

任务二十　古树名木的养护管理与复壮

【任务描述】

古树名木是自然界留给人类的重要绿色资源,具有极高的科研、生态、观赏和科普价值。

古树名木养护管理是指保障古树名木正常生长发育所采取的保养、维护措施。主要措施包括地上环境整治、水分管理、营养管理、有害生物防治、树冠整理、树体预防保护、支撑与加固、树体损伤保护等。

古树复壮是运用科学合理的养护管理技术,使原本衰弱的古树重新恢复正常生长,延续其生命的措施。古树名木复壮应在养护的基础上进行。古树复壮的主要措施包括土壤改良、树体损伤处理、树洞修补和树体加固等。

本任务以园林绿地古树名木养护与复壮实际工作内容为载体,通过现场教学,使学生熟练掌握古树名木养护与复壮的基本技能。

【任务目标】

1.能通过调查分析古树名木的生长状况及衰老的原因,制订合理的古树名木养护与复壮技术方案,并实施操作。

2.熟知古树名木的含义、生物学特点与保护意义。

3.掌握古树名木的养护管理与复壮技术。

4.熟练并安全使用各类古树名木养护与复壮的用具、设备。

5.通过任务实施提高团队协作能力,培养独立分析与解决古树名木养护与复壮实际问题的能力。

【任务内容】

一、准备工作

(一)知识准备

1.古树名木及保护意义

1)古树名木的含义　　古树是指树龄在一百年以上的树木。名木是指国内外稀有的、具有历史价值和纪念意义以及重要科研价值的树木。

凡树龄在300年以上或者特别珍贵稀有,具有重要历史价值和纪念意义、重要科研价值的古树名木,为一级古树名木(图4.42),其余为二级古树名木。

图4.42　黄山千年迎客松生长势评价与养护实景

2）保护古树名木的意义　古树名木是中华民族悠久历史与文化的象征,具有十分重要的历史、文化、生态、科学、景观和经济价值。每一棵古树名木都具有丰富的历史文化内涵,蕴含着丰富的人文情怀,保护古树名木意义重大。

①古树名木是历史的见证(图4.43)。

②古树名木为文化艺术增添光彩。

③古树名木是名胜古迹的佳景。

④古树对研究树木生理具有特殊意义。

⑤古树对树种规划有较大的参考价值。

⑥古树是研究自然史的重要资料。

图4.43　陕西省渭南市白水县象形文字创造者仓颉手植柏

2.古树名木的生物学特点

古树名木根系发达、萌发力强、生长缓慢、树体结构合理、木材强度高,通常起源于种子繁殖。

3.古树衰老的原因与衰败的表现

1)古树衰老的原因

(1)内因   古树名木树龄大,生活力低,抗病虫害侵染力低,抗风雨侵蚀力弱等。

(2)自然因素影响   ①极端气候原因;②雷电火灾等原因;③地下水位的升降原因;④病虫害原因;⑤野生动物的危害。

(3)人为因素影响   ①工程建设的影响;②人为活动引起土壤板结;③各种污染的影响;④人为造成的直接损害;⑤管理不当影响(如修剪过重、施药施肥浓度过大等)。

2)古树衰败表现   树干腐朽空洞、冠形残缺、顶梢枯萎、枝叶凋零、病虫害严重、根系生长不良等。

(二)材料、用具与设备准备

1.材料准备

准备以下材料:危险性古树;钢管、钢板、橡胶垫、防锈漆、螺栓杆、铁箍、支杆、托板、铁箍、钢丝绳、螺栓,螺母、紧线器、弹簧等;石硫合剂、2%～5%硫酸铜、桐油、接蜡、沥青、伤口保护剂、防腐消毒剂、消毒麻袋片等;聚氨酯、防水胶、硅胶、水泥、无纺布、铁丝网、PVC管、铁钉、木板、木条、仿真树皮;安全隔离桩、安全隔离带;劳动保护用品包括安全带、安全绳、安全帽、工作服、手套等。

2.用具准备

准备以下用具:镐、枝剪、手锯、不锈钢油灰刀、锤子、凿子、刷子、电钻、生长锥等。

3.设备准备

准备以下设备:测高仪、超声波腐朽探测仪、树木针测仪等。

二、古树名木的养护管理

1.地上环境整治

①植被结构整治:

a.伐除没有保留价值的乔、灌木。

b.清除古树名木病原菌的转主寄主植物、寄生植物等。

c.铲除根系发达,争夺土壤水肥能力强的竹类植物等;适量补植竞争力弱的观赏草本植物。

②拆除违章和废弃的建(构)筑物。

③清除保护范围内堆积的渣土、物料、垃圾和有毒、有害物质。

④清除污水,消除气体污染源。

2.水分管理

1)补水   补水可采用土壤浇水或叶面喷水的方式。土壤浇水应在土壤干旱时适时适量浇水。叶面喷水宜选用清洁水,使用雾化设施,均匀喷洒树冠。

2）排水：

①地表积水应利用地势径流或原有沟渠及时排出。

②土壤积水应铺设管道排出，如果不能排出时，宜挖渗水井并用水泵排水。

3. 营养管理

1）土壤施肥

①施肥前宜进行土壤和叶片的营养诊断。

②选用腐熟的有机无机复合颗粒肥、生物活性有机肥、微生物菌肥；亚热带地区宜冬季施肥。

③土壤施肥应采用放射沟或穴施。放射沟规格：长 0.8～1.0 m、宽 0.3～0.4 m、深 0.4～0.5 m。穴规格：长和宽宜为 0.3～0.4 m、深 0.4～0.5 m。

④将肥料与土壤混匀，填入放射沟或穴，与原地表齐平后立即浇水。

施肥须谨慎，绝不能造成古树生长过旺。

2）叶面施肥

①应根据叶片缺素症状选择肥料种类有针对性地施肥。

②施用营养元素浓度：氮磷钾宜为 0.1%～0.2%，微量元素宜为 0.01%～0.04%。

③叶面施肥一般每 7～10 d 喷一次，施肥次数应以叶片恢复正常为宜。

④施肥时间应选择晴天上午或者下午，不应在炎热中午。

4. 有害生物防治

①防治前辨别有害生物种类、发生规律等。

②采用生物、物理等防治方法，以生物防治为主。

③把握防治关键时机，做到科学、及时、有效防治。

④化学防治应做到人、树及环境安全。

5. 树冠整理

整理树冠的目的是改善古树名木透光条件，减少病虫害发生，并使冠形与周围环境相协调。以少整枝、少短截，轻剪、疏剪为主，基本保持原有树形为原则，必要时适当重剪，促进更新、复壮。

1）枝条整理

①清除枯枝、病虫害严重的枝条。

②剪除伤残、劈裂的枝条损伤部分。

③枝条生长与架空电缆等产生矛盾时，应采取修剪等避让措施。活体截面涂伤口愈合剂，死体截面涂伤口防腐剂。

2）疏花与疏果　对开花坐果影响古树名木树势的应进行疏花、疏果。

①初花期采用高压水枪喷洗等方法进行疏花。

②在幼果期进行人工疏果。

6. 树体预防保护

1）人为伤害预防保护

①设置围栏：对根系裸露、枝干易受破坏或者人为活动频繁的地方宜设置围栏。围栏宜设置在树冠垂直投影外延 5 m 以外，围栏高度宜大于 1.2 m。

②设置铁算子或木栈道。

2）自然灾害预防保护　　自然灾害预防保护包括应对水灾、风灾、冻害、雪灾和雷灾预防保护措施。主要措施有设置石驳、构筑植物生态驳岸、构筑挡土墙、根颈部覆土、风力灭火器吹雪、安装避雷设施等。

7. 支撑、加固

古树由于年代久远，树体衰老，会出现主干中空、主枝死亡、树体倾斜，故常需支撑、加固（详见复壮技术）。

8. 树体损伤保护

1）树干伤口的治疗

①先修整伤口呈圆弧形，切口平整光滑。

②伤口消毒（5波美度石硫合剂、2%～5%硫酸铜）。

③涂抹保护剂（桐油、接蜡、沥青）等。

2）树洞修补　　树洞修补见复壮技术相关内容。

9. 立标志、设宣传栏

安装标志，标明树种、树龄、等级、编号，明确养护管理负责单位。设立宣传栏，介绍古树名木的现况，宣传教育保护意义，发动群众保护古树名木。

三、古树复壮技术

（一）土壤改良

图4.44　古树复壮诊断

根系复壮是古树整体复壮的关键，改善地下土壤环境为根系创造适宜的生长条件，促进根系的再生与复壮，提高其吸收、合成和输导能力，为地上部分的复壮生长打下良好基础。

土壤改良首先进行土壤诊断，制订土壤改良方案，明确土壤改良的区域在多数吸收根系分布范围内。土壤改良包括对密实土壤、硬质铺装土壤、污染土壤和坡地土壤的改良（图4.44）。

1. 密实土壤改良

采用土壤沟或穴改土和根系表土层改土的方式。

1）土壤沟或穴改土方式

（1）挖沟或穴　　沟和穴的布局、数量、规格依据多数吸收根系分布情况确定。

（2）沟内安装通气管　　通气管宜选用直径为100～150 mm带有壁孔的PVC管，外罩无纺布。安装通气管应横竖相连，横管铺沟底，两端各设一竖管，上端加带孔不锈钩盖。

（3）添加改土物质　　改土物质包括细沙、腐殖质、复合颗粒肥、微量元素、生物有机肥和微生物菌肥等。改土物质与土壤混匀后填入沟坑内，压实、整平、围堰并及时浇透水。土壤改土后易积水时，设排水沟。

棒肥适用于包括古树名木在内的各种园林树木土壤改良与施肥。

传统的是用 PVC 管打孔来做成通气管,推荐采用新型通气透水管,其上下端配有管盖,在管中还可施肥施药。

2)根系表土层改土方法

①表土层刨松后掺入细沙、腐殖质、复合颗粒肥、微量元素、生物活性有机肥和微生物菌肥等。

②掺入物质与土壤混匀,压实、整平地面后及时浇透水。

2. 硬质铺装土壤改良

硬质铺装土壤包括铺设透气砖、木栈道和铁箅子等。设置木栈道或透气悬浮铺装,改变土壤表面受人为践踏,使土壤保持与外界进行正常的水气交换。

1)透气砖改土　将硬质铺装下垫面的水泥砂浆层去除后,回填细沙和腐殖质,做到混匀、铺平、夯实。

2)木栈道或铁箅子改土　在人流活动频繁的区域应采用木栈道或铁箅子改土。木栈道或铁箅子应铺设在龙骨支架上,架设龙骨宜采用钢筋、混凝土等材料。

3. 污染土壤改良

污染土壤应包括渗滤液土壤、盐碱土壤和酸碱土壤。

1)渗滤液土壤改良　采用挖深沟并用大水冲洗,排出土壤内浓度过大的有机滤液。

2)盐碱土壤改良　采用更换土壤、灌大水洗盐等。

3)酸碱土壤改良　pH≤5 施用生石灰中和;pH≥8 施用硫酸亚铁或硫黄粉中和,调整到 pH 值为 5～8。

(二)树体损伤处理

树体损伤处理包括活组织处理和死组织处理。

1. 活组织处理

1)木皮损伤处理　先清理伤口、消毒,然后涂抹伤口愈合剂,最后用消毒麻袋片包扎伤口。

2)根系活组织损伤处理

①修剪伤根、劈根、腐烂根,做到切口平整,并及时喷生根剂和杀菌剂。

②调节土壤水、肥、气、温度及 pH 值,增加有益菌,促进伤口愈合及新根萌发。

3)树体倒伏损伤处理

①先将受伤枝干锯成斜断面,然后对断面进行消毒,涂抹伤口愈合剂。

②倒伏树体宜根据损伤恢复情况分 2～3 次扶正。

2. 死亡组织处理

①清理损伤处表面的残渣、腐烂物,并防腐消毒。

②表面若有凹陷、裂缝等用胶填充修补。

③若表面色差较大,采取措施调成与木质相似的颜色。

④表面风干后,用桐油等刷 2 遍以上形成保护层。

(三)树洞修补

树洞修补前,进行诊断,确定修补内容。修补后,树体应保持坚固、安全、美观,并与环境相协调。树洞修补包括堵洞修补和洞壁修补(图4.45)。

图4.45　颐和园古柳树洞修补

1.堵洞修补

(1)清除洞内腐烂物至洞壁硬层　树洞过深时,应在洞底处打孔;清理后,应使洞壁达到自然干燥状态,用杀虫剂和杀菌剂对洞壁进行处理,并应喷防腐剂,风干后,涂抹熟桐油2~3次。

(2)洞边消毒　洞边用已消毒的刀和凿进行腐朽物清理、修整至活组织,然后涂伤口愈合剂。

(3)洞内架设龙骨架　龙骨架应选用干燥的硬木或钢筋等硬质材料,并与洞壁接牢。

(4)树洞封口及造型　应用铁丝网、无纺布封堵洞口。黏结时应为封缝和树皮仿真预留一定空间。

(5)封缝　封缝时应在形成层下方切除木质部(深和宽各为10~20 mm),洞口周边修成凹槽形,并在槽内涂生物胶,使木质部与造型洞壁材料密封。

(6)树皮仿真　将水泥、硅胶和颜料按一定比例混合后与树皮颜色相近似,然后涂于洞口表层,其上仿造树皮刻画纹理;或利用硅胶制成模具,复制树皮贴拼或取同种树皮用有机硅胶黏结。

(7)洞壁设置通风口　孔洞应从内向外略向下倾斜,内安PVC管,外露10~20 mm,管口罩钢丝网。

2.洞壁修补

(1)洞壁清理　洞壁清理时,应去除残渣,若局部凹陷积水应留排水孔,然后涂抹杀菌剂和防腐剂。

(2)洞壁干燥　洞壁干燥后,其表面应刷2~3遍熟桐油,使其表面均匀自然。

(3)加固　树干不稳固时,应采取内外加固措施。

3.树洞修补后,应每年检查一次

①对通气孔进行检查,防止堵塞。

②洞边封缝处一旦发现裂缝应进行修补。

③仿真树皮有开裂现象应及时进行修整。

(四)树体加固

据树体主干和主枝倾斜程度等制订树体加固方案。树体加固包括硬支撑、软支撑、活体支撑、铁箍加固和螺栓杆加固等。

1.硬支撑

①硬支撑材料,包括镀锌管或铁管、钢板、胶垫等(图4.46)。

②支柱宜选用直径为100~200 mm的镀锌管或铁管支撑,铁管表面应涂一层防腐漆。

③支柱上端与被支撑主干或主枝之间安装涂有防腐漆的矩形曲面钢质托板,其内层应加软垫。

④支撑点应选在树体或主枝平衡点以上的适宜位置,支柱与被支撑主干、主枝夹角宜不小于30°。

⑤支柱下端宜埋入地下水泥浇筑的基座,确保稳固安全。

⑥每年定期检查支撑设施,当树木生长造成托板挤压树皮时,应适当调节托板。

图4.46　河南登封嵩阳书院的将军柏(示意硬支撑)

2.软支撑

①软支撑材料,包括钢丝绳、铝合金板、胶垫等。

②牵引点应选在被支撑树平衡点以上部位。

③牵引的钢丝绳直径宜为8~12 mm;宜在被拉树体牵引点处用铝合金板制成内加橡胶垫的托袋,系上钢丝绳固定,并安装紧线器。

④随着树体直径增加,应适当调节托袋大小和钢丝绳松紧度。

3.活体支撑

①提前培养青壮年树作为活体支柱(图4.47)。

②活体支柱与被支撑树支撑点的高度平齐时,接触部位皮层剥开进行靠接。

③靠接处用塑料薄膜包扎绑缚。

④待愈合后去除包扎。

图 4.47　天水南郭寺"春秋古柏"（示意活体支撑）

4. 铁箍加固

①选用扁铁制作圆形铁箍内加胶垫。

②根据树体劈裂情况确定铁箍安装位置与数量,安装铁箍后,用螺丝钉拧紧。

③在劈裂处用生物胶封严,并用已消毒麻布片对劈裂处包扎捆紧。

5. 螺纹杆加固

①根据树体劈裂程度设计安装螺纹杆的位置和数量。

②螺纹杆孔位应错开,先在孔位处打比螺纹杆径大 10 mm 的孔径,将螺纹杆穿过孔洞。

③用消毒的利刀削掉两端孔位树皮和韧皮部。

④在两头安装螺母和胶垫拧紧至木质部。

⑤树体裂缝处活组织用伤口愈合剂封缝。树体加固后应每年对橡胶垫圈、支柱、拉绳、铁箍、螺纹杆等进行检查,及时维修。

（五）施用生长调节剂、营养液等

植物根部灌助壮剂及叶面施用一定浓度的植物生长调节剂,如 6-苄基腺嘌呤、激动素、萘乙酸、吲哚丁酸、赤霉素等有延缓衰老的作用。极度衰弱的、濒死的树木,可通过输液的方式补充树体养分和水分。其他如靠接小树复壮濒危古树等。

（六）加强地上部分保护

如更新修剪、采用农药浇灌法、埋施法及注射法防治病虫等。

【综合实训】

古树养护与复壮

● 实训目标

1. 根据授课季节等具体情况,以实训小组（5~6人）为单位,依托某绿地古树养护与复壮任务,制订古树养护与复壮的技术方案。

2.能依据制订的技术方案和技术规范,进行古树养护与复壮操作。

3.能熟练并安全使用各类古树养护与复壮的用具、设备等。

● 实训要求

1.组内同学要分工合作,相互配合,技术方案的制订要依据园林植物物候期观测的技术流程,保证设备的完整及人员的安全。

2.提交实训报告。实训报告的内容包括实训任务、目标、材料与用具、方法与步骤、实训结果等。

3.提交实训总结。实训总结的内容包括对知识的掌握与运用、实训方案的设计、实训过程、实训结果等进行自我评价,分析失误原因并提出改进措施。

● 考核标准

1.采用过程考核与项目作业结果评价相结合的方式,注重实践操作、工作质量、汇报交流等环节的评价。

2.注重职业素养的考核,尤其强调团队协作能力的考核。

表4.6 古树养护与复壮项目考核与评价标准

实训项目		古树养护与复壮	学时		
评价类别	评价项目	评价子项目	自我评价（20%）	小组评价（20%）	教师评价（60%）
过程性考核（60%）	专业能力（45%）	方案制订能力（10%）			
		方案实施能力 准备工作（5%）			
		树体保护、树洞修补操作（20%）			
		场地清理与器具保养（10%）			
	综合素质（15%）	主动参与（5%）			
		工作态度（5%）			
		团队协作（5%）			
结果考核（40%）	技术方案的科学性、可行性（10%）				
	古树长势与复壮效果等指标（20%）				
	实训报告、总结与分析（10%）				
评分合计					

【巩固训练】

一、课中训练

(一)不定项选择题

1. 树体加固方法包括(　　　)。

A. 硬支撑　　　　　　　　　　　　B. 软支撑

C. 活体支撑　　　　　　　　　　　D. 铁箍加固和螺纹杆加固

2. 根系表土层改土常采用表土层刨松后掺入(　　　)等方法。

A. 细沙　　　　　　　　　　　　　B. 腐殖质

C. 复合颗粒肥　　　　　　　　　　D. 生物活性有机肥和微生物菌肥

3. 古树复壮技术措施有(　　　)。

A. 土壤改良　　　　B. 树体损伤处理　　　C. 树洞修补　　　　D. 树体加固

(二)判断题(正确的画"√",错误的画"×")

1. 植物根部灌助壮剂及叶面施用一定浓度的植物生长调节剂如 6-苄基腺嘌呤、赤霉素等,有延缓衰老的作用。　　　　　　　　　　　　　　　　　　　　(　　)

2. 极度衰弱的、濒死的树木,树体可通过输液的方式补充养分和水分。　(　　)

3. 树体加固后应每年对橡胶垫圈、支柱、拉绳、铁箍、螺纹杆等进行检查,及时维修。
　　　　　　　　　　　　　　　　　　　　　　　　　　　　　　　　　(　　)

4. 软支撑材料包括钢丝绳、铝合金板、胶垫等,牵引点应选在被支撑树平衡点以下部位。　　　　　　　　　　　　　　　　　　　　　　　　　　　　　　　(　　)

5. 古树名木树龄大,生活力低,抗病虫害侵染力低,抗风雨侵蚀力弱等。　(　　)

6. 支撑点应选在树体或主枝平衡点以上适宜位置,支柱与被支撑主干、主枝夹角宜不小于 30°。　　　　　　　　　　　　　　　　　　　　　　　　　　　　(　　)

7. 木皮损伤处理方法为先清理伤口、消毒,然后涂抹伤口愈合剂,最后用消毒麻袋片包扎伤口。　　　　　　　　　　　　　　　　　　　　　　　　　　　　(　　)

8. 凡树龄在 300 年以上或者特别珍贵稀有,具有重要历史价值和纪念意义、重要科研价值的古树名木,为一级古树名木。　　　　　　　　　　　　　　　　(　　)

9. 对古树施肥须谨慎,绝不能造成古树生长过旺。　　　　　　　　　　(　　)

10. 古树树冠整理以少整枝、少短截,轻剪、疏剪为主,基本保持原有树形为原则。
　　　　　　　　　　　　　　　　　　　　　　　　　　　　　　　　　(　　)

二、课后拓展

1. 调查区域古树名木资源分布情况,分析对这些树木应采取哪些主要的保护措施和养护管理措施?

2. 解读《城市古树名木养护和复壮工程技术规范》（GB/T 51168—2016）。

3. 解读《古树名木养护技术规范》（LY/T 3073—2018）。

GB/T 51168—2016

LY/T 3073—2018

任务二十一　常用园林机械使用与保养

【任务描述】

园林机械化能极大地提高劳动生产率,减轻劳动强度,改善劳动条件,是加速园林绿化事业发展的重要手段。

本任务以园林植物养护管理中的实际工作内容为载体,通过对草坪修剪机、绿篱修剪机、割灌机、打药机等园林机械的使用进行现场教学,使学生掌握其使用与保养的操作技能。

【任务目标】

1. 能制订不同类型园林机械使用与保养的技术方案。
2. 熟悉园林机械的构造、性能,掌握常用园林机械使用与保养操作要领。
3. 能熟练进行常用园林机械使用与保养操作。
4. 通过任务实施提高团队协作能力,培养独立分析与解决园林机械使用与保养中实际问题的能力。

【任务内容】

一、准备工作

（一）知识准备

园林机械化是指在园林生产管理过程中,直接运用电力或其他动力来驱动或操纵机械设备以代替手工劳动进行生产建设和管理的措施。

1. 园林机械分类

（1）园林用具　如高枝剪、修枝剪、花锹、花铲、花耙、花锄等。

（2）整地机械　如旋耕机、圆盘耙、中耕机等。

（3）建植机械　如播种机、切条机、插条机、起草皮机、起苗机、挖坑机、开沟机、树木移植机等。

（4）养护设备　如绿篱修剪机、割灌机、高枝机、草坪修剪机、草坪打孔机、草坪梳草机、吸叶机、油锯等。

（5）灌溉设备　如水泵、喷灌机、喷灌系统、微灌系统等。

（6）植保设备　如移动喷雾器、背负式喷雾喷粉机、喷雾车等。

2.园林机械的组成

园林机械种类繁多,结构、性能、用途各异,但不论什么类型的机械,通常由动力机、传动、执行(工作)装置三部分组成。在控制系统的控制下实现确定运动,完成特定作业。行走式机械还有行走装置和制动装置等。

(1)动力机　动力机是机器工作的动力部分,其作用是把各种形态的能转变成机械能,为机械提供运动和做功。

园林机械的动力机根据工作环境、作业内容、作业对象和作业条件的不同,选用多种形式小型动力机。对于电源方便的地区可以选用电动机作为动力,用电力驱动的园林机械,使用、维修与管理都比较方便。但由于园林绿化作业多为野外露天作业,作业点分散,以电力作动力受到一定限制。目前,我国城市绿化较多采用机动灵活的小型内燃机为园林绿化机械的动力。

(2)传动　传动是指把动力机产生的机械能传送到执行(工作)机构上去的中间装置。传动的种类很多,在园林机械中常用的传动是机械传动和液压传动。

机械传动是园林绿化机械中使用最普遍的一种传动方式。根据传动特点,有皮带传动、链传动、齿轮传动等几种。

(3)工作装置　工作装置是指机器上完成不同作业的装置。工作装置所需能量是由动力装置产生的机械能经过传动系统传递的。

园林机器品种、型号很多,完成作业也不一样。因此,工作装置也是多种多样的,按工作装置的动力形式分为机械式、气力式和液力式3种。按工作装置的运动形式分为直线式、往复式、振动式、回转式、平面交错式5种。按工作装置的形状分为楔式、盘式、辊式、锥头式和剪刀式等。

3.园林机械使用的注意事项

(1)熟知各种机械的性能特征,使用与保养常识　购买和使用前必须明确目的,有针对性地选择机械,充分了解各种机械的性能特征。同时索取相关机械的保养常识资料,掌握保养方法。

(2)作业人员必须进行相关的技术培训　机械作业者必须经过专业的培训学习,经考核合格后才允许带机操作。针对不同机械要进行分项考核,并定期进行周期性检查。

(3)制订技术要求与操作规范　要保证机械的正常使用,必须制订相关机械操作的技术要求和操作规范,明确使用过程中的注意事项。

(4)制订相关机械日常的维护保养计划　对购买的各种园林机械要制订日常的维护保养计划,做好维护保养工作,使机械能长期有效地得到使用而不出故障。

(二)材料、用具与设备准备

1.材料准备

准备以下材料:90#以上无铅汽油、机油、润滑油等。

2.用具准备

准备以下用具:机器附属工具及钢锉;换用的刀片;标示作业区域用的绳索、警示牌;共同作业或遇紧急情况时使用的哨子;铲除障碍物时使用的手钳、手锯、剪刀;劳保用品如安全帽、防尘眼镜或面部防护罩、防尘口罩、劳保手套、防滑鞋、耳塞(罩)等。

3.设备准备

准备以下设备：草坪修剪机、绿篱修剪机、割灌机、链锯、打药机等。

二、剪草机的使用与保养

剪草机又称为草坪修剪机、割草机、除草机，主要用于修剪草坪、地被等，由发动机、行走机构、行走轮、刀盘、刀片、扶手、控制部分组成。剪草机按驱动方式可分为燃油驱动、电力驱动与太阳能驱动等；按行进方式分为手推式、自走式与坐骑式等。

下面以燃油驱动自走式剪草机（图4.48）为例说明其使用与保养。

海绵推杆部位

离合器拉杆

调节开关

快速锁紧手柄

推杆

发动机

火花塞

集草袋

后轮

铁质底盘

前轮

图4.48　自走式剪草机

1.作业前的准备

①作业人员在使用剪草机作业前，须先认真阅读剪草机的使用说明书，掌握其使用方法后方可使用。

②作业人员应身体健康、情绪正常、精力充沛、未服感冒药、无饮酒等。

③作业人员应穿戴安全帽、护目镜（或防护面罩）、口罩、防尘口罩、防护手套，劳保鞋与工作服等。

④剪草机作业应在天气晴朗、无雨雪、绿地干燥不湿滑的环境中进行。作业前应先清理草地上的砖头、角铁、树桩等异物，并规划好修剪路线。使用时半径15 m范围内严禁有人走动。

⑤在作业区醒目的位置摆放警示标志。

2.启动

启动前按规定添加燃油、机油，为避免火灾，不得将燃油加得过满。启动前应检查切剪机构、防护装置和传动装置是否正常，一旦发现刀片开裂，刀口缺损或钝，应及时更换、磨利。不得使用没有安装防护装置的剪草机；启动前检查各部位紧固是否牢靠；检查行走机构，各种操作手柄是否灵活好用；启动前要检查停机装置是否可靠；启动前,安装后排集草袋或侧排口。

将油门朝前扳到底,按压油帽,左手握住离合手柄,右手握紧启动绳手柄,快速、连续拉动启动绳,启动汽油机。

汽油机启动后,油门扳手扳到所需的位置进行工作。

离合空挡调试:松开离合时,前后推动割草机,活动自如;压下离合,朝后拖动,割草机后轮应咬死。

3.作业

①根据草坪的高度不同选择适合挡位,调整剪草机的高度。

②坡地剪草原则上不允许顺坡上下修剪,只能横向修剪。

③操作要平稳,在坡地或凹凸不平的草坪上作业时,应适当降低行驶速度,以防意外。

④单人操作,机器前方和两旁 2 m 范围内不得有人。

⑤操作剪草机时,严禁吸烟和打斗,发动机正在运转或发动机过热时禁止加油,等机械休息 5～10 min 后方可加油。

⑥作业中,要经常注意剪草机有无异常现象,若有异常声音及零件松动等情况,应立即停机进行检修。

⑦运行中剪草机夹带杂物、缠绕物过多时,应待机器完全停止转动时才能进行清理。

⑧剪草机在操作过程中出现机械故障,应停机交由专业维修人员处理,严禁私自处理。

⑨剪草机出现不正常震动或发生与异物撞击时应立即停车。

⑩每工作 1 h,停机冷却机具 15 min,检查机油、燃油,按需补充。

⑪发动机不得超速运转,发动机过热时,应经怠速运转后才可停机,操作者中途远离剪草机时,发动机应熄火停机。

⑫草屑收集,卸下剪草机的集草袋后严禁开机打草,严禁用手掏草。

⑬停机。发动机停止运转前,严禁检查和搬动剪草机,当心被排气管烫伤;转移作业场地时,应使剪草机停止转动;当天工作完后,在作业现场彻底对机械各部件进行清洁,将机械上的油污、残渣等清理干净。

4.维护与保养

①应按产品制造商规定的机器使用说明书正确维护保养。

②草坪机动力为四冲程汽油机,汽油、机油分开使用,汽油采用 90#以上,机油为四冲程机油,标志为 4T,切勿使用二冲程机油。

③每次使用前检查机油油位,要严格按机油标尺加注,必须使机油控制在标尺上线与下线之间,最好跟上线平齐。新机在使用之前应低速空转 20 min 磨合,在使用 5～10 h 后,必须换新机油,以后每工作 50 h 更换机油。

④空滤器滤芯要定期检查,定期更换,脏滤芯用肥皂水清洗阴干后使用。但纸质空滤器不能用液体洗涤剂清洗,只能轻轻拍打。

⑤火花塞应半年清理一次积炭,每年应更换。

⑥刀片在使用一段时间后,如刀口不快应磨锐。注意刀片两边平衡,旋紧固定刀片螺栓。

⑦剪草机储存时,燃油系统内的燃油应放净,关闭油路。机器各部位擦拭干净,储存在干燥、通风的室内。

三、绿篱机的使用与保养

绿篱机又称为绿篱修剪机、绿篱剪等,适用于庭园、路旁绿篱的专业修剪。绿篱机按驱动方式可分类为燃油驱动、电力驱动等;按刀片运行方式分为旋刀式和往复式两种,往复式修剪机为绿篱机的主要机型。

下面以二冲程汽油机驱动往复式绿篱机(图4.49)为例说明其使用与保养。

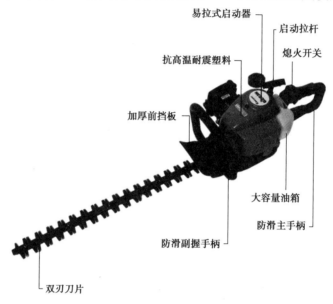

易拉式启动器

启动拉杆

熄火开关

抗高温耐震塑料

加厚前挡板

大容量油箱

防滑主手柄

防滑副握手柄

双刃刀片

图 4.49　绿篱修剪机

1.作业前的准备

①作业前,认真阅读绿篱修剪机的使用说明书,了解机器的性能,明确使用方法。

②作业前,操作人员应穿戴合身的工作服、安全帽、防护眼镜(或防护面罩)、防尘口罩、防护手套、耳塞(或耳罩)、防滑鞋等劳保用品。

③作业前,检查燃油是否足够,以不超过油箱的3/4为宜。正确配好汽油与机油的比例对机器的正常使用至关重要,燃料为机油、汽油按1∶35配制成的混合油,配制比例不得超过1∶50或低于1∶25;机油必须是2冲程的2T专用机油,汽油须在90#以上,严禁使用配制好且久置不用的混合油,二冲程汽油机严禁使用纯汽油作燃油,否则会导致汽油机过热而损坏。

④作业前,检查机体部件连接是否紧固;刀片是否出现崩刃、裂口、弯曲等情况;确认没有螺丝松动、漏油、损伤或变形等情况后方可开始作业。

⑤作业前,先弄清现场的状况,清除可移动的障碍物。

⑥在工作区域放置工作标识牌,半径15 m范围内为危险区,行人等不得靠近。

2. 启动

把燃油开关扳到打开位置,用手连续轻按化油器油泡,直至回油管(透明油管)内有汽油回流到油壶内,将阻风门按指示扳至全闭位置(热机启动时,无须关闭风门),一只手紧按住后手把,另一只手紧握启动手柄,快速、连续、斜向、平稳拉动启动拉绳3～5次,如能启动,则将启动拉绳匀速缓慢地放回原位;如不能启动,则将阻风门按指示向回扳至1/2刻度或全开,再快速、连续、斜向、平稳拉动启动拉绳3～5次,即可启动。

启动不当时,气缸内如果吸入汽油过多会造成淹缸现象而启动不了,可取下火花塞,用左手大拇指轻按住火花塞孔,连续拉动启动器5～6次,排除积油,然后装上火花塞,再按正确的启动方法操作即可。

3. 作业

①作业前,先怠速运转1～2 min,使发动机预热后再进行操作。

②作业时须集中精神,行走要稳,注意左右及前方人员情况。

③作业时紧握机体握把,保持转速稳定,按水平面向前推进修剪,每次连续作业时间不应超过30～40 min,中断作业时须将加油柄扳回到启动速度位置后再松开把手。

④每作业一定时间,需给刀片、离合补充润滑油,用金属丝刷刷净火花塞电极上的积炭,采用汽油或洗涤液清洗空气滤清器。

⑤修剪时应及时去除缠绕在刀片上的枝叶,清除枝叶、检查机体或加油时,须先关闭引擎,待刀片完全停止转动后再进行上述作业。

⑥较大的杂苗或枝条,应用手锯清理,不得强行使用绿篱机进行修剪。

⑦绿篱机安装的是高速往复运动的切剪刀,如果操作有误,是很危险的。

⑧以下各种场合,勿使用绿篱机:脚下较滑,难以保持稳定的作业姿势时;浓雾或夜间,对作业现场周围的安全难以确认时;下雨、刮大风、打雷等天气不好时。

⑨停机时,发动机应怠速运转1～2 min,然后关闭引擎,待机器冷却后检查与保养,禁止冷却前用手触摸消声器或火花塞,以免高温烫伤。

⑩完成作业后,应对机器机身及刀片进行清洁,并用稀释后的杀菌剂对刀片进行喷洒消毒,防止下次使用时病菌感染其他苗木。

4. 维护与保养

①按产品使用说明书定期保养,机头及链条、刀片定期上润滑油;检查是否有紧固件松动等现象;检查是否漏油等。

②出现零部件严重变形、断裂、过量磨损或机件失灵均属大故障,需经彻底修复后方可继续使用。

③出现发动机起动不着或起动困难、输出功率不足、齿轮箱过热等情况时,应按机器说明书规定检查并修理。

四、割灌机的使用与保养

割灌机是园林绿化养护中用于林中杂草清除、低矮小灌木的割除和草坪的扫边的机械。割灌机型号较多,根据动力不同分为内燃动力和电动力,内燃动力分为二冲程和四冲程汽油机;根据传动方式不同分为软轴传动和直杆传动;根据发动机的供油方式又分为浮子式、泵膜式。

下面以四冲程汽油机驱动的割灌机(图4.50)为例说明其使用与保养。

含金刀片

加厚挡板

加粗铝管

防滑舒适手柄

舒适背架

主机

熄火开关

油门开关

高档软轴　　带弹簧减震支架　　机油加注口　　燃油箱

图4.50　割灌机

1. 作业前的准备

①作业前,认真阅读割灌机、使用说明书,了解机器的性能,明确使用方法。

②作业前,穿戴好适合室外作业的紧身长袖上衣与长裤,戴好安全帽、防尘眼镜或面部防护罩、防尘口罩、防护手套、耳塞(罩)等劳保用品。

③作业前,认真检查机体各部:

a. 检查安全装置是否牢固,各部分的螺丝和螺母是否松动,特别是刀片的安装螺丝及齿轮的螺丝是否坚固,如有松动应拧紧;

b. 燃油面检查。从油箱外部检查燃油面,如果燃油面较低,及时添加90#以上汽油至油箱上限(若为二冲程汽油机,燃油采用90#以上无铅汽油与二冲程汽机油按25∶1或专用机油按(40～50)∶1的混合比配制;

c. 检查空气滤清器滤芯的污物,发现污物应进行清洗;

d. 检查油门钢索在端部的自由间隙,检查油门把手操作是否平稳;

e. 检查刀片是否有缺口、裂痕、弯曲等情况,若损坏则需更换;检查打草绳是否足够用,如果不够,及时更换。

④作业前,弄清地形,清理作业区域内的石块、金属物体等妨碍作业的杂物。

⑤作业区设置警示标志,15 m范围内为危险区,无关人员劝离工作区域。

2. 启动

①找处平缓地面,放稳机器,启动发动机前一定要确认周围无闲杂人员;一定要确认刀片离开地面。

②把熄火开关扳到打开位置,用手连续轻按化油器油泡,直至回油管(透明油管)内有汽油回流到油壶内,将阻风门按指示扳至全闭位置(热机启动时,无须关闭风门)。

③按住汽油机,紧握启动手柄,轻拉即可启动。

④启动完成后,打开阻风门。

⑤注意急速的调整,应保证松开油门后刀头不会跟着转。

3. 作业

①用吊带把机器背起,紧握机体把手,保持速度均匀,沿地面轻压草皮,开始割草(灌),割草(灌)动作要一致,左右来回,在割草(灌)时,要避免传动器经常性撞击地面。

②当刀片碰到石块等坚硬的东西时,应立即将引擎关闭,检查刀片是否磨损,发现异常时,停止作业并更换刀片。

③割草(灌)时应及时去除缠绕在刀片上的枝叶,清除枝叶、机体检查,须先关闭引擎,待刀片完全停止转动后再进行上述作业。

④作业时距人和动物 15 m 以上,保持安全距离,不允许在未观察确定背面的情况下直接转身,禁止吸烟、打闹。

⑤作业时如果打草头揽进的草过多,转速会降低,这时应使其暂离开草面,待提高转速以后再次吃进,每次吃进的深度可调浅一些。

⑥空负荷时应将油门扳到急速或小油门位置,防止发生飞车现象;工作时应加大油门。

⑦加油时,必须停止发动机运转、禁止燃料溢出;如果有溢出,及时用抹布擦拭干净。

⑧操作中断或移动时,要先停止发动机,搬运时要使刀片向前方。

⑨停机前发动机应急速运转 1～2 min,然后关闭引擎开关,待设备冷却后方可检查与保养;工作完毕后应将刀片固定座打开,将草渣清理干净,并用干布擦拭齿轮盒及操作杆。

4. 维护与保养

①按产品制造商规定的机器使用说明书,正确维护保养。

②第一次使用磨合期 5～10 h,必须换新机油。机油要使用正确型号、正规产品、清洁的机油。

③四冲程汽油机油箱加 90# 以上汽油,箱体加机油,每次使用前应检查机油油位。汽油机连续工作时,曲轴箱温度不能超过 90 ℃,过热时应停机 15～20 min 后可继续工作,添加汽油时,须冷却后再进行。

④汽油机禁止在高转速下停机,应将油门降至最低时停机。

⑤空滤器滤芯要定期检查、定期更换,脏滤芯用肥皂水清洗阴干后使用。

⑥火花塞积炭用刀刮下即可。

⑦机器工作 2～4 h,拧开工作杆操作头上面螺丝,添加少量黄油以免齿轮箱负载

导致磨损。机器输出座位置和软管接口位置工作 4 h 左右添加少量黄油,以免机器受损。

⑧机器长期放置时,应将燃油放掉,并启动发动机耗尽燃油系统中的汽油,关闭油门开关;将化油器放空;彻底清洁整台设备,特别是气缸散热片和空气滤清器;机器放置在通风、干燥、安全处保管。

五、电动链锯使用与保养

电动链锯(图 4.51)主要用于树木修剪、伐木和造材等。

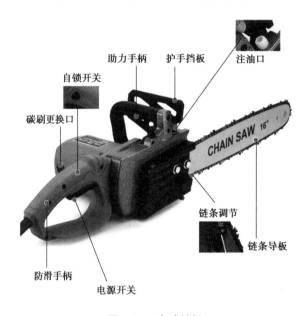

图 4.51　电动链锯

1. 作业前的准备

①作业前,认真阅读电动链锯的使用说明书,严格按使用说明上的操作要求进行操作。

②作业人员要始终佩戴防护头盔、护目镜或面罩、防护口罩、耳罩或耳塞、厚皮革制成的防护手套、带有钢趾罩的防滑安全鞋或安全靴等,以避免头部、眼部、手脚受到伤害和保护听力。着装适当,穿衣物应当贴身,勿穿宽松衣服与佩戴饰品等。当作业人员感到疲倦,或在有药物、酒精或治疗反应时,不要操作电动链锯,在操作电动链锯时瞬间的疏忽都可能会导致严重的人身伤害。

③作业环境的要求:保持工作场地清洁和明亮,混乱和黑暗的场地会引发事故;不要在易爆环境(如有易燃液体、气体或粉尘的环境)下操作电动链锯。

④开始作业前,检查并确保电动链锯可以正常工作并且其状态符合安全规范。检查锯链、导板、链轮等组件的磨损程度和锯链的张紧度等。

2. 启动

①接通电源前,须关闭电动链锯开关,防止意外启动。

②作业前先启动电动链锯空转 1 min,检查运转是否正常。

③启动或操作时,手脚不得靠近旋转部件,特别是链条的上下方。

3.作业

①用双手牢固握紧链锯,操作电动链锯,以避免在开始切锯时发生链锯溜滑或反弹。

②注意风向和风速,避免锯屑和链条油干扰视线。

③作业时,当枝条即将锯断时,应注意枝条的动向,锯断后迅速提起电动链锯。排除夹锯故障时,应特别注意辅助人员的安全。

④作业时,请勿在近火处加注链条油,加注链条油时,切勿吸烟。

⑤转移作业时,必须先关闭电动链锯开关。在进行任何调节、更换附件或贮存电动链锯前,必须使电池组与电动链锯脱开。

⑥停机:有人靠近时或辅助人员撤到安全地区之前;光线不充足,雨天及有雷电时的露天场地;没有断链保护装置及反弹保护装置时,不准操作电动链锯。

⑦下列情况应立即切断电源:检查损坏或排除故障时;操作者离开电动链锯时;造材夹锯时;发现漏电时;作业结束时。

4.维护与保养

①作业后,应拧紧所有螺母、螺栓、螺钉,检查锯链、导板及链轮磨损程度,进行必要的调整和更换。

②保持切削刀具锋利和清洁,许多事故由电动链锯维护不良引发。

③长期贮存前,必须将电池从电动链锯内取出,清理残留木屑及污物,拆下锯链和导板并涂防锈油。

④贮存在干燥环境中。

六、油锯的使用与保养

油锯(图4.52)为汽油链锯或汽油动力链锯的简称,主要用以树木修剪、伐木和造材等。

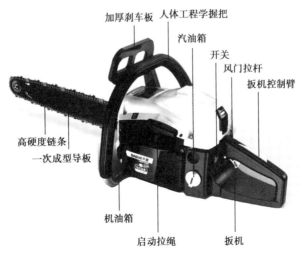

图4.52　油锯

1. 作业前的准备

①作业前,认真阅读油锯的使用说明书,严格按使用说明上的操作要求进行操作。

②作业人员按规定要始终佩戴防护头盔、护目镜或面罩、防护口罩、耳罩或耳塞、厚皮革制成的防护手套、带有钢趾罩的防滑安全鞋或安全靴等。

③启动前,检查油锯的操作安全状况,不要在密闭的房间使用油锯。

④启动油锯时,必须与加油地点保持 3 m 以上的距离。

⑤油品使用:使用90#以上的无铅汽油,不能把油箱灌得太满,加油后拧紧油箱盖;使用优质的二冲程发动机机油,最好使用油锯发动机专用的二冲程发动机机油,以延长发动机使用寿命。

2. 启动

①加汽油和二冲程机油混合油;加普通的机油,用于清理链条。

②启动前刹车板,即刹车板要向导板方向推,至推不动。

③开启电子开关,将风门拉杆拉出。

④用右脚踩住护手器,左手压住前手把,右手拉动启动器手柄,直到机器有初爆声为止。听到机器初爆声后,将风门拉杆推进去,再次快速拉动启动手柄,直到机器发动为止。

⑤需停机时,向下按熄火开关即可熄火停机。

3. 作业

①将链锯齿插入树干,使油锯平稳,然后慢慢加大油门,进行切削。

②油锯马达比较大,一般情况开中等油门即可,锯链刚搭上树木时要轻而慢,切进去数厘米后再加大进给速度。

③锯木时,施加在锯把上的力量要与发动机的功率相适应,一旦发现卡锯现象,应迅速减小油门并同时退锯,严禁在锯链被卡的情况下仍开大油门,这样会产生高温,大大降低离合器的使用寿命。

④锯木时应注意锯木机构的正确移动,严禁导板扭曲偏斜。

⑤转移:在作业中短时间转移,油锯不应熄火,而应是怠速运转,但锯链不允许转动,以免造成事故。

⑥作业中加油:在作业中间加油时发动机应熄火,并关掉油路开关,待停机15 min、发动机冷却后方可加油,发动机运转时加油容易发生火灾。

⑦停机时,发动机应在怠速运转 1～2 min,然后关闭熄火开关停机;停机后再关闭油路开关;使用过程中应随时观察油锯的工作态度,发现有不正常的情况时,应立即停机检查,不要带"病"作业。

4. 维护与保养

1) 每日保养

①卸下油锯导板,并用汽油或混合油洗净,将锯链泡入机油中,第二天再装上使用。

②擦净外表所有锯屑、泥土等污物。

③拆下空滤器滤网,用汽油或混合油洗净。

④检查所有的螺母、螺钉是否紧固。

2）小时保养（即油锯每运转 50 h 后保养）

①拆下气缸,清除气缸燃烧室和排气口的积炭、散热片上的脏物,清除活塞顶部、活塞环、消声器口处的积炭,注意不得损坏零件。

②清洗并检查曲轴箱、曲轴、连杆;清除飞轮、风扇、缸罩、起动器等零件表面的脏物,并检查是否有不正常现象。

③拆下化油器,清洗泵油室和平衡室。

④卸下离合块座和离合块,清洗并擦干离合器表面的油污,清洗被动盘的内表面。

⑤卸下减速油盖,用汽油清洗减速箱、油箱和滤清器,在轴承和齿轮上涂上黄油。

⑥在清洗过程中,应检查气缸、活塞、活塞环、连杆、大小头轴承、减速箱齿轮、链轮等重要零件是否有严重磨损或损坏,及时修理或更换零件。

⑦清洗组装后,发动机应低速运转 10 min 后才可以锯木;若更换过气缸、活塞、活塞环、曲轴杆总成等,应磨合 1 h 方可锯木。

3）长期存放保养

①使油锯发动机怠速运转,关闭油门开关,让化油器中的燃油用完,倒尽机油。

②擦净油锯,锯链、导板浸黄油后用塑料布包好。

③向气缸中倒入 10 mL 机油,转动曲轴,以防内部零件生锈。

④卸下减速箱的前盖,放入少许黄油,转动链轮,以防内部零件生锈。

⑤在所有裸露在外的钢制零件表面上涂上黄油,以防生锈。

⑥封存的油锯应装入木箱中,放在干燥处。

七、打药机的使用与保养

打药机是一种将液体分散喷出的机械,打药机产生的雾粒具有直径小、雾粒数多、呈悬浮状等特点,防治病虫害效果好。随着技术的发展,打药机已从最初的背负手摇式喷雾器发展到了机械化、自动化、智慧化的打药机。

下面以四冲程汽油机驱动的打药机（图 4.53）为例说明其使用与保养。

图 4.53　自动卷管打药机

1. 作业前的准备

①作业前,认真阅读自动卷管打药机的使用说明书,严格按使用说明上的操作要

求进行操作。

②对作业人员状况及劳保穿戴的要求：作业人员身体健康，具有一定文化水平，了解打药机的性能、使用方法和注意事项；作业人员要穿戴齐全劳保用品，配药时要戴橡胶手套、护目眼镜或面罩等。

③设备作业环境的要求：应在天气晴朗、空气环境质量优良的情况下作业；不宜在夜间、大雾和雷雨天气下作业；不宜在炎热酷暑下作业；不宜在周围人、畜较多的环境下作业。

④对设备状态的要求：作业前要检查机器是否有燃油、机油；用清水试喷，检查打药管有无漏洞，打药机是否完好；检查动力机及液泵运转是否正常、排水有无问题、调压是否正常。一切检查正常后，方可使用。

2. 启动

①启动前应按照打药机使用说明要求做好启动前的准备工作，应先将调压轮向"低"的方向旋转几圈，再把调压柄向顺时针方向扳足"卸压"。

②冷机启动时先关闭风门，将开关打向"ON"、油门调好、加压阀置于低压挡，关闭喷枪。

③拉启动绳启动后打开风门，如果动力机与液泵都运转正常，排水无问题，可把调压柄往逆时针方向扳动"加压"，再把调压轮向"高"的方向旋紧，以达到所需使用压力为止。将喷枪拉到喷施点，开枪喷药或肥料。

3. 作业

①作业前应当用清水试喷，要求各处无渗漏现象，有渗漏则排除。

②使用喷枪时，不可直接对准园林植物喷射，以免损伤植物。

③喷洒应注意风向，一般情况下尽可能顺风喷洒，以防止中毒。

④配制药液时，应严格按比例配制。配药人员要戴齐全劳动防护用品。配制完后将空药瓶集中回收，不准随意乱丢。

⑤作业过程中，运行要匀速，注意过往车辆和行人，必要时将喷液开关旋低或关闭。

⑥喷施作业结束后，须用清水继续喷洒数分钟，以清洗液泵和管道内残留药液，然后再脱水运转数分钟，排尽泵内残余积水。

⑦喷完药或肥料后将开关打向"OFF"关机，收好高压管，调压手柄须扳在卸荷位置，关闭油箱开关，放置到规定地点；将手、脸洗干净，漱口，更换衣服。

4. 维护与保养

（1）打药机保养　喷雾、喷粉后，应将各部位清理干净，药箱内不留残液或残粉。

（2）燃油系统保养　将油箱及化油器残油放干净，并启动发动机自行把燃油耗尽；清洗滤清器，海绵体需用汽油清洗，待汽油挤干后再装入。

（3）长期保存　将机械外表面擦洗干净，在金属表面上涂上防锈油；拆下火花塞，向气缸内注入 15～20 g 二冲程汽油机专用机油，用手转动 4～5 转，再装上火花塞；取下喷洒部件清洗干净，另外存放等。

【综合实训】

园林机械使用与保养

● 实训目标

1.根据授课季节等具体情况,以实训小组(5~6人)为单位,制订园林机械使用与保养的技术方案。

2.以小组为单位,能依据制订的技术方案和技术规范,熟练并安全操作各类园林机械设备。

● 实训要求

1.组内同学要分工合作,相互配合,技术方案的制订要依据园林植物物候期观测的技术流程,保证设备的完整及人员的安全。

2.提交实训报告。实训报告的内容包括实训任务、目标、材料与用具、方法与步骤、实训结果等。

3.提交实训总结。实训总结的内容包括对知识的掌握与运用、实训方案的设计、实训过程、实训结果等进行自我评价,分析失误原因并提出改进措施。

● 考核标准

1.采用过程考核与项目作业结果评价相结合的方式,注重实践操作、工作质量、汇报交流等环节的评价。

2.注重职业素养的考核,尤其强调团队协作能力的考核。

表 4.7 园林机械使用与保养项目考核与评价标准

实训项目	园林机械使用与保养			学时	
评价类别	评价项目	评价子项目	自我评价 (20%)	小组评价 (20%)	教师评价 (60%)
过程性考核 (60%)	专业能力 (45%)	方案制订能力(10%)			
		准备工作(5%)			
		园林机械操作(20%)			
		园林机械保养(10%)			
	综合素质 (15%)	主动参与(5%)			
		工作态度(5%)			
		团队协作(5%)			
结果考核 (40%)	技术方案的科学性、可行性(10%)				
	园林机械操作熟练程度等(20%)				
	实训报告、总结与分析(10%)				
评分合计					

注:"方案实施能力"包含准备工作(5%)、园林机械操作(20%)、园林机械保养(10%)。

【巩固训练】

一、课中训练

（一）不定项选择题

1. 发动机排量是指（　　　）。

A. 气缸上下止点间的空间容积

B. 活塞到达上止点时活塞顶与气缸盖内壁所构成的空间容积

C. 活塞到达下止点时活塞顶至气缸内壁所构成的空间容积

D. 以上选项均正确

2. 柴油机喷油泵的功用（　　　）。

A. 过滤　　　　B. 增压　　　　C. 雾化柴油　　　　D. 以上选项均正确

3. 怠速运转是指内燃机空载时曲轴处于（　　　）转速状态。

A. 最低　　　　B. 最高　　　　C. 静止　　　　D. 以上选项均正确

4. 火花塞是（　　　）机点火装置中使用的重要部件。

A. 柴油机　　　　B. 汽油机　　　　C. 电动机　　　　D. 以上选项均正确

5. 小型汽油机常用的启动方式是（　　　）。

A. 手摇启动　　　　B. 拉绳启动　　　　C. 电启动　　　　D. 以上选项均正确

6. 草坪割草机的底盘呈蜗壳状,与旋刀配合工作形成（　　　）气流,有利于草茎吸起直立,以便刀片切割。

A. 径向　　　　B. 横向　　　　C. 旋向　　　　D. 轴向

（二）判断题（正确的画"√",错误的画"×"）

1. 园林机械主要由动力部分、传动部分、工作部分和控制部分组成。　　　　（　　）

2. 四冲程发动机曲轴转过一圈,活塞来回往复四次。　　　　（　　）

3. 割灌机在工作时,必须按草地具体条件选择行走方式,坡地宜沿等高线进行。

（　　）

4. 汽油机和柴油机都是内燃机。　　　　（　　）

5. 四冲程柴油机要加入混合油,二冲程汽油机要加入纯净汽油。　　　　（　　）

6. 柴油机冒黑烟是燃料不完全燃烧所致。　　　　（　　）

7. 手持式割灌机分为硬轴传动的后背式割灌机和软轴传动的侧背式割灌机。

（　　）

8. 内燃机是可燃气体在气缸内燃烧产生热量由此转变为机械能的机器。（　　）

9. 绿篱修剪机传动部分为齿轮减速传动,被动齿轮相连接的180°对置偏心滑块机构将主轴的运动传送给切割刀片做往复运动。　　　　（　　）

10. 在保证刀片锋利的前提下,滚刀式草坪机割草质量主要取决于滚刀轴上的刀片数和滚刀轴的转速。　　　　（　　）

二、课后拓展

1. 简述剪草机、绿篱修剪机、割灌机、电动链锯、油锯与打药机等园林机械使用技术规范。

2. 剪草机、绿篱修剪机、割灌机、电动链锯、油锯与打药机等园林机械操作训练。

［1］成海钟.园林植物栽培养护［M］.2 版.北京:高等教育出版社,2022.

［2］董丽,包志毅.园林植物学［M］.2 版.北京:中国建筑工业出版社,2020.

［3］张君艳,黄红艳.园林植物栽培与养护［M］.5 版.重庆:重庆大学出版社,2022.

［4］刘雪梅.园林植物景观设计［M］.武汉:华中科技大学出版社,2015.

［5］佘远国.园林植物栽培与养护管理［M］.2 版.北京:机械工业出版社,2019.

［6］叶要妹,包满珠.园林树木栽植养护学［M］.5 版.北京:中国林业出版社,2019.

［7］孙会兵,邱新民,等.园林植物栽培与养护［M］.北京:化学工业出版社,2018.

［8］杨秀珍,王兆龙.园林草坪与地被［M］.3 版.北京:中国林业出版社,2018.

［9］黄成林.园林树木栽培学［M］.3 版.北京:中国农业出版社,2017.

［10］叶要妹.园林树木栽培学实验实习指导书［M］.2 版.北京:中国林业出版社,2016.

［11］唐蓉,李瑞昌.园林植物栽培与养护［M］.北京:科学出版社,2014.

［12］郭学望,包满珠.园林树木栽植养护学［M］.2 版.北京:中国林业出版社,2004.

［13］关文灵.园林植物造景［M］.北京:中国水利水电出版社,2013.

［14］苏雪痕.植物景观规划设计［M］.北京:中国林业出版社,2012.

［15］张德顺.景观植物应用原理与方法［M］.北京:中国建筑工业出版社,2012.

［16］陈其兵.风景园林植物造景［M］.重庆:重庆大学出版社,2012.

［17］李庆卫.园林树木整形修剪学［M］.北京:中国林业出版社,2011.

［18］陈有民.园林树木学［M］.2 版.北京:中国林业出版社,2011.

［19］苏金乐.园林苗圃学［M］.2 版.北京:中国农业出版社,2010.

［20］侯颖,杨航,朱新玉,等.园林植物对城市绿地土壤影响的研究进展［J］.北方园艺,2022(13):126-133.

［21］蔡绍平,赵欢.新时期园林植物栽培应用教学探索:评《园林植物栽培与养护》［J］.中国农业气象,2021,42(8):708.

［22］谢修鸿,王晓红,尹立辉,等."以学生为中心"的《园林植物栽培养护》课程建设初探［J］.课程教育研究,2019(49):234.

［23］杨红.产教融合背景下园林植物栽培与养护教学改革路径探讨［J］.课程教育研究,2018(41):233.

［24］谢修鸿,李翠兰."双创"视域下园林植物栽培与养护课程群建设与实践［J］.长春大学学报,2017,27(4):103-105.

［25］周小梅,文彤,余红兵.以能力培养为导向的《园林植物栽培与养护》课程教学改革探索［J］.产业与科技论坛,2016,15(20):169-170.

［26］王春燕.《园林植物栽培与养护》课程项目教学法的研究与应用［J］.新疆农垦科技,2016,39(10):50-51.

［27］石红旗,苗峰.试论园林苗木容器化栽培的应用和发展趋势［J］.中国园林,2013,
29(1):107-109.

［28］马二磊,陈勇兵,孙继.园林苗木生产技术项目课程设计与实施探索［J］.中国职
业技术教育,2011(14):71-74.

［29］中华人民共和国住房和城乡建设部.城市道路绿化设计标准:CJJ/T 75—2023
［S］.北京:中国建筑工业出版社,2023.

［30］中华人民共和国住房和城乡建设部.园林绿化工程项目规范:GB 55014—2021
［S］.北京:中国建筑工业出版社,2021.

［31］中华人民共和国住房和城乡建设部.城市绿地规划标准:GB/T 51346—2019
［S］.北京:中国建筑工业出版社,2019.

［32］中华人民共和国住房和城乡建设部.园林绿化养护标准:CJJ/T 287—2018［S］.
北京:中国建筑工业出版社,2018.

［33］国家林业和草原局.古树名木管护技术规程:LY/T 3073—2018［S］.北京:中国
标准出版社,2019.

［34］中华人民共和国住房和城乡建设部.园林绿化木本苗:CJ/T 24—2018［S］.北京:
中国标准出版社,2019.

［35］中华人民共和国住房和城乡建设部.全国园林绿化养护概算定额:ZYA 2(Ⅱ-
21—2018)［S］.北京:中国计划出版社.

［36］中华人民共和国住房和城乡建设部.风景园林基本术语标准:CJJ/T 91—2017
［S］.北京:中国建筑工业出版社,2017.

［37］中华人民共和国住房和城乡建设部.城市绿地分类标准:CJJ/T 85—2017［S］.北
京:中国建筑工业出版社,2018.

［38］中华人民共和国住房和城乡建设部.城市古树名木养护和复壮工程技术规范:
GB/T 51168—2016［S］.北京:中国建筑工业出版社,2017.

［39］中华人民共和国建设部,中华人民共和国国家质量监督检验检疫总局.城市绿地
设计规范(2016年版):GB 50420—2007［S］.北京:中国建筑工业出版社,2007.

［40］中华人民共和国住房和城乡建设部.绿化种植土壤:CJ/T 340—2016［S］.北京:
中国建筑工业出版社,2016.

［41］中华人民共和国住房和城乡建设部.垂直绿化工程技术规程:CJJ/T 236—2015
［S］.北京:中国建筑工业出版社,2016.

［42］中华人民共和国住房和城乡建设部.园林绿化工程工程量计算规范:GB 50858—
2013［S］.北京:中国计划出版社,2013.

［43］中华人民共和国住房和城乡建设部,中华人民共和国国家质量监督检验检疫总
局.建设工程工程量清单计价规范:GB 50500—2013［S］.北京:中国计划出版
社,2013.

［44］国家林业局.容器育苗技术:LY/T 1000—2013［S］.北京:中国质检出版
社,2013.

［45］中华人民共和国住房和城乡建设部.园林绿化工程施工及验收规范:CJJ 82—
2012［S］.北京:中国建筑工业出版社,2013.

［46］中华人民共和国国家质量监督检验检疫总局,中国国家标准化管理委员会.良好

农业规范 第 25 部分：花卉和观赏植物控制点与符合性规范：GB/T 20014.25—2010［S］.北京：中国标准出版社，2011.

［47］中华人民共和国建设部.城市园林苗圃育苗技术规程：CJ/T 23—1999［S］.北京：中国标准出版社，2004.

参考网站

1. 中国园林网.
2. 苗木网.
3. 花木网.
4. 风景园林网.
5. 景观中国.
6. 风景园林新青年.
7. 建筑园林景观规划设计网.
8. 植物智——植物物种信息系统.
9. 中国数字植物标本馆.
10. 中国植物图像库.